儿科医生教您带婴儿

主　编

王新良　侯红艳

副主编

郝群英　白　艳　张重阳　李　娜　张慧娜

编著者

王海燕　齐小蜜　邢雅杰　于　博　郑娇娇　赵英免

金盾出版社

内容提要

　　本书是儿科专家从临床和生活实际出发,手把手地教年轻的父母们怎样带好婴儿。全书分 6 部分,首先介绍新生儿的成长和发育,依次介绍婴儿合理喂养、婴儿日常照料、婴儿保健与防病、婴儿的早期教育、婴儿智力开发等知识。其内容丰富,涉及育儿知识的方方面面,适合年轻父母阅读。

图书在版编目(CIP)数据

儿科医生帮您带婴儿/王新良,侯红艳主编.—北京:金盾出版社,2015.6
ISBN978-7-5082-9899-3

Ⅰ.①儿…　Ⅱ.①王…②侯…　Ⅲ.①婴幼儿—哺育　Ⅳ.①TS976.31

中国版本图书馆 CIP 数据核字(2014)第 299582 号

金盾出版社出版、总发行

北京太平路 5 号(地铁万寿路站往南)
邮政编码:100036　电话:68214039　83219215
传真:68276683　网址:www.jdcbs.cn
封面印刷:北京盛世双龙印刷有限公司
正文印刷:双峰印刷装订有限公司
装订:双峰印刷装订有限公司
各地新华书店经销
开本:787×1092 1/16　印张:12.75　字数:242 千字
2015 年 6 月第 1 版第 1 次印刷
印数:1~5000 册　定价:38.00 元
(凡购买金盾出版社的图书,如有缺页、
倒页、脱页者,本社发行部负责调换)

主编简介

王新良,医学博士,河北医科大学第二医院儿科主任医师,教授,研究生导师。中华医学科技奖第二届评审委员会委员,国家自然基金评审专家,河北省科技奖励评审专家。

从医 30 余年,熟练、系统掌握了儿科专业知识和儿科常见病、多发病的诊治技能,尤其对儿科肾脏疾病和风湿性疾病有丰富的临床经验。近年来对过敏性紫癜、紫癜性肾炎进行了深入的研究。

特别关注儿童健康教育工作,主编《如何让孩子少生病》《儿童健康红宝书系列丛书》《儿童常见病家庭养护》《孕育健康宝宝一本通》《坐好月子健康一生》《父母是孩子的贴身医生》等科普著作 24 部。发表学术论文 50 余篇。

前　言

　　十月怀胎，一朝分娩，有辛苦更有喜悦。相信每位爸爸妈妈看到自己心爱的婴儿呱呱落地的时候，都会开心不已。这样可爱的婴儿应该怎么带，父母需要为新生婴儿做些什么？儿科医生为您提供帮助和指导！

　　本书从儿科医生的视角，帮年轻父母了解婴儿从出生到1岁的喂养、照料、保健、防病、智力开发等相关知识，使新手爸爸妈妈对婴儿的体格发育、智力发展、健康状况、喂养方法、保健与常见疾病预防等知识有更详细的了解。

　　本书以新生儿的生长发育为第一部分，介绍婴儿从出生到满月的情况。其他五个部分详细介绍从婴儿满月到婴儿周岁新手爸爸妈妈需要了解的相关知识。我们将从婴儿合理喂养、婴儿智力开发、婴儿早期教育、婴儿日常照料等几方面，较为详尽地讲解新手爸爸妈妈们关心的问题。

作　者

目 录

一、新生儿的发育和特殊现象

（一）新生儿感知觉发育

1.新生儿的触觉、痛觉和温度觉

新生儿的触觉很敏感，尤其是口周、眼、前额、手掌和脚底对触觉刺激最敏感，而前臂、躯干、大腿等部位的触觉则比较迟钝。当妈妈用乳头或手轻触新生儿口唇或口周皮肤时，婴儿马上就会出现吸奶动作并将脸转向被触的一侧寻找乳头或手。当妈妈试图用手扳开婴儿眼皮时，婴儿就会把眼闭得紧紧的。当妈妈用手刺激婴儿手掌时，婴儿会出现握持反射，不由自主地把妈妈的手握得紧紧的。

新生儿一出生时就已经有痛觉了，但是和其他皮肤感觉比较，痛觉相对比较迟钝，尤其躯干、腋下等部位更不敏感。这是因为新生儿的神经传导不够准确，痛刺激后会出现泛化现象，也就是说，新生儿不能准确感觉到疼痛的部位，因此对痛觉反应迟钝。

在妊娠5～6个月的时候，胎儿身上就已经出现温度觉了，所以新生儿出生时，温度觉已经发育良好。新生儿能区分出物品温度的高低，对冷的刺激要比热的刺激反应灵敏，如出生时离开母体环境，温度骤降，新生儿会啼哭，甚至战栗，皮肤微紫，可见新生儿对环境温度比较敏感，需要适度保暖。

2.新生儿能闻到气味

新生儿的嗅觉系统已经发育得基本成熟。新生儿能区别几种不同的味道，并且对气味的空间定位也相当准确。新生儿会闻到乳香并积极寻找奶头，而且能辨别出母亲和其他人的气味。

因此，在新生儿期，应积极地训练婴儿的嗅觉，以避免有毒物质的吸入，并可利用不同的气味区分人和事物。

3.新生儿能尝出酸、甜、苦、辣、咸

人的味觉是通过舌头上的味蕾来感觉的，通常分成四种：酸、甜、苦、咸。新生儿的味觉是最发达的感觉，在婴儿出生后仅2小时就能分辨出许多味道。如果用糖水喂新生儿，婴儿就会有愉快表情，而对柠檬汁等涩苦的味道会表现出痛苦的表情。所以说新生儿喜欢奶味、甜味，不喜欢过咸、酸或苦的味道。因此，有些家长认为新生儿小，不知味道，给他喂什么就吃什么，这样的想法是没有科学道理的，也不利于增强婴儿的食欲。

研究还发现,新生儿在出生最初几天就存在着味觉的性别差异,女婴比男婴更喜欢甜味。

4.新生儿能听到声音

新生儿能听到声音吗?可以肯定地告诉你:能听到,而且在胎儿期时就能听到声音了。只是由于新生儿中耳鼓室尚未充气,并有一部分羊水潴留,以致听觉传导较差,因此听觉不是很灵敏。

出生6天的新生儿就能听到30分贝的低声。当有人说话时,新生儿会向说话声音的方向转动身体,尤其是女性的声音更具吸引力。

新生儿不仅能够听到声音,而且比较偏爱柔和、缓慢、淳厚的声音,表现为安静、微笑,对于尖利的响声则反应急躁、激烈。研究还证明:新生儿对有节律的声音特别敏感,并且喜欢听母亲的声音。这大概与婴儿在子宫内熟悉了母亲的说话声、有节律的心跳等有关,重温这些声音对新生儿是莫大的抚慰,能带给他安全感。

5.新生儿能看见妈妈

有的人认为新生儿是个"睁眼瞎",其实这种观点是不正确的。因为新生儿的眼球小,眼球前后径短,视焦距调节能力较差,也就是常说的远视眼,观察事物的敏感性低于成人。如果这时选用的刺激物太近、太远、太小、移动太快都会使新生儿不能很好地捕捉到物体。动力检影镜显示新生儿的最佳视焦距为19厘米。

家长由于不了解新生儿的视力特点,一味地按照成人看东西的样子和距离把物体放在新生儿眼前晃晃,看到新生儿没有反应,家长就误以为新生儿看不见。其实新生儿看东西的最佳距离相当于喂奶时妈妈的脸和新生儿的脸之间的距离,所以,新生儿是能看见妈妈的,而且最喜欢看妈妈的脸。这种视觉状态一直要持续到婴儿3～4个月,然后才会有良好的视焦距调节能力。

另外,新生儿还具备辨别颜色的能力,喜欢看明亮鲜艳的颜色,尤其是红色。因而家长可以给婴儿看一些颜色鲜艳的玩具,玩具的放置距离要适中,不宜过近也不能太远,这样有利于刺激新生儿的视觉发育。

6.新生儿能发出不同的声音

新生儿不会说话,只会哭,能发出什么声音呢?哭是新生儿来到人世间首先发出的一种声音,是一种纯生理现象。在这以后,新生儿的哭声不断增加新的含义,成为表达自己需求的一种手段。如饿了哭,痛了哭,尿布湿了哭,受到惊吓更是哭,总之这些哭都是婴儿表示不满的信号。

除了哭,婴儿还能够发出几种声音,这可以认为是婴儿学习语言的前奏。如有一种声音是很平静的,近似轻微的呼哧声,这是一种"联络呼号",婴儿睡醒后借助这种声音立即与妈妈联系,并想证实一下妈妈是否在身边。如果家长对这种声音没有任何反应,既没有抚摸也没有熟悉的话语,婴儿就会表现出不安的情绪。

7.妈妈的声音能给新生儿安全感

新生儿出生后只需几个小时就能听见声音了。所以家长为了让新生儿有个安静的睡眠环境,总是把房间搞得安安静静的,害怕声音吓着新生儿。其实这种做法是不必要的。因为一些声音是可以让新生儿产生安全感的,并且能使新生儿的感官得到丰富的刺激,这对语言的发育尤为重要。

那么,什么声音会给新生儿带来安全感呢?首先是家长的声音,尤其是母亲的声音。因为新生儿在子宫内听惯了妈妈的声音,熟悉妈妈的声音。家人要经常用温馨的话语和妈妈交流,这样能加强新生儿的安全感,让新生儿对周围的亲人产生亲切感。其次可以让新生儿听些有节奏的、柔和的、缓慢的、淳厚的乐曲,时间不宜过长。另外还可以给新生儿一个有声响的环境。家人的日常生活会产生各种声音,如走路声、开门声、关门声、水流声、炒菜声、说话声等,这样的声音可以帮助新生儿真实地感受到家人的存在,并且适应家庭环境。

(二)新生儿的神经发育

8.新生儿的表情和模仿能力

新生儿有模仿成人面部表情的能力。当新生儿处在安静觉醒状态时,距离妈妈面部20~25厘米,让他注视妈妈的脸。首先,伸出舌头,每隔几秒钟一次,慢慢地重复这个动作,然后停止。如果他一直看着妈妈的脸,这说明新生儿可能在嘴里移动自己的舌头,一会儿,新生儿就会将舌头伸向嘴外。如果家长对着新生儿做张嘴动作,重复几次,他也会学着张开小嘴。另外,新生儿还会模仿噘嘴、微笑和悲伤的表情。

新生儿能够模仿面部动作,这是一件了不起的事。因为新生儿需要知道自己舌头的定位和使用,需要在看到妈妈的面孔时马上联想到自己身体的具体部位,这是一个复杂的过程。研究证明,世界上的不同民族的新生儿都能显示出几乎和成人一样的面部表情,而且出生半个多小时的新生儿就有这种模仿能力了。家长要和新生儿积极交流,经常对着他做些动作,由简单到复杂,提高他的模仿能力,以利于新生儿的智力开发。

9.新生儿的先天反射

正常的新生儿主要以一些先天性反射活动来适应周围环境,这些反射是早期新生儿特有的,可以反映新生儿机体是否健全、神经系统是否正常。随着新生儿不断成长,神经系统也会逐步发展,先天的神经反射就会在一定的时间内渐渐消失,被更成熟的神经活动来代替。

新生儿主要的先天反射有下列几种。

(1)觅食吸吮反射:在新生儿安静觉醒状态下,妈妈将他抱在怀里,使其左颊触碰母乳头,他会将头转向左侧,并张开嘴,寻找并咬住乳头开始吸吮。这就是觅食吸吮

反射（又称新生儿期暂时性反射）。此反射在 4～7 个月时消失。

（2）握持反射：安静觉醒的新生儿很容易引起握持反射，家长的食指或小指分别自新生儿两手的尺侧缘伸进手心，轻压其手掌，他就会紧紧抓住你的手指引起抓握反射。到了 3～4 个月时此反射消失，做以上动作时，他的手开始松开，出现了不随意的抓握。

（3）拥抱反射：突然改变新生儿的姿势时，或者听见响亮的声音时，他就会出现两上肢外展、伸直，手指张开，然后上肢屈曲回缩呈拥抱状态，这就是拥抱反射。此反射的消失时间是 3～6 个月。

（4）不对称颈紧张反射：仰卧时，新生儿的头会转向一侧，与脸面同侧的上下肢体伸直，对侧肢体屈曲。新生儿的睡姿经常呈这种状态。此反射大约在 6 个月时消失。

（5）踏步反射：当家长双手托起新生儿腋下，竖直把他抱起时，使他的足背触及桌边下缘，他就会先迈出左足，然后右足跟上，踏步良好时就像散步一样。此反射大约在 6 周消失。

另外，新生儿还有一些成人的反射，当情感改变时会出现恐惧、心跳增快等；当用羽毛去刺激鼻子时就会打喷嚏；当食物误入气管时就会咳嗽等。

10.新生儿的大运动

新生儿的活动可以分为粗大动作（又叫大运动）和精细动作两种，其中大运动可以概括为以下几类情况：

第一，竖抱。家长抱起新生儿时应当竖着抱，让他的身体与家长平行，左手托着他的臀部，右手托着他的头部，因为新生儿的颈部无力支持头的重量，就会向后仰。大概在满月前后，在竖抱时，他就能自己伸直头，不必用手扶托了。

第二，俯卧抬头。在出生 7～10 天时新生儿就能听声转头，家长可以让他自己俯卧在大床上练习。家长不必担心他憋着，因为他已经能转头露出鼻子呼吸了。刚开始练习俯卧抬头时，家长一定要松开他的衣服，还可以用右手扶起他的额部，用左手摇动一个声音玩具，吸引他抬头观看，每天重复练习几次。

第三，抚触。适当的抚触是有利于新生儿的发育成长的，尤其是在洗澡时。做抚触时可以播放一些轻柔的音乐，按着节拍为他做各部位的抚触。在天气凉的时候做抚触特别要注意保暖，家长也要先暖手才可以给他做抚触。

11.新生儿的精细动作

新生儿的精细动作主要是指手的动作。刚出生的新生儿，小手总是习惯性地缩着，类似握拳的动作，却又不像握拳般有力，他们的小肌肉是较晚才发达起来的。新生儿手指功能的发育有一定的规律：首先是尺侧的动作发育，然后是桡侧，最后是手指功能的发育。也就是说在新生儿拿物体时，先是四指与掌心的对捏，然后再发育到用拇指与食指捏物。

苏联著名教育家苏霍姆林斯基说："儿童的智力发展表现在手指尖上。"所以家长应该及早地训练新生儿手部的动作，如在婴儿床的上方，吊一些音乐钟或是会转动的玩具，那些玩具会吸引他伸手去抓或拍打，这是对他初步的上臂力量和小肌肉的练习。

　　由于新生儿小手多数情况下是半握拳状态，家长可以选择带有细棒的小铃铛、拨浪鼓等玩具放入他的小手中，过一会儿再将玩具拿出来，每天反复多练习几次，让他体会到手心的触觉刺激，利于练习抓握和松手动作。

　　有些家长担心新生儿的指甲过长抓破皮肤，就用小手套把他的小手包裹起来，这样很不利于小手与外界的接触，不利于感受冷热、软硬、粗细等，会影响精细动作的发育甚至是智力的发育。

12.新生儿也能用手抓东西

　　在新生儿觉醒安静状态时，妈妈平静地与他面对面看，同时轻轻地摩擦他的颈部3～4分钟，经过颈部放松，他可无约束地去抓东西。

　　正常新生儿在出生时有抓东西的内在能力，但由于颈肌紧张，妨碍了新生儿的伸手运动。当颈肌放松了，他就能伸出手抓东西。这种伸手的运动仅在极少数新生儿中能见到，家长如不能看到自己的新生儿有这种本领，也不要感到失望。另外，家长可以积极地为他做一些手部运动，帮助他手部小肌肉的发育，以利于早期智力的开发。

(三)新生儿特殊现象

13.新生儿红斑

　　新生儿红斑又称新生儿过敏性红斑，发生率为30％～70％，一般足月新生儿多见，早产儿则比较少见。新生儿在出生时或2～3天后在臀、背、肩等受压部位的皮肤处出现散发的红斑样皮疹，或多或少，直径约1厘米或更小些，或融合成大片。红斑中央有一小的白色或淡黄色的风团，高出表面，有时散布一些疱疹，疱液无菌，但有嗜酸性粒细胞。皮疹可在数小时后消退，而一批新的皮疹又出现，7～10天后消退自愈。

　　目前对新生儿红斑的发生有两种解释：一是认为新生儿经乳汁并通过胃肠道吸收了某些致敏源，或是来自母体的内分泌激素而致新生儿过敏反应；二是新生儿皮肤娇嫩，皮下血管丰富，角质层薄，当胎儿从母体娩出时，从羊水浸泡中来到干燥的环境，同时受到空气、衣服和洗护用品的刺激，皮肤就有可能出现红斑。临床观察证实，大多数新生儿红斑具有自限性，无需特殊治疗。

　　总之，新生儿红斑是一种良性的生理现象，父母和家人无须过分担忧，通过加强观察，重视护理，数日后红斑大多自行消退。如果需要用药，最好是在医生指导下使用，不要自行用药，以防发生药物不良反应。

14.新生儿眉宇间发红

新生儿眉宇间发红,在医学上称为橙红斑或项部红斑。这是由于新生儿皮肤血管先天性发育不全,表现为淡红色或粉红色斑疹,在眉间、上眼睑、前额正中线处,口唇及枕项部也可见,在新生儿哭闹、用力、发热时斑疹的颜色会加深。大多数会在一周岁内自行消退,所以一般不用急于治疗。如果在5岁后仍不消退,同时伴有增生、病变时应送医院治疗。

15.新生儿青灰色胎记

家长常常在新生儿的骶部和臀部看到表面平展、呈青灰色或灰蓝色的色素斑,医学上称为"痣",俗称为"记""胎记"。这种胎记的形状多为椭圆形,还有些不规则的大小不一的形状,小的为绿豆状,大的为圆盘状,一般男孩的胎记大于女孩。

那么,胎记是如何形成的呢?人类皮肤的真皮层中,一般是没有黑色素的,但当局部真皮层里堆积了较多的纺锤状或星状色素细胞时,黑色素透过皮肤而呈现青灰色,从而使这一小块皮肤表面显示出这种青灰色的斑。

专家研究,胚胎4～5个月时,这种斑的色素细胞就开始出现,新生儿出生后1～2年内逐渐消失,但也有极少数人到成年时仍然存有色素斑。所以,胎记并不是什么疾病,而是人体的一种残遗的体质特征。它与人的眼色、发色及肤色的深浅程度有着相当关系。一般黄种人的婴儿出现这种斑的概率比较高;白种人金发碧眼的婴儿很少见到这种青灰色斑。

16.新生儿粟粒疹

粟粒疹是新生儿常见的皮疹之一,多发生在新生儿的鼻尖、鼻翼及面颊部等处。粟粒疹直径1～2毫米,为针尖大小,呈黄白色颗粒状。它是由于皮脂腺堆积阻塞而引起的,并非脓疱,一般在出生后几周内可自行消失,不需要治疗。

17.新生儿斑状血管瘤

斑状血管瘤又称橙红色斑,多发生在新生儿的前额、上眼睑、鼻周、后颈部,颜色鲜红或淡红色,直径约几毫米,轻压即退,出生时即有,1岁左右自然消失,一般女孩多与男孩。

斑状血管瘤是由胚胎时期残留的血管细胞生长而来的,是软组织肿瘤中最常见的一种,也是新生儿最常见的先天性血管畸形,多属良性。在婴儿期增长迅速,以后可逐渐停止生长,有些可自行消退。尽管血管瘤是良性的,但它能破坏周围组织,有些血管瘤呈浸润性生长,从而造成婴儿的美容缺陷,另外也可导致功能障碍。在很少情况下,血管瘤有恶性进程的特点,可出现诸多的并发症,如溃烂、出血、感染等,甚至危及婴儿的生命。

血管瘤的诊断一般并不困难,及早地发现并治疗对预后有决定性的意义。约 2/3

的血管瘤出生后就可发现,所以正确的诊治时间应该从新生儿期开始。

18.新生儿皮肤青紫

正常新生儿刚出生时的口周、手掌、足趾及甲床等处易见青紫,这是由于动脉导管与卵圆孔尚未关闭,仍保持着右至左分流,肺尚未完全扩张,肺换气功能不完善,以及周围皮肤血流灌注不良所致。几分钟后,循环系统的改变完成,动静脉血流完全分开,口唇和甲床变成粉红色。但有时新生儿的皮肤仍呈轻度青紫,尤其出生时暴露在寒冷环境中,肢体远端局部血流变慢,还原血红蛋白增多,虽然血氧张力不低,肢端仍呈明显青紫,称为周围性青紫,经保温后青紫可减轻或消失。另外,正常新生儿在用力啼哭时也可出现青紫,是因为啼哭时胸腔内压增加,使右房压力升高,超过了左房压力,形成经卵圆孔的右至左分流,这种暂时性青紫在啼哭停止后立即消失。这些皮肤青紫都是一过性的生理现象。

但是,我们也不能忽略病理性的皮肤青紫。一般地讲,病理性皮肤青紫既可由肺部疾病换气不足引起,也可因先天性心脏病导致,并且还可见于中枢神经系统损伤及某些血液病。在检查新生儿有无皮肤青紫时,应在日光下进行,仔细观察口腔黏膜、甲床和眼结膜。

新生儿病理性皮肤青紫可分周围性青紫和中心性青紫两种。还有就是中枢神经系统疾患所致呼吸中枢衰竭、低血糖、低血钙引起的继发性呼吸暂停,异常血红蛋白增多,均可引起青紫。

19.新生儿脱皮

家长在给新生儿洗澡或换衣服时,常会发现有白色小片皮屑脱落,这种现象全身部位都有可能出现,但以四肢、耳后较为明显。

新生儿皮肤最外面的一层叫表皮角化层,由于发育不完善,角化层很薄,容易脱落。皮肤内面的一层叫真皮,表皮和真皮之间有基底膜相联系。新生儿的基底膜也不够发达,细嫩松软,使表皮和真皮联结不够紧密,表皮脱落机会就更多。并且,新生儿出生前是处在温暖的羊水中,出生后受寒冷和干燥空气的刺激,皮肤收缩,也更容易脱皮。父母只要注意新生儿皮肤的清洁卫生,避免外来的感染和损伤就可以了,不必为此感到惊慌。但是如果新生儿脱皮合并红肿或水疱等其他症状,则需要就诊。

20.新生儿头皮水肿

一些新生儿出生时很顺利,但是仍然发现头顶部有局限性水肿,有时可慢慢地蔓延至全头部,少数亦可以出现头皮红肿,比较柔软,无弹性,用手指压水肿部位可见有凹陷,可以移动,形状多为棱形和椭圆形,水肿边界不清楚。其原因是新生儿出生时头部在产道受到了压迫,使头皮软组织内的淋巴及静脉循环受到障碍,液体渗到头皮组织中而形成局部水肿。因为是在分娩时引起的,故称为产瘤,又因为发生在头顶部先露部位,又称为先锋头。出现这种情况时,不用特殊治疗,局部热敷,抬高新生儿的

头部,经常转换头位,一般 2～7 天水肿就自行消退了。家长切勿按摩或穿刺抽吸,以免发生感染。

21.新生儿产瘤

新生儿出生时,头顶左侧或右侧,或后方有瘤样隆起,这称为产瘤。由于在分娩过程中,胎儿抵达母体骨盆底时,头部受压,颅骨互相重叠逐渐变形,其中胎头最前面的部分受压最大,局部的血液循环受影响,发生水肿,形成产瘤。在胎膜早破,产程延长的情况下,产瘤更为明显,一般在出生后 1～2 天自行消失,不需要特殊处理。

22.新生儿胎垢

新生儿出生后,在头顶前囟门部位会渐渐出现一层厚薄不均、油腻、棕黄或灰黄色的痂,融合在一起,不易去掉,称为"胎垢"。它是由皮脂腺的分泌物和头皮脱屑、灰尘等污垢堆积而成。由于家长看到新生儿头顶的波动,不敢清洗该处,其实这是不对的,因为胎垢长期不去除既不卫生又影响新生儿头发的生长。

那么,家长怎样才能安全地清除这些头垢呢?在新生儿晚上睡着后,用婴儿润肤油或植物油轻轻地擦在有头垢的皮肤上,或用 0.5% 的金霉素软膏涂敷于痂上,经过一夜的滋润,可使头垢软化,第二天可用洗发精或肥皂和温水将头垢洗掉一部分,或用纱布轻轻擦掉即可,这样反复几次就可逐渐将全部头垢清洗干净。注意千万不可将头垢硬撕或刮下来,以免损伤头皮引起感染。

23.新生儿奶秃

新生儿出生的时候头发很好、很黑,过些日子有的地方会脱发,这不是病态,属于正常现象,俗称"奶秃"。因为刚出生的新生儿的头发是胎毛,是在母体内生长的,出生后完全靠头发本身摄取营养促进头发生长。因此,新生儿会有自然脱发的过程。随着他们逐渐长大,头发也会越长越好的。新生儿的头发只要不是特别枯黄、毛刺刺的,一般 3 个月以后就会长好。但如果有明显的枕秃、斑块状脱发就应该去医院检查。

24.新生儿暂时性斜颈

有些新生儿在出生时好端端的,但在出生后 10～20 天常常出现脖子歪向一侧,有时在病侧颈部还会发现圆形或椭圆形的肿块,直径 2～3 厘米,质地较硬,可以移动,触之不痛,表面皮肤正常,抚之不热。新生儿的头向有肿块的一侧倾斜,病侧的耳朵接近锁骨,脸面不正,下颌及面部转向无肿块的一侧,这就是斜颈。

引起新生儿斜颈的病因是多方面的,如先天遗传因素、接生手法不当等,大多数是肌肉病变的结果。分娩过程中由于胎儿的位置不正常,如一侧颈肌特别是胸锁乳突肌在出生时可因胎儿的位置不正常,导致肌组织呈结缔组织化,缩短而不能伸展,或由于胸锁乳突肌在分娩时受强烈牵引损伤而发生血肿,多见于臀位分娩或分娩时肩娩出困难者。斜颈的病理变化为病侧胸锁乳突肌挛缩所致。

新生儿出生后约1个月时胸锁乳突肌的纤维肿块最大最显著,尔后会慢慢变小,但不对称情形不一定随之改善。如果在4～6个月时才检查到,纤维肿块有时已经消失,只能见到挛缩的胸锁乳突肌。除了胸锁乳突肌的纤维肿块,也会发现新生儿的头倾向有问题的一边,甚至会逐渐出现脸部以及头骨后脑勺的变形,同时患侧脸变小、向下倾斜、脸和嘴角下垂,患侧眼睛变小且下移,鼻子歪向患侧,甚至是肩上提、脊柱侧弯。

治疗上最主要的还是物理治疗,如发现较早,可用温热治疗和手法按摩;若发现较晚,肿块已经消失,就应采取被动式牵拉了。治疗的时机是越早越好,因为新生儿本身的颈部控制和力量会随着成长逐渐变强,对于牵拉治疗的抗拒会越来越厉害,同时脸部的变形也会因治疗延误而加重。

25.新生儿"马牙"

在新生儿的齿龈边缘或上颚中线附近,常会有一些乳白色颗粒,表面光滑,大小不一,数量不等。这是由于在胚胎发育6周时,口腔黏膜上皮细胞开始增厚形成牙板,是牙齿发育最原始的组织。在牙板上细胞继续增生,每隔一段距离形成一个牙蕾并发育成牙胚,以便将来能够形成牙齿。当牙胚发育到一定阶段就会破碎断裂并被推到牙床的表面,即我们俗称的"马牙"或"板牙"。所以说这属于正常生理现象,一般几周后就会自行消失。父母千万不能用针挑、刀割或用粗布擦拭。因为在新生儿时期,唾液腺的功能尚未发育成熟,口腔黏膜极为柔嫩,比较干燥,易受破损,加之口腔黏膜血管丰富,所以细菌极易由损伤的黏膜处侵入,发生感染。轻者局部出血或发生口腔炎,影响正常喂养;重者可引起败血症,危及新生儿的生命。

26.新生儿乳房肿大

新生儿在出生后3～5天会出现双侧或单侧乳房一时性肿胀,无论是男孩或女孩。有的女孩还会从乳头渗出黄白色的乳汁,奶量数滴或数毫升不等,医学上称为"新生儿乳腺肿胀"。这主要是因为胎儿在子宫内受到母亲雌激素、孕激素、催乳素等持续影响,而这些激素能促进乳腺的发育和乳汁的分泌。胎儿出生后,残留的激素要经过1～2周的时间才能全部代谢排出体外,乳房肿胀自然会消失的。

27.新生儿会泌乳

新生儿乳房胀大为常见的生理现象,医学上称为"新生儿乳腺肿胀"。如果挤压,有的还可挤出黄白色奶水,奶量数滴甚至数毫升不等。这是由于胎儿在子宫内从胎盘接受母体的雌激素、孕激素的原因。而卵巢内分泌激素可使乳房胀大,垂体内分泌激素可促使分泌奶水。新生儿出生后,泌乳现象会随着体内激素的排出而自行消失,一般需要两周时间,因此不需要处理。

28.新生儿乳房不能挤

新生儿在出生后3～5天会出现双侧或单侧乳房一时性肿胀,无论是男孩或女孩。这是正常的生理现象,父母千万不要乱摸乱挤。还有人认为,初生女婴一定要挤出奶水,这样,将来做妈妈时,才有足够的奶水喂养子女。这种说法是错误的。因为新生儿皮肤柔嫩,免疫力低,抗菌力弱,挤压时一旦皮肤受损,病菌就会乘虚而入,从破损处进入乳腺管,尤其是金黄色葡萄球菌的感染会造成新生儿急性乳腺炎,严重的还可以导致败血症。还有的用力过度而引起乳房结构破坏,造成以后乳房发育异常。所以父母千万不要用手去挤压新生儿的乳房。

29.新生儿脐带

脐带是胎儿与母亲相互"沟通"的要道,母亲通过脐静脉将营养物质传递给胎儿,胎儿又通过脐动脉将废物带给母亲,由母亲代替排泄出去。

在胎儿出生后,脐带就失去了意义,医护人员会将这条脐带结扎。但是残留在新生儿身体上的脐带残端,在脱落前,对新生儿来说十分重要。因为脐带残端是一个开放的伤口,有丰富的血液,是病原菌生长的好地方,如果处理不当,病菌就会趁机而入,引起全身感染,导致新生儿败血症。因此,护理好脐带是非常重要的,首先要注意检查包扎脐带的纱布是否有血渗出,如果有血,应及时请医生重新包扎止血;如果无血,则应保持干燥,以免引起感染。

在正常情况下,新生儿的残留脐带逐渐干枯、僵化,在1周左右就会脱落,创口在10~14天完全愈合。有的可能略迟些,这时父母不要用手去剥离脐带,更要注意卫生和护理。如果时间太长脐带不脱落,应请医护人员诊治。

30.新生儿包茎

包茎指包皮口狭小,包皮不能翻转,不能暴露阴茎头,包皮与阴茎头之间有生理性粘连,这在新生儿期属正常现象,医学上称为"先天性包茎"。

随着年龄的增大,尤其在3~4岁时,由于阴茎及龟头生长,阴茎勃起,大部分儿童的包皮可自行向上退缩,外翻包皮可显露龟头。但也有少部分儿童的包皮口非常细小,使包皮不能退缩,妨碍龟头甚至整个阴茎发育。其包皮口似针孔大小,以至发生排尿困难。有包茎的儿童,由于尿液积留于包皮与龟头之间,产生分泌物及表皮脱落,形成过多的包皮垢,经常刺激包皮内板及龟头,可造成包皮炎及尿道口炎,严重者可引起包皮和龟头溃疡或形成结石,有的患儿排尿时可见豆渣样物排出或排尿困难。所以患有先天性包茎的儿童3~4岁无明显改变,尤其经常红肿发炎者,必须行包皮环切术,以免由于包皮反复感染、红肿,造成逆行感染,引起尿道炎或膀胱炎。另外,包皮长期发炎是诱发包皮癌的重要因素。

治疗:婴幼儿期的先天性包茎,可将包皮反复上翻,以便扩大包皮口。此过程手法应轻柔,且每次应适可而止,以免引起患儿疼痛。当阴茎头露出后清洁包皮垢,再将包皮复原,否则会造成嵌顿包茎。

31.新生儿阴囊积水

当体液聚集在睾丸周围的空间时会造成无痛的阴囊肿胀。新生儿经常会发生鞘膜积液,然而这种症状通常会在 6 个月后就自然痊愈。而较大的婴儿突然出现水囊肿,则可能是外伤造成的。

鞘膜积液可能与腹股沟疝气有关,而且可能需要进行手术。婴儿突然出现鞘膜积液应请医生进行诊断。可能是外伤所致,或许可以在不用治疗的情况下自然好转。不过还是得接受包括超声波扫描在内的检查,以排除睾丸受伤的可能性。

32.新生儿"月经"

有些刚出生的女婴阴道会流出少量的血性分泌物,或是像白带一样的白色分泌物,很多缺乏育儿经验的父母就会惊慌失措:新生儿是不是病了呀?其实这是一种生理现象。一般情况下,新生女婴在出生 5～7 天后,阴道会有乳白色浆液性分泌物或出血,一般会持续 1～2 天,最长可持续 6～7 天,之后会自然消失。

这是什么原因呢?在妊娠的最后两个月,因受母体雌激素的影响,胎儿子宫的重量会增加,子宫内膜发生充血性增生,阴道上皮也增生肥大,其细胞与成人相似,能产生阴道分泌物。而宫颈腺体也可分泌黏液,所以女婴出生后前几天会有白色分泌物从阴道流出,这便是新生儿"假白带"。新生儿出生后,雌激素影响中断,子宫内膜脱落,血性分泌物从阴道流出,被称为"假月经"。无论是"假月经"还是"假白带",都属于正常生理现象,家长不必惊慌失措,也不需要做任何的治疗,保持新生儿外阴清洁即可。

33.新生儿生理性黄疸

新生儿时期出现的黄疸有生理性和病理性两种。生理性黄疸是新生儿出生 24 小时后,血清胆红素由出生时的 17～51 微摩/升逐步上升到 86 微摩/升或更高,临床上出现黄疸而无其他症状,1～2 周内消退。多喂糖水可使黄疸加快消退,不必治疗。

在妊娠 12 周时,子宫内的羊水已经含有胆红素。这是由胎儿气管和支气管树分泌到羊水中的未结合胆红素。胎儿红细胞破坏后产生的未结合胆红素,极大部分通过胎盘经母体循环清除掉,所以新生儿刚出生时都无黄疸。出生后,新生儿必须自己处理血红蛋白的代谢产物,即未结合胆红素,但由于自身的功能发育不完善,不能及时地排泄代谢产物,就发生了新生儿生理性黄疸。

生理性黄疸轻者呈浅黄色,局限于面颈部,或波及躯干,巩膜亦可黄染,2～3 日后消退,到第 5～6 日皮色恢复正常;重者黄疸同样先头后足,可遍及全身,颜色较深,呕吐物及脑脊液等也能黄染,时间长达 1 周以上,特别是早产儿可持续 4 周,其粪便也是黄色,尿中无胆红素。

生理性黄疸的新生儿除黄疸外,无贫血,肝脾不大,肝功能正常,不发生核黄疸。新生儿的吃奶、睡眠、哭声、大小便、体温等基本情况也正常。

34.轻度黄疸对新生儿有保护作用

新生儿出生后的皮肤和眼睛轻度黄疸对机体有保护作用,可使其免受自由基的损害。

人机体内有对抗自由基的保护机制,新生儿体内的胆红素对其有保护作用,这种色素是一种抗氧化剂,使新生儿表现为轻度黄疸。新生儿轻度黄疸属生理性,但出生后体内胆红素水平较高应予重视,注意是否有病理情况发生。

胆红素是由于衰老的红细胞和机体内含血红素的成分崩解所致,当血中积累的胆红素超过肝脏向肠道排泄的量时,即出现黄疸。

35.新生儿体重下降

刚出生的新生儿在1周内往往有体重减轻的现象,主要是由于新生儿出生后要排出胎粪和尿液,吐出一些吸入的羊水,并且通过皮肤、肺部呼吸等途径丢失了些水分,加之出生后前几天吃奶较少等原因造成的。这种体重的减轻是暂时性的,医学上称为"生理性体重下降"。

一般新生儿在出生3~4天时可减轻出生时体重的6%~9%,但最多不会超过10%,并且通常在出生10天后即可恢复到出生时的体重。随着新生儿吃奶量逐渐增多,以及对外界环境的不断适应,体重会逐渐增加,所以父母不必担心。

如果新生儿在10天后仍未恢复到出生时的体重,就要寻找原因。首先应该想到可能是母乳不足,要帮助母亲坚持母乳喂养,如增加新生儿的吸吮次数,以刺激母乳的分泌,同时母亲要保持良好的饮食休息习惯等。另外,如果新生儿是混合喂养或人工喂养,要注意配方奶的成分及喂养时间。若是新生儿体重迟迟不增加,家长就应该及时去医院检查,以免耽误新生儿的生长发育。

36.新生儿手脚抖动

有时候,我们会看到一些出生不久的新生儿手或脚常常发生不自主的抖动,尤其是在换衣服或洗澡时多见,这算不算抽筋呢?将来会不会影响智力发育呢?

其实家长不用担心,因为新生儿的大脑发育还很不完善,但是大脑皮质以下负责动作的神经中枢和脊髓在功能上却已经相对比较完善。新生儿有一些动作是受大脑皮质下中枢支配,而不是受大脑皮质控制,所以常常会出现不自主的、无目的性的抖动。这是正常现象,不会影响智力的发育。以后随着年龄的增长,大脑发育的不断完善,这种现象会减少并逐渐消失,而被有意识的、自主的动作代替。

37.新生儿突然憋气

新生儿在出生后2~20天内常出现突然憋气现象,特别是早产儿或足月小样儿多见。主要表现为突然呼吸停止,面部发紫,四肢软弱无力。如果憋气时间超过15~30秒钟,医学上称之为"呼吸暂停"。

这主要是由于新生儿大脑发育不完善,当遇到寒冷刺激或患肺炎等疾病时,就可能发生憋气现象。由于憋气时肺内血氧交换停止,导致体内缺氧,如缺氧时间过长,就可能有生命危险。所以,一旦发现这种现象,若无医务人员在场,家长应立即采取人工辅助呼吸,将手放于新生儿背部,然后以每分钟 40 次左右的频率轻托、轻放新生儿或拍打婴儿的足底,以刺激呼吸,并注意保持室温在 26℃～28℃。如经过上述处理,新生儿仍无好转或频繁出现憋气现象,应立即送医院治疗。

38.新生儿无尿

一般情况下,正常新生儿在出生后 36 小时内排尿。而超过 36 小时尚未排尿,若给予口服糖水或静脉注射 5％葡萄糖液,经处理后有尿排出,则可能是肾脏泌尿较晚。如仍无尿,即为新生儿无尿症。常见的原因有先天性尿路畸形及先天性肾缺如。当新生儿无尿时,应引起注意,找出原因并及时处理,以免导致急性肾功能衰竭等严重后果。

39.新生儿红色尿

有些新生儿在出生后 2～5 天排尿时啼哭,可见尿液染红尿布,持续几天后消失。这就是新生儿红尿,主要是因为新生儿小便较少,加之白细胞分解较多,使尿酸盐排泄增加,使尿液呈红色。新生儿红尿一般是正常的。若家长不放心可留新生儿尿液送医院化验,排除"血尿"。

40.新生儿脱水热

如果新生儿在出生后 2～4 天时出现发热,体温 38.5℃～39.8℃或更高,且合并烦躁不安、啼哭不已、皮肤潮红、口唇黏膜干燥、体重减轻、尿量减少等情况,而其他情况良好,无感染中毒症状,医学上称之为"新生儿脱水热"。新生儿脱水热在天气干燥与炎热季节发病率较高,若人为地给孩子创造高温环境,也同样可引起脱水热。

新生儿脱水热,主要是由于新生儿体内水分不足而引起发热,原因主要有:一是摄入水分不足。新生儿出生后,经呼吸、皮肤蒸发、排出大小便等失去相当量水分,而出生后 3～4 天内母乳分泌量较少,如果不注意补充就会造成体内水分不足;二是环境温度过高。父母害怕新生儿着凉,包裹过严,保暖过度,使其体温升高,呼吸增快,皮肤蒸发的水分增多,也可脱水。在以上情况下,新生儿蒸发损失的水分比钠盐的损失多,血清钠增高,血清蛋白也可增高。

新生儿脱水热一般无须特殊治疗,只要多喂白糖水或白开水即可。如先喂 5％的白糖水,每 2 小时 1 次,每次 15～30 毫升。若新生儿服液困难,也可采取静脉输液。只要补充足够的水分,体温会降至正常,脱水症状自然消失。另外,还可以用 75％酒精加入等量的水,用纱布蘸擦额头、手心脚心、颈部、腋下、大腿等处,进行物理降温。个别高热(腋温≥40.5℃)或高热抽搐者,需要紧急送往医院治疗。

二、婴儿的合理喂养

(一)母乳喂养的相关知识

1.新生儿营养的需要量

新生儿在出生后的第2～4周生长最快,按新生儿中等增长速度计算,每日增长体重在30克以上。所以,新生儿期对营养素需要相当高。为了保证新生儿营养素的供给,减少或避免新生儿生理性体重减轻,应特别注意新生儿的营养供给量。

(1)热能:新生儿每日每千克体重大约需要热能120～100千卡。

(2)蛋白质:新生儿时期处于正氮平衡状态,不但要求大量的蛋白质,而且需要优质的蛋白质。母乳可以为新生儿提供高质量的蛋白质,如果母乳喂养,每日每千克体重需要蛋白质2克;若牛乳为蛋白质的来源则需3～5克;若大豆及谷类为蛋白质的来源则需4克。

(3)脂肪:新生儿需要各种脂肪酸和脂类,其中必需脂肪酸的摄入量应占总热能的1%～3%,即新生儿每日摄入的脂肪应为15～18克。

(4)糖类:母乳喂养时,糖类的摄入量应占热能的50%。如3千克的新生儿每日应摄入糖类45克。

(5)其他各种营养素:每日需摄入钙400～600毫克、铁10毫克、维生素A200微克、维生素D10微克,水按每日每千克体重80～150毫升。母乳喂养的新生儿也应补充水分。

2.母乳喂养讲究"三早"

"三早"是指新生儿出生后要早吸吮、早接触、早开奶,这是母乳喂养成功的保证。

新生儿从母体娩出后有两种做法:

(1)先断脐,处理好脐带后将新生儿赤裸地放在母亲胸前,让母亲搂抱并让他开始吸吮。

(2)未断脐就把新生儿放在母亲胸前,母子肌肤相接并开始喂奶。

这两种做法均可行。尽早吸吮母亲乳头可及早建立泌乳反射和排乳反射,并增加母亲体内泌乳激素和催产素的含量,加快乳汁的分泌和排出。

早开奶可使新生儿尽早获得营养补充,避免新生儿低血糖的发生,还可促进母乳喂养的成功。这时的初乳含有较多免疫物质IgA和具有杀菌作用的物质溶酶菌等,可使新生儿少生病。最早的初乳含有脂肪量虽不多,但足以帮助胎便排出,减少新生儿黄疸的作用。刚开始喂奶时新生儿每次可能吃到5~10毫升母乳,妈妈的乳房也不胀。但性急的家人往往会轻易地决定给新生儿喂糖水或牛奶,生怕饿着自己的宝贝。殊不知新生儿天性很懒,只要不费力就能从奶瓶中吸到奶就决不肯再费力地去吸吮母亲的乳头。此时最重要的是母亲不必心焦,只要用正确的姿势让他多吸吮,用不了几天乳汁就可以大量分泌了。

3.母乳喂养可能遇到的困难

母乳是新生儿最理想的天然营养食品,对妈妈的身体恢复也有好处,这是很多妈妈都了解的知识。不少妈妈也下定决心要用母乳喂养自己的宝贝,但是在真正进行母乳喂养的过程中会遇到各种意想不到的问题。这些问题有可能影响妈妈坚持母乳喂养的决心。但是如果事先有了思想准备,情况也许就会好一些。所有的育儿知识书刊中都只介绍母乳喂养的好处,但是母乳喂养并不是轻轻松松就能坚持下去的,因为你可能遇到下面这些困难:

如果你选择了一家爱婴医院生产,那么新生儿出生后一定是与你同住一室,护士会在你的床头给新生儿加一个小摇篮,让你和他24小时在一起。这也许正是你所希望的。尽管你尚未从分娩的痛苦和疲惫中恢复过来,伤口让你坐卧难安,或者你刚刚从剖宫产的麻醉状态中清醒过来,医生和护士很快就会来催你给他喂奶了,目的是让新生儿多吸吮,争取尽早开奶。

刚开始的一两天里,如果你一时没有奶,护士会来帮你按摩乳房,又拍又揉,用力挤压。或者教你正确的喂奶方法,让你多抱抱让他吸吮乳头,刺激乳房。隔一会儿护士就会来看看你有没有在喂他,让家属帮助你按摩,督促你喂哺,直到你开始下奶。这时你会觉得疲惫不堪,想好好睡一会儿都不行,心里可能也会有些委屈。但是,坚持这样做下去你很快就会下奶的,新生儿就可以吃到妈妈宝贵的乳汁了。

在刚开始喂奶的前两周,你的乳头会在新生儿长时间的吸吮下疼痛难忍,有的是因为哺乳方法不正确,没有让新生儿含住整个乳晕而只咬住了乳头,造成乳头皲裂,每次给他喂奶时都痛得钻心,这时就需要采取一些措施坚持喂哺。

即使喂奶方法正确,有些妈妈也会有一段时间乳头痛,因为乳头的皮肤很娇嫩,经新生儿长时间吸吮才会变得坚韧,这需要一个适应过程。有时乳头痛得不敢碰触,连衣服的轻微接触都觉得很疼痛。每次喂哺时新生儿刚含住乳头时会让你不由得直皱眉,得咬紧牙关坚持住才行。但是这种情况很快就会过去的,一般两周后乳头就会在新生儿的吸吮下变得坚韧起来,不会再感到疼痛。

吃母乳的新生儿吃奶次数一般比喝牛奶的次数多,人们常说牛奶比母乳管饱就是因为母乳比牛奶容易消化。喝牛奶的新生儿只要睡前吃饱很快就可以睡整夜觉了,而吃母乳的新生儿很多都需要夜里喂奶,有的还要喂好几次,别人又代替不了妈妈,因此会影响妈妈睡眠。

因为母乳中水分多,新生儿的大小便次数尤其是大便次数也会比喝牛奶的新生儿多。喝牛奶的新生儿一般一天只排一次大便,而吃母乳的新生儿可能每天大便4~5次,这都是正常的。

4.母乳中的微量元素和维生素

母乳中含有适合婴儿需要的各种营养元素。

(1)母乳中钙含量虽然不如牛奶多,但母乳中钙和磷的比例十分恰当。母乳中的钙可以被新生儿很好地吸收利用,因此,母乳喂养的孩子较少患佝偻病。

另外,母乳中钙磷含量相对少一些,这对新生儿很适宜,他们的肾脏功能在喝母乳时几乎没有负担,如果吃牛奶就不一样了,新生儿的肾脏对牛奶中含量过多的钙磷处理起来就显得力不从心了。

(2)母乳中的铁质约70%可以为婴儿所吸收,牛奶的铁吸收仅有10%~30%,因此人工喂养的婴儿在6个月后容易患贫血。

(3)初乳中的锌元素是正常母亲血清的24倍,成熟乳的锌含量也非常高,母乳中的其他微量元素,都很适合婴儿的消化吸收和生长发育。除早产儿之外,在婴儿4~6个月以内不必另外补充锌元素。

(4)母乳中含有丰富的维生素A、维生素E,足够满足4~6个月的婴儿需要。除了维生素K,几乎不要考虑维生素的缺乏问题。专家提醒:如果要为婴儿补充维生素K,应在医生指导下进行。

5.母乳喂养的优越性

母乳是新生儿最理想、最适宜的天然营养品。医学研究证明,母乳含有丰富的营养,包括蛋白质、脂肪、矿物质、维生素、乳糖及大量天然抗体,这些都对新生儿的生长发育有极大的益处。

我们可以把母乳喂养的几点优越性归纳如下:

(1)营养丰富,适合新生儿的需要及消化吸收能力,可以降低营养不良和消化功能紊乱的危险。

(2)含有大量优质蛋白、必需氨基酸及乳糖,有利于新生儿大脑的发育。

(3)母乳中含有丰富的抗体,可以增强新生儿的免疫力,还能减少肠胃不适及过敏。因此,母乳喂养的新生儿较少发生腹泻,并且患呼吸道感染和皮肤感染的也很少。

(4)母乳喂养时,新生儿与母亲直接接触,通过逗引、拥抱、照顾和对视,增进母子感情,并使新生儿获得安全、舒适和愉快感,有利于建立母子间的信任感,也有利于新生儿心理和智力的发育。

(5)母亲直接喂养,乳汁温度及吸乳速度适宜,并且经济方便,又无污染的危险性。

正因母乳喂养有这么多好处,所以一定要提倡母乳喂养,鼓励母乳喂养,并为此创造良好的条件。

6.母乳的四个阶段性分类

(1)初乳:一般来说,产后一周内分泌的乳汁称为初乳,呈蛋黄色、质稠、量少,含有丰富的蛋白质,脂肪较少,有大量的分泌型IgA(免疫球蛋白A)和吞噬细胞、粒细胞、淋巴细胞,这些有助于增进新生儿呼吸道及消化道防御病菌入侵的能力,提高新生儿的抵抗力。因此,不管今后是采用母乳喂养还是人工喂养,都一定要将母亲在生后数天内分泌的初乳喂给新生儿,使之有效地保证新生儿健康。

(2)过渡乳:产后7天至满月内母亲分泌的乳汁称为过渡乳,脂肪含量高,蛋白质与矿物质有所减少。

(3)成熟乳:产后2个月至9个月内母亲分泌的乳汁称为成熟乳,脂肪比较多,蛋白质、矿物质进一步减少。

(4)晚乳:产后10个月后母亲分泌的乳汁称为晚乳,其量及各种营养成分较前更减少。

7.初乳对新生儿很重要

初乳是指产后7天内产妇乳房分泌的乳汁,每天最多能出10~40毫升。虽然初乳量少,但对新生儿的健康是十分珍贵的。

初乳与正常的母乳相比,蛋白质更多,但是脂肪和糖较少,而这非常适合于新生儿生长快、需要蛋白质多和消化脂肪能力弱的特点。初乳含有更多的维生素和矿物质。由于含有大量的β胡萝卜素而呈黄色,看上去不像奶,却绝对干净卫生。有的人误以为产后头几天分泌的奶脏而丢弃掉,这是十分可惜的。

初乳还含有大量的免疫球蛋白,被称为是人生第一次获得的"免疫物质"。其中IgA(免疫球蛋白A)能提高新生儿咽喉和肠道的防御能力。因此,新生儿在出生30分钟后最好就哺初乳,这样可以刺激乳汁的分泌同时也可以促进子宫收缩,对母子双方都是有利的。

此外,初乳中含有一种低聚糖物质即双歧因子,双歧因子促进双歧杆菌生长。初乳中含有较多的乳铁蛋白,这是一种能和铁离子结合的蛋白质,对大肠杆菌有抑制作用。由此可见,初乳中既含有促进双歧杆菌生长的物质,又含有抑制大肠杆菌生长的物质,对早期新生儿肠道菌群的建立发挥着关键性的作用。

所以,在提倡母乳喂养的同时更不要忽视初乳喂养的作用。

8.出生后多长时间可喂奶

新生儿出生多长时间才开始喂奶呢?人们过去一直认为出生12小时后可以给新生儿喂奶,这之前可以给他们喂少量糖水。但是最近有些专家指出新生儿出生后半小时内即可喂奶,通过新生儿吸吮奶头来刺激乳汁的分泌;并提出喂奶前不喂任何

食品或饮料,除非有医学指征。

新生儿出生后就成为独立的个体,一切的营养都要自己摄取。同时,由于刚出生的新生儿易受外界环境、温度的影响,因此有必要尽快获取营养,以维持生长和发育的需要。

9.妈妈尚未开奶,新生儿吃什么

有些妈妈生下新生儿后没有马上开奶,或者奶水很少,这个时候如果新生儿饿了该怎么办呢?在很多爱婴医院里不允许喂新生儿除母乳外的任何东西,甚至连水也不允许喂,这是为什么呢?

一般情况下,在新生儿出生后1～2周产妇才会真正下奶。但在第一周必须让新生儿多吸吮、多刺激妈妈的乳房,使之产生"泌乳反射",才能使妈妈尽快下奶,直至足够新生儿食用。如果此时用奶瓶喂新生儿其他乳类或水,一方面容易使新生儿产生"乳头错觉",不愿再费力去吸妈妈的奶,另一方面因为奶粉比妈妈的奶甜,也会使他不再爱吃妈妈的奶。这样本来可以母乳喂养的妈妈会因他吸吮不足而造成奶水分泌不足,甚至停止泌乳。

那么,新生儿一时吃不饱,会不会饿坏呢?不会的。因为新生儿在出生前,体内已贮存了足够的营养和水分,可以维持到妈妈开奶,而且只要尽早给他喂奶并坚持不懈,少量的初乳也能满足新生儿的需要。准妈妈记住,千万不能因奶水暂时不多就丧失母乳喂养的信心。

10.母乳喂养前的准备

成功的母乳喂养包括产前准备、产后早吸吮和正确的哺乳方法。

(1)产前准备

①心理准备。通过产前检查、孕妇学校等形式,向孕妇及其家属宣传母乳喂养的知识,使其对母乳喂养产生兴趣和信心。

②乳头和乳房准备。一是乳头伸展练习:纠正平坦、内陷乳头,可将两拇指平行放于乳头左右两侧,慢慢地由乳头向两侧外方拉开,重复多次;随后将两拇指放在乳头上、下侧,由乳头向上下纵行拉开,此练习每日2次,每次5分钟。二是乳头牵拉练习:用一手托住乳房,另一手的拇指和中、食指抓住乳头向外牵拉,重复10～20次,每日2次。三是擦洗乳头:妊娠6个月后的孕妇应用毛巾和清水反复擦洗乳头,每日1次,每次30～40回,目的是使乳头、乳晕皮肤坚韧,防止哺乳时乳头疼痛和皲裂。四是乳房按摩:妊娠7个月后的孕妇用手掌侧面轻按乳房壁,露出乳头,并围绕乳房均匀按摩,每日1次,目的是增加乳房血液循环,促进乳腺发育。

(2)产后早吸吮:新生儿出生后应尽早吸吮乳房,最好分娩后立即吸吮,此时虽然没有乳汁,但是通过吸吮可以促进乳汁的分泌,还能促进子宫收缩,减少出血。并且新生儿可以吸吮到营养与免疫功能极高的初乳,利于胎粪排出。

（3）正确的哺乳方法：新生儿应按需哺乳，每天至少 8 次，可以让他们吸吮到自发放弃乳头。另外，母亲哺乳时要有正确的姿势，既使新生儿舒适地吸吮到母汁，又要使自己舒服。

11.哺乳前先挤掉几滴乳汁

在新生儿饥饿急需哺乳时，恰逢一些母亲刚下班回来或是劳动过后刚出完汗，妈妈总是习惯把乳汁先挤掉几滴，然后才让他直接吸吮。

其实，这是比较符合科学的。因为乳腺管开口常与外界相通，容易被细菌侵入而成为微生物繁殖场所。挤掉几滴乳汁对乳腺管起到清洗作用，能避免不清洁的乳汁导致新生儿患肠道感染性疾病的机会。

12.母乳喂养的正确姿势

母亲哺乳时采取的何种体位很重要。每位母亲应该找到合适的体位，既有利于全身肌肉放松，也有利于乳汁排出。

（1）卧位哺乳：又分侧卧和仰卧。大部分母亲采取侧卧位，这时可在头下、胸下各垫一枕头以放松身体，同时可用下面的手臂托着新生儿，上面的手托着乳房来喂奶，这种方式就要求新生儿的头应向前弯，容易够着乳头，吸吮良好。

（2）坐位哺乳：母亲应紧靠椅背，使背部和双肩处于放松姿势，用枕头支托新生儿。如果是坐着哺乳，抱新生儿时要使新生儿的头、身体呈一条直线，母亲要用一只手托着他的头、肩及臀部，另一只手要托着乳房，把手指靠在乳房下的胸壁上，并以食指支撑着乳房的基底部，而大拇指轻压乳房的上部。这种托着乳房的姿势可改善乳房的形态，使新生儿吃奶时容易含接。采用坐位哺乳，尤其适用于剖宫产及双胞胎儿，因为这种方式可避免伤口受压疼痛，也可使双胞胎儿同时授乳。

另外，在奶量太急时母亲用中指和食指适当夹紧奶头，使乳汁不致过快流出，引起呛奶或吐奶；在奶量不足时母亲可轻轻挤压乳房，以增加奶量。方法是：大拇指放在乳晕上，其他手指在对侧向内挤压，手指固定不要在皮肤上移动，挤压松弛反复数分钟，沿乳头依次挤压所有乳窦。

13.新生儿在吃奶时的正确姿势

无论新生儿在哪边，他的身体与母亲身体应该相贴，头与双肩朝向乳房，嘴处于乳头相同水平的位置。必须保持他的头和颈略微伸展，以免鼻部压入弹性乳房而影响呼吸，但也要防止头部与颈部过度伸展造成吞咽困难。

每次喂完奶后，要把新生儿轻轻竖起，伏在母亲肩上并轻轻拍其背部，使吞入胃内空气排出。当把新生儿放在床上时，要右侧卧位，以防溢乳。

14.母亲卧床喂奶不好

有的母亲喜欢躺在床上给新生儿喂奶，认为这样母子都比较舒适轻松。殊不知

这种喂奶方式可给新生儿带来严重恶果,甚至造成耳聋。

新生儿的咽鼓管短,位置平而低,母亲在躺着喂奶时,将有一部分奶或新生儿呕吐物带细菌流到新生儿的耳道里,加之新生儿的免疫功能尚不健全,细菌侵入中耳,极易得急性化脓性中耳炎,如果治疗不及时,可能导致耳聋。所以,母亲不要躺在床上喂奶,同样新生儿也不要躺在床上吮吸奶瓶,因为这样也可使乳汁顺着他短且低平的咽鼓管流入耳内污染中耳,也可引起化脓性中耳炎。

正确的哺乳姿势应该是母亲坐在椅子上或床上,将新生儿抱起,左肘部抬高45°将新生儿头部放在左肋部,再让他吮吸乳汁。人工喂养也要让他头部抬高45°,这样可以防止乳汁流入耳内引起污染。

15.间隔多长时间喂一次奶

新生儿每天的喂奶次数要根据具体情况来决定,如消化快慢、食欲状态等。但是原则上要以新生儿的需要为准,即按需哺乳。

按需哺乳就是新生儿一天喂多少次奶,无须规定次数和每次间隔时间,而是婴儿什么时候需要吃奶就什么时间喂。其好处在于能促进乳汁分泌,增强母子感情,尤其在产后头几个小时和最初几天需要经常吸吮。刚开始给新生儿喂奶时,以少食多餐为原则。每次喂奶时间以20分钟左右为宜,两乳均要哺喂,这样有利于乳房排空。

当新生儿醒来哭着要吃奶时,不能让他们等待。因为新生儿的消化系统尚未发育成熟,胃肠功能还不健全,醒来哭闹时,说明胃已经空了,需要进食了。新生儿刚开始吃奶时,需要的次数比较频繁。开始3～4天时,每隔2～3小时需要吃一次奶,白天需要吃8次左右,晚上需要1～2次,夜间需要吃2～3次。随着婴儿逐渐长大,各种功能不断地完善,进食量的增加,喂奶的间隔时间也会逐渐延长。

16.母亲夜间喂奶须注意的事项

新生儿还没有形成一定的生活规律,在夜间还需要母亲喂奶,这样会影响母亲的正常休息。夜晚是睡觉的时间,母亲在半梦半醒之间给他喂奶很容易发生意外,所以要注意以下几点。

(1)不要让新生儿含着奶头睡觉:因为这样不仅会影响新生儿的睡眠,还会养成不良的吃奶习惯。另外,当母亲睡熟后,如果乳房压住新生儿的鼻孔,甚至可能造成窒息死亡的意外。

(2)保持坐姿喂奶:为了培养新生儿良好的吃奶习惯,避免发生意外,在夜间喂奶时,也应像白天那样坐起来喂奶。

(3)延长喂奶间隔时间:如果新生儿在夜间熟睡不醒,就要延长喂奶的间隔时间。一般新生儿一夜吃2次奶就可以了。

17.按时哺乳还是按需哺乳

长期以来人们都强调婴儿要按时哺乳,即新生儿2～3小时喂哺1次,较大的3～

4 小时喂一次。由于过分强调按时，母亲常常看着时间喂奶，即使婴儿饿得直哭，不到时间就是不喂。其实这样做是不科学的。新生儿期是要按需哺乳的，即新生儿随时随地都可以喂。当婴儿饥饿性啼哭时，应该哺乳；当睡眠超过 3 小时，也可唤醒哺乳。

现代科学研究表明，乳汁的分泌是通过婴儿的吸吮刺激，以及母体体内脑下垂体分泌的泌乳素和催乳素共同作用的结果，而且吸吮刺激越频繁、吸吮力越强，泌乳量越多。所以提倡按需哺乳，即不要时间限制，完全根据婴儿生理需要，想吃就喂，母亲感到奶胀就给婴儿哺乳，这样有利于母亲早下奶和乳汁源源不断地分泌，以充分满足婴儿的营养需要。

18.婴儿不宜母乳喂养的几种情况

母乳喂养不仅经济方便，而且营养价值高，有关专家大力提倡母乳喂养，但是也要注意婴儿不宜母乳喂养的几种特殊情况。

(1)有先天性半乳糖症缺陷的婴儿，在进食含有乳糖的母乳、牛乳后，可引起半乳糖代谢异常，致使 1-磷酸半乳糖及半乳糖蓄积，引起婴儿神经系统疾病和智力低下，并伴有白内障，肝、肾功能损害等。所以在新生儿期凡是喂奶后出现严重呕吐、腹泻、黄疸、肝脾大等症状，应高度怀疑本病的可能，经检查后明确诊断者，应立即停止母乳及奶制品喂养，给予不含乳糖的代乳品喂养。

(2)患有糖尿病的婴儿是先天性缺乏分支酮酸脱羧酶，从而引起氨基酸代谢异常，临床表现有喂养困难、呕吐及神经系统症状，多数患儿伴有惊厥、低血糖、血和尿中分支氨基酸及相应酮酸增加，有特殊的尿味及汗味。患有本症的婴儿应给予低分支氨基酸膳食，另外要注意喂食母乳要少量。

(3)母亲有慢性病需要长期用药时也不宜哺乳。如癫痫需用药物控制者，甲状腺功能亢进用药物治疗者，肿瘤患者正在抗癌治疗期间，这些药物均可进入乳汁，对婴儿不利。

(4)母亲处于细菌或病毒急性感染期时，乳汁内含致病的细菌或病毒可通过乳汁传给婴儿。而感染期母亲常需用药，大多数药物都可从乳汁排出，如红霉素、链霉素等，均对婴儿有不良后果。所以要暂时中断哺乳，以配方奶代替，定时用吸乳器吸出母乳以防回奶，待母亲病愈停药后可继续哺乳。

(5)母亲进行放射性碘治疗时，碘能进入乳汁，有损婴儿甲状腺的功能，应该暂时停止哺乳。待疗程结束后，检验乳汁中放射性物质的水平，达到正常后可以继续喂奶。

(6)母亲接触了有毒化学物质或农药时，有害物质可通过乳汁使婴儿中毒，故哺乳期母亲应避免接触有害物质及远离有害环境。已接触者必须停止哺乳。

(7)患严重心脏病的母亲要停止哺乳，因为哺乳会使母亲的心脏功能进一步恶化。

（8）患严重肾脏疾病的母亲要停止哺乳，因为哺乳能加重脏器的负担和损害。

（9）患严重精神病及产后抑郁症的母亲要停止哺乳。

（10）处于传染病急性期的母亲也要停止哺乳。如母亲患开放性结核病，各型肝炎的传染期，此时哺乳将增加婴儿感染的机会。

19.警惕母乳喂养的几个误区

（1）生气时喂奶：美国生理学家爱尔马的实验表明，人在生气时体内可产生毒素，此种毒素可使水变成紫色，且有沉淀。由此提示，妈妈切勿在生气时或刚生完气就喂奶，以免宝宝吸入带有"毒素"的奶汁而中毒，轻者生疮，重者生病。

（2）运动后喂奶：人在运动中体内会产生乳酸，乳酸潴留于血液中使乳汁变味，婴儿不爱吃。据测试，一般中等强度以上的运动即可产生此状，故肩负喂奶重任的妈妈，只宜从事一些温和运动，运动结束后先休息一会再喂奶。

（3）喂奶时逗笑：婴儿吃奶时若因逗引而发笑，可使喉部的声门打开，吸入的奶汁可能误入气管，轻者呛奶，重者可诱发吸入性肺炎。

（4）香皂洗乳房：有些妈妈为了保持乳房清洁，经常清洗，这是正确的，但不可用香皂来清洗。因为香皂类清洁物质可通过机械与化学作用除去皮肤表面的角化层，损害其保护作用，促使皮肤表面"碱化"，从而助于细菌生长。时间一长，可能引起乳房炎症。所以，哺乳妈妈最好用温开水清洗乳房。

（5）喂奶期减肥：产后大多肥胖，许多妈妈急着减肥而不吃脂肪，但脂肪是乳汁的重要组成成分，一旦来自食物中的脂肪减少了，母体就会动用储存脂肪来产奶，而储存脂肪多含有对婴儿健康不利的物质。所以，为了婴儿的安全，妈妈最好等断奶以后再减肥。

20.母乳喂养过程中的异常表现

母乳喂养是专家们首推的喂养方式，因为母乳是婴儿最佳的天然食物，但有研究发现，少数母亲乳汁中某些成分的变化，会导致新生儿身体出现一些异常表现或疾病。

（1）母乳性酒精中毒：当哺乳母亲喝了较多含酒精饮料后，酒精吸收后通过乳汁排出，新生儿吃了含酒精的母乳可引起中毒。表现为皮肤潮红，烦躁不安，心率、脉搏加快，嗜睡等。这时应立即停喂母乳，给予大量水分，加速酒精排出。

（2）母乳性青紫：当哺乳母亲吃了大量不新鲜或煮后隔了几天的蔬菜，或吃了未腌透的泡菜，此类食物中含有高浓度的亚硝酸盐。亚硝酸盐进入乳汁中可使新生儿皮肤、口唇青紫，头晕、心慌、恶心呕吐，一旦发现，应送医院治疗。

（3）母乳性腹泻：发生腹泻的原因多与母乳中含有较多的前列腺素有关，一般新生儿大便每天2～3次到8～9次。虽然有腹泻，但不会影响婴儿的生长发育。此种腹泻往往随着新生儿的成长和辅食添加会渐渐消失，不必停止喂奶。

(4)母乳性黄疸:有的新生儿吃母乳后出现皮肤、眼巩膜发黄,但是不发热,食欲好,生长发育正常。这是由于母乳中含有一种名叫孕二醇的激素引起的,这种激素在新生儿出生3～10周后会逐渐消失,因此不必停止母乳喂养若停喂母乳,黄疸在6～9天消失。

21.如何判断乳汁是否充足

许多母亲对自己的乳汁是否足够,缺乏判断力,现在就介绍一些判断的方法。

(1)看新生儿的小便:如果纯母乳喂养的新生儿每天小便在6次或6次以上,尿色无色或淡黄色,尿量能将尿布浸透,说明乳汁足够。

(2)看新生儿的体重:每日或间隔几日为他称一下体重,如果他的体重每周增加在150克以上,说明奶足够。还可以将所称的体重标在他生长发育图上,如果体重的曲线在正常范围,说明乳汁足够。

(3)看新生儿的精神状态:新生儿吃奶后神情安定、表情愉快、睡眠良好,说明乳汁足够。

值得提醒的是:乳房的大小与乳汁分泌量没有太大的关系;存于乳房的乳汁多少,和乳汁是否足够,也没有太大的关系。

22.母乳不足的原因

我们经常听到一些准妈妈说自己的奶水不够新生儿吃,那么怎样判断自己母乳不足呢?这里有些标准可供参考:①感觉乳房空,不胀。②新生儿吃奶时间长,用力吸吮却听不到连续吞咽声,有时突然放开奶头啼哭不止。③新生儿睡不香甜,常吃完奶不久就哭闹,来回转头寻找奶头。④新生儿大小便次数和量少。⑤新生儿体重不增或增长缓慢等。当出现这种情况时,母亲要积极地寻找原因,用最恰当的方式解决问题。母乳不足最常见的原因有以下几种。

(1)喂养不当:新生儿出生后没有及早地吸吮乳房,也没有按需哺乳,每天哺乳的次数及吸吮的时间不够;母婴分离,使用奶瓶喂奶而造成"乳头错觉",导致新生儿不愿吸吮母乳;母亲乳头疼痛而不愿让新生儿吸吮;过早地增加辅食等,这些均可导致乳汁不足。

(2)指导不当:医务工作者没有正确地指导哺乳,或由于一些客观原因而使得母亲产生自己乳汁不足的错觉,导致新生儿对乳房吸吮刺激的太少,最终导致乳汁不足。

(3)暂时性母乳供应减少:由于母亲疲劳,精神抑郁,对母乳喂养缺乏信心;母亲或新生儿患病;母亲月经恢复等因素均可使乳汁暂时性分泌不足。

(4)其他原因:如乳房发育不良、乳房手术、乳头凹陷、再次妊娠、母亲甲状腺功能低下或使用了某些影响乳汁分泌的药物,均可使乳汁分泌减少。

23.母乳不足的应对措施

母乳不足的情况在日常生活中经常遇到,下面就提供一些应对措施,既有利于母乳的增多,也利于新生儿的健康发育。

第一,即使母乳不足,也要每天让新生儿吸吮,并用吸奶器抽空,以刺激乳腺增加乳汁的分泌量。

第二,母亲可以吃些发奶的食物,如鱼汤、猪蹄汤、骨头汤等,以增加奶量。家人在做汤时加入少量的醋,将骨中的矿物质溶于汤内,使营养更为全面。另外,母亲还应多吃营养丰富的食物,如鸡蛋、瘦肉、牛奶、鱼、鸡、动物内脏、各种蔬菜、水果和豆制品。由于乳汁中含水量大,母亲要多喝水。

第三,母亲应该生活有规律、劳逸安排好,睡眠充足、心情舒畅,这样会使乳汁分泌得较多。

第四,可以采用既吃母乳又用人工喂养的混合喂养方法,即用牛奶或代乳粉补充一部分营养。补充奶类或代乳粉的用量,要根据母乳缺少的情况来定,可以先采取一定量试喂,如果新生儿能全吃掉,可以再试加一些,只要吃后有饱的表现,而消化也正常就可以了,根据月龄的增长再适当调整用量。对小月龄的婴儿,可以先喂约10分钟的母乳,然后补充一定量的鲜牛奶,这样既先吃完营养价值高的母乳,又补充了优质蛋白的不足。若母亲上班了,可以早晚吃母乳,中间人工喂养。

24.母乳不足时如何添加奶粉

当母乳不够时,要考虑使用代乳品,代乳品中奶粉优于鲜牛奶等奶类制品,当然在使用代乳品时还要根据具体情况而定。具体添加方法有以下几种:

(1)母乳吃完以后,再吃其他代乳品。

(2)隔养法,即母乳与其他代乳品交替喂,即一次全喂母乳,下一次全喂其他代乳品。

(3)一般母乳早晨分泌较多,晚上分泌较少。因此可以在晚上喂一次其他代乳品,但每日母乳的次数不能少于3次,否则母乳的分泌量将会愈来愈少。

对补充代乳品的评价,要根据新生儿的适应情况来确定。若新生儿大便正常,且生长发育情况良好,说明代乳品的质和量均合格。否则,需要请医生指导。

25.促使母乳增多的方法

有些准妈妈经常为自己的乳汁不多而犯愁。其实,健康的母亲要想使乳汁多起来并不难,可以从以下几方面做起:

(1)产后尽早让新生儿吸吮乳头,一般认为最好在产后30分钟。实验表明,新生儿喂奶后母亲血液中催乳素的浓度可比喂奶前增加10~30倍。通过对乳头的刺激和吸吮,能反射性地使脑下垂体分泌大量的催乳激素,进一步促使乳汁产生。因此一定要让新生儿反复多次吸奶,即使奶少,也要坚持,而且每次要尽量把乳汁吸空,这样奶汁便会源源不绝,越吸越多。

(2)乳汁中各种营养素都是来自于母体,所以哺乳的母亲要保证充足而丰富的营养,要尽量多吃各种营养丰富的食物,如蛋、虾、鸡、鸭、蔬菜、水果等,还要多喝汤水(如酒酿煮蛋、猪蹄黄豆汤、鲫鱼汤等)。另外,在食品的烹调上应少用煎炸,多用炖品,味以清淡为宜。

(3)哺乳期应尽量避免服用一些影响乳汁分泌的药物或食物,如抗甲状腺药物、阿托品以及山楂、麦芽。麦乳精亦应少吃为宜。

(4)在采用了上述各项措施的基础上,可采用食物和药物相结合的方法,促进乳汁分泌。如常用的催乳汤:炒川芎、当归、木通、王不留行各9克,猪蹄2只,煮汤服用。此外,也有其他简易的吃法:如猪蹄2只,加2克通草,充分煮烂后吃肉喝汤;或王不留行和穿山甲各6克,用猪蹄2只熬汤等。

(5)母亲心情舒畅、精神愉快,处于轻松的状态,也是乳汁充足的条件。如果母亲经常处于紧张、忧虑、焦急、烦躁、气恼的状态下,会使乳量减少甚至回奶。

(6)母亲的内衣不宜过紧,以免压迫乳房,影响泌乳。

26.母乳喂养有个"磨合期"

母乳喂养是大家都支持的,但是,母乳喂养有一段母子"磨合期"。

刚开始,吃母乳对新生儿而言是费力的事情,俗语不是说"使出吃奶的劲来"吗,确实是这样。新妈妈刚刚生产完毕,身体比平时虚弱,又缺乏喂哺技巧,一顿奶喂下来,妈妈与新生儿都累得够呛。因此,母婴需要一个学习与适应的过程。新妈妈不必着急,或轻易决定不进行哺乳了。有的妈妈的乳头条件不太好,短小,凹陷,或皲裂,受损,即使这样也应该坚持哺乳,过一段时间就会改善,也可使用硅胶乳头保护罩来保护双乳。待困难被克服后,妈妈和新生儿就能一起享受难得的美妙时光了。哺乳时放点美妙的轻音乐,能有利于妈妈分泌乳汁,也令新生儿胃口更好。

27.母乳的"情感"作用

我们都知道,母乳有许多优点,如经济、方便、省时、营养丰富等,还有最重要的一点就是能增进母婴之间的感情,有利于新生儿的身心发育。

母乳为什么会增进母婴之间的感情呢?这归于母乳喂养的方式。喂奶时,新生儿躺在母亲的怀抱里,能接触到母亲温暖的肌肤,闻到母亲身上亲切的气味,能够再次听到早在宫内已熟悉的母亲心跳的节律,再加上母亲爱抚的动作和温柔的言语,这一切都能使婴儿感受到母爱,产生愉快的情绪,这对新生儿的身心健康发育是很有好处的。可见母乳喂养不仅供给了新生儿必需的营养素,还加强了母婴之间的感情,促进了婴儿的身心发育。因此,为了新生儿的身心健康,母亲要坚定母乳喂养的信心,排除一切干扰因素,进行母乳喂养。

如果母亲确实无法给新生儿喂奶,就要注意在保证营养的同时,给孩子母爱,以

弥补人工喂养的缺陷。喂牛奶时也要像喂母奶一样怀抱新生儿,尽量缩小人工喂养与母乳喂养的差别。不能图省事,把奶瓶往新生儿嘴里一放就完事,这样会使新生儿亲近奶瓶而生疏母亲,影响母婴感情的发展。母亲平时要对新生儿多抱,多亲,这样也能使新生儿像母乳喂养一样身心愉快,健康成长。

28.母婴要做到早接触

一个小生命来到了,母亲顿时忘却一切痛苦,很想见见自己孕育了十月的宝宝。此刻助产人员及时将新生儿放在母亲的怀里,这就叫早接触。

早接触要在母亲和新生儿都得到保暖的情况下进行。当母亲的皮肤和新生儿的皮肤靠在一起时,母亲哺育新生儿的欲望油然而生,不少母亲会有乳房隐隐发胀的感觉;新生儿在妈妈怀中,感受着那种熟悉的气味,聆听着那种令其倍感安全的心跳声,会很自然地寻觅妈妈的乳头,这时候是新生儿学习吸吮的良好时机。

别以为刚出生的新生儿柔弱无能,正常新生儿往往非常灵活,当助产人员帮助新生儿含吮着妈妈的乳头时,新生儿可以很有力地吸吮起来。这种吸吮很可能只是很短暂的一会儿工夫,但在这种吸吮中,新生儿得到了价值很高的初乳;由于吸吮的刺激,母亲体内催产素分泌增多了,这有利于妈妈胎盘娩出并减少产后出血;更有意义的是母子间的感情得到了升华。

有不少儿科专家研究了早接触对母子情感的意义,他们认为:在出生后1小时左右的时间内,是建立母子感情纽带的重要时机。所以,产后第一次哺喂是母子间重要的情感交流与体验。

29.母亲什么情况下需要挤奶

(1)当乳房太胀影响新生儿吸吮时,为了帮助新生儿吸吮,一定要挤掉一些奶。

(2)乳头疼痛暂时不能哺乳时,要将奶挤出来,这样既可以用挤出的奶喂养新生儿,又缓解了乳头疼痛,还防止了由于新生儿未吸吮而导致的乳汁分泌减少。

(3)新生儿刚出生不久,吸吮力不是太强,如果母亲的乳头内陷,使他吸吮困难,这时候要挤奶喂他,又保持了乳汁的分泌。

(4)新生儿出生体重过轻或新生儿生病吸吮力降低时,应挤奶喂养他。

(5)母亲与新生儿暂时分开时,要挤奶喂养他。

30.正确的挤奶方法

挤奶应由母亲自己做,因为别人挤可能引起疼痛,反而抑制了喷乳反射,如果用力过猛还会造成乳房损伤。

挤奶前要洗干净双手。母亲找一个舒适的位置坐下,把盛奶的容器放在靠近乳房的地方。挤奶时,妈妈把拇指放在乳头、乳晕的上方,食指放在乳头、乳晕的下方,其他手指托住乳房。拇指、食指向胸壁方向挤压,挤压时手指一定要固定,不能在皮肤上滑来滑去。最初挤几下可能奶不下来,多重复几次奶就会下来的。

要注意的是必须挤压乳头后方,这样就能挤在乳晕下方的乳窦上。然后依各个方向按照同样方法压乳晕,有节奏地挤压及放松,并在乳晕周围反复转动手指位置以便挤空每根乳腺管内的乳汁。一般情况下,一侧乳房至少挤压3～5分钟,待乳汁少了,就可挤另一侧乳房,双手可交换使用,以免疲劳。

每次挤奶的时间以20分钟为宜,双侧乳房轮流进行。一天应挤奶6～8次,这样才能保证较多的泌乳量。

每个母亲都应学会用手挤奶的方法,以便在需要时能够很好的应用。在母乳喂养过程中,当遇到母亲奶胀需要缓解、乳汁淤积需要去除、母婴暂时分离(如母亲外出工作),或者低体重儿不能吸吮,需要挤奶喂养等情况时,用手挤奶是行之有效的方法,也是首选的、便捷的、污染程度最低的。

31.母亲哺乳期感冒了怎么办

哺乳期的母亲容易出汗,再加上抵抗力低及产后的忙碌,患上感冒很常见。应该怎么办呢?能不能吃药?吃什么药?许多母亲不敢吃药,怕对新生儿不利,又怕把感冒传给他。

如果哺乳期母亲感冒了,不伴有发高热时,可多喝水,吃清淡易消化的饮食,服用感冒冲剂、板蓝根冲剂等药物,同时最好有人帮助照看新生儿,使母亲能得到充分的休息与睡眠。

另外,还可以像以往一样哺乳新生儿。由于接触新生儿太近,母亲可以戴上口罩来喂奶。刚出生不久的新生儿自身带有一定的免疫力,不用担心传染他而不敢喂奶。

如果感冒后伴有高热,饮食欠佳,身体不适,应到医院看病,医生常常会给输液,必要时给予对乳汁影响不大的抗生素,同时仍可服用板蓝根、感冒冲剂等药物。高热期间可暂停母乳喂养1～2日,停止喂养期间,还要常把乳房乳汁吸出,以保持以后的继续母乳喂养。母亲本人要多饮水和新鲜果汁,进食清淡易消化的饮食,好好休息,这样很快就会好转的。

32.母亲是乙肝患者可以哺乳吗

乙型病毒性肝炎是由乙型肝炎病毒(HBV)引起的一种世界性疾病。发展中国家发病率高,据统计,全世界乙肝病毒表面抗原阳性约3.5亿,其中我国约占1.2亿。而且在我国有接近1/4的乙肝是通过母婴传播引起,因此长期以来人们普遍认为乙肝妈妈不能母乳喂养孩子。但是,母乳是婴儿最理想的营养食品,含有婴儿4～6个月生长发育所需的全部营养要素,并适合婴儿肠胃的消化和吸收。据有关调查研究,通过母乳喂养的婴儿抗病能力要高于人工喂养的婴儿。那么,究竟乙肝妈妈可不可以用母乳喂养呢?这是一个众多乙肝产妇都比较关心的问题。对此问题的回答一直存在两种意见,一种认为母亲乳汁中病毒的含量远没有血液中多,加上乙肝病毒的传染途径主要是通过血液,所以新生儿出生后打了乙肝疫苗后就可以母乳喂养了。另一

种观点认为,为了减少传播机会,乙肝病毒感染的母亲最好不用母乳喂养。近几年,越来越多专家学者主张在注射乙肝疫苗加乙肝免疫球蛋白预防的情况下,可以母乳喂养,依据是在对母乳喂养和人工喂养婴儿比较乙肝感染率时发现,两组感染乙肝的机会是一样的,母乳喂养并没有增加乙肝感染的机会。因此,乙肝妈妈一般可以母乳喂养,但应注意以下情况:①母亲血清病毒载量较高,且处于疾病活动期时不宜哺乳。②由于乙肝病毒主要通过血液传播,如果婴儿口腔、咽喉、食道、胃肠黏膜等处有破损、溃疡,母乳中的乙肝病毒就会进入新生儿的血液循环中,并可能诱发乙肝病毒感染,所以不宜母乳喂养。③母亲乳头破裂者也应暂时停止母乳喂养。④正在接受核苷类似物抗病毒治疗的母亲,由于药物能从乳汁中排泄,因此不能母乳喂养。需要指出的是 HBVDNA 阳性母亲毕竟体内存在病毒复制,应尽量减少与新生儿身体上的过多接触,母亲用的洗漱用品,餐具要勤消毒,并且保证与新生儿的用品绝对隔离,以减少对新生儿传染的概率。

33.母亲隆胸后能给新生儿喂奶吗

一般的隆胸手术是将仿生材料注射在乳腺和胸大肌之间的腔隙,而假体隆胸是将乳房假体放在胸大肌下方,这两种方法都与乳腺有明确的间隔。所以,对喂奶是没有影响的。

但是,隆胸的母亲在妊娠之后,乳房会胀大些,形状会与做隆乳术后的形状有所改变,需要在妊娠期间加强乳房的护理,包括佩戴合适的胸罩,外涂增加皮肤弹性的护肤品等。

34.母乳喂养的婴儿也要加鱼肝油

母乳虽然是婴儿最好的食品,但和所有的乳类食品一样,母乳中的维生素 D 含量是极少的。维生素 D 主要的生理作用是调节钙磷代谢,促进肠道对钙磷的吸收,促进钙磷在骨中的沉积,有利于骨的生长。老百姓说"缺钙"主要就是指维生素 D 的缺乏而引起的佝偻病。

一般足月出生的婴儿满月后要添加维生素 D,否则会发生维生素 D 缺乏症。维生素 D 在鱼肝油中含量丰富,所以添加维生素 D 就是给婴儿吃一些鱼肝油。鱼肝油是一种维生素 D 和维生素 A 的混合物,补充维生素 D 的同时也补充了维生素 A。我们常用浓缩鱼肝油滴剂,每天为婴儿滴 3～5 滴即可,鱼肝油要直接滴入婴儿口腔内。不要将鱼肝油滴在汤匙中再喂给婴儿,这样会造成浪费。其他剂型的维生素 A、维生素 D 制剂也可任意选择,维生素 A 和维生素 D 都是脂溶性维生素,都容易在身体中储存,所以不能吃得太多,以免引起中毒。

35.挤出的母乳如何保存

很多上班妈妈有这样的问题,自己是上班族,婴儿还在吃奶,每天上班前将奶挤在瓶里,放入冰箱。待婴儿饿了再给他吃可不可以,奶会不会变质,如何加热等问题。

母乳保存的期限,国际母乳会根据多年的研究成果,列出以下时间表:

(1)室温保存

①初乳(产后 6 天之内挤出的奶)。27℃~32℃室温内可保存 12 个小时。

②成熟母乳(产后 6 天以后挤出的奶)。15℃室温内可保存 24 小时,19℃~22℃室温内可保存 10 小时,25℃室温内可保存 6 小时。

(2)冰箱冷藏室保存:0℃~4℃冷藏可保存 8 天。

(3)冷冻保存:母乳冷冻保存与冷冻箱的情况有关。

如果是冰箱冷藏室里边带有的小冷冻盒,保存期为两周。

如果是和冷藏室分开的冷冻室,但是经常开关门拿取物品,保存期为 3~4 个月。

如果是深度冷冻室,温度保持在 0℃以下,并不经常开门,则保存期长达 6 个月以上。母乳冷冻最好使用适宜冷冻的、密封良好的塑料制品,其次为玻璃制品,最好不用金属制品,因为母乳中的活性因子会附着在玻璃或金属上,从而降低母乳的养分。储存过的母乳会分解,看上去有点发蓝、发黄或者发棕色,这都是正常的。冷冻的母乳在解冻时应该先用冷水冲洗密封袋,逐渐加入热水,直至母乳完全解冻并升至适宜哺喂的温度。不要将母乳直接用炉火或者微波炉加热,否则会破坏母乳中的养分。

(二)人工喂养的相关知识

36.人工喂养要注意什么

人工喂养是指由于某些原因造成的不能进行母乳喂养,而采取其他代乳品进行喂养婴儿的方法。人工喂养相对于母乳喂养和混合喂养来说,要复杂一些,更需要细心认真。

人工喂养时大部分父母是用牛奶代替母乳的,因为牛奶容易消化。新鲜牛奶加适量水,一般新生儿按 2∶1,即 2 份牛奶加 1 份水。新生儿期的牛奶量要按每千克体重需要 100 毫升计算,一般每天要喂 6~8 次,每次间隔 3 个小时左右。如 3 千克的新生儿需要牛奶 300 毫升,再加 150 毫升水,总量为 450 毫升,分 6~8 次吃,每次为 70 毫升左右。如果新生儿消化功能好,大便正常,出生 15 天后便可用纯奶。

另外,我们还要注意一些细节问题。

(1)吃牛、羊奶时,一定要加糖:因为牛、羊奶中含糖量少,不能供给足够的热量,一般是 500 克奶中加 25 克糖。

(2)鲜奶要煮开了吃:这样既有利于奶中的蛋白质吸收,还可以将奶中的病菌杀死。

(3)每次喂奶前都要试一试温度:不宜过凉或过热。试奶时可将奶汁滴几滴在手背上,以不烫手为宜。

(4)奶瓶上的奶头开口不宜太大或太小:太大了则奶汁流出太急,可引起新生儿

呛奶,而太小则不易吸出。一般用烧红的大头针在奶头顶上刺 1～2 个孔,将奶瓶倒竖时,奶汁可快速滴出即可。喂奶时奶瓶应斜竖,使奶汁充满奶头,以免吸入空气而引起吐奶。

(5)注意奶具的卫生:奶瓶、奶头、汤匙等要每天涮洗干净,然后煮沸消毒。每次喂奶前都应该清洗奶瓶,或用开水泡几分钟。

37.了解婴儿配方奶粉

绝大部分婴儿配方奶粉是指以牛奶为基质,按照母乳的营养构成对其营养素的含量水平、质量等进行适当调整后的产品。也有少部分是以大豆粉为基质的产品。

(1)奶基配方奶粉:以母乳营养成分为参照,降低牛奶中蛋白质的总量以减轻肾负荷;调整蛋白质的构成,增加乳清蛋白的比例至 60%,减少酪蛋白至 40%,以利于消化吸收和体内利用;在脂肪方面,部分或全部脱去以饱和脂肪为主的奶油,以多种植物油调配使脂肪酸构成接近母乳,包括 n-3 与 n-6 系列脂肪酸的比例,以满足婴儿的需要;减少牛奶矿物质总量,降低牛奶的肾溶质负荷,适当增加了铁、锌的含量;此外,适当增加婴儿所需牛磺酸、肉碱、核苷酸,以及维生素 A、维生素 D 等维生素的含量。

①起始婴儿配方。主要适用于 1～6 月龄的婴儿,其中蛋白质含量相对较低,既满足此阶段的营养需要又与此阶段婴儿肾脏的功能相适应。

②后继配方或较大婴儿配方。适用于 6 个月后的婴儿,蛋白质含量相对较高。后继配方是 6 个月后婴儿混合食物的主要组成部分。

现有婴儿食品标准,主要是婴幼儿配方奶粉及婴幼儿补充谷粉通用技术标准 GB10767～1997。

③婴儿医学配方。适用于特殊膳食需求或生理异常需要的婴儿配方奶粉,如为早产儿、低出生体重儿、先天性代谢缺陷婴儿设计的配方食品。

(2)豆基配方奶粉:是以大豆蛋白为基质,按照母乳的营养构成对其营养素的含量水平、质量等进行适当调整后的产品。其特点是不含乳糖,蛋白质优于牛奶中的酪蛋白,适用于对牛奶过敏或乳糖酶活性低下的婴儿。

在不易得到动物乳和商品代乳品极少的边远地区,可以使用黄豆制成的豆浆作代乳品,喂养 3 个月以上的婴儿。家庭可按如下方法自制豆浆:1 份黄豆加 8 份水浸泡,磨浆,去渣留汁,然后煮沸 5 分钟。每升豆浆加食盐 1 克、乳酸钙 2.0 克、淀粉 20 克、糖 60 克,即成可喂养婴儿的豆浆。缺点是营养成分不如牛奶全面。长期饮用注意添加蛋黄、肝泥等其他辅助食品。

38.常见婴儿代乳品

(1)牛奶:鲜牛奶是最常用的母乳代乳品。由于牛奶营养成分与人乳有较大差异,需要适当配制后才适宜给婴儿喂养。牛奶中的蛋白质和矿物质比人乳高 2～3 倍,为了帮助蛋白质消化及减轻高肾溶质负荷,使成分更接近人乳,需要加水稀释

牛奶。

①稀释。新生儿:采用 2 份牛奶加 1 份水稀释(牛奶:水=2:1,v/v),2~4 个月可采用 3 份牛奶加 1 份水,以后过渡到 4 份牛奶加 1 份水。由于牛奶中的乳糖仅有母乳的 60%,牛奶稀释后还需加约 5% 的葡萄糖或蔗糖。

②消毒。配好的牛奶在喂婴儿之前应煮沸 3~4 分钟以杀细菌,还有助于婴儿消化。但煮沸的时间过长会破坏牛奶中的维生素。

③奶量。0~1 岁的婴儿平均每日每公斤体重需 95 千卡能量。牛奶能量约为 55 千卡/100 毫升。平均每公斤体重需 2:1 加 5% 糖的牛奶 170 毫升,或 3:1 加 5% 糖的牛奶 155 毫升,或 4:1 加 5% 糖的牛奶 150 毫升。每天分 6~8 次喂养。

(2)全脂奶粉:奶粉含蛋白质 20%~28%,脂肪 20%~28%。用水按体积比 1(奶粉):4(水)或重量比 1:8 溶解,其营养成分基本上等同鲜牛奶。再按上述鲜牛奶的方法配制进一步稀释、加糖、煮沸,冷却后即可喂养婴儿。

(3)羊奶:羊奶含蛋白质和脂肪与牛奶接近,但脂肪球少,易消化。配制方法可参照鲜牛奶或全脂奶粉。羊奶的缺点是含维生素 B_{12} 少,长期饮用可致幼儿红细胞性贫血。

39.优质奶粉必具 5 个条件

最近,社会上的劣质奶粉事件弄得许多父母惊恐万分。那么,一款优质奶粉必须具备哪些条件呢?

(1)成分:除营养均衡外,应针对婴儿需求做功能性选择,对于奶粉中所添加的特殊配方,也应有临床实验证明或报告。

(2)品牌:挑选奶粉时应首先考虑较大的生产厂家生产的,尤其是选择从研发、生产、销售(长期的)、制造皆由同一家公司完成的品牌奶粉。进口奶粉除在欧美各国有销售品牌,还应具备第三国销售证明。

(3)包装:外包装明确标有营养成分、营养分析、制造日期、保存期限、使用方法。

(4)服务:一般正规的奶粉公司会对消费者提供售后服务及长期专业咨询。

(5)售价:其实各种奶粉的成分基本上大同小异,父母不要被那些打着具有"特殊成分"或"功效"的奶粉所迷惑,更不要以为贵的就是好的,以免受骗。

40.如何为新生儿选择奶粉

在为新生儿选择奶粉时,有的父母认为贵的就是好的,也有父母认为进口的比国内的好,还有些父母盲目追求过高的营养含量等,这些都是不科学的。有关专家认为,父母要尽量选用专为新生儿配制的配方奶粉,其营养成分接近母乳,没有细菌污染,容易消化吸收,没有色素等有害物质。

当今的奶粉市场可谓是丰富多彩,有新生儿奶粉、婴儿奶粉、幼儿奶粉等;有国产奶粉、进口奶粉、中外合资生产的奶粉;还有罐装奶粉和袋装奶粉。那么如何选到适

合自家新生儿的奶粉呢?

第一,看说明。无论是罐装奶粉或袋装奶粉,其包装上都会对其配方、性能、适用对象、食用方法做必要的文字说明。

第二,查制造日期和保质期限。通过查对制造日期和保质期限可以判断该产品是否在安全食用期内,从而避免购进过期变质产品。

第三,检查包装,看是否漏气。无论是罐装奶粉或袋装奶粉,厂家为了延长奶粉保质期,通常都会在包装物内充填一定量的氮气。罐装奶粉密封性能较好,氮气不易外泄,能有效遏制各种细菌生长。

第四,检查是否有块状物。袋装奶粉的鉴别方法可以用手去触捏,如手感到有不规则大小块状物,可能该产品为变质产品。

父母可以按照以上建议挑选合适的奶粉,帮助新生儿健康茁壮地成长。

41.认真阅读配方奶粉使用注意事项

配方奶最好选用妈妈信赖的品牌,不要随便更换。因为有些新生儿食用不同的奶粉后,粪便的颗粒大小也都不同。新生儿适应某种品牌后最好坚持下去,不要让新生儿肠胃不断做实验。

在使用之前,要阅读食用说明,不同品牌的奶粉会有不同的冲泡剂量与方法,不要混用量勺。最好用常温冲开后再用一茶缸热水烫热到合适的温度再给新生儿饮用。配方奶中添加了许多营养成分,遇一定的高温便都泡汤了。用热水烫热要比微波炉来得安全,因为微波炉加热会造成局部高温,不摇匀容易烫伤新生儿。

建议每次不要冲泡太多,宁可不够再泡,这样新生儿总能吃个新鲜,也减少冷藏与污染的概率。奶瓶的彻底清洗较其他器皿要困难,重点在奶嘴与瓶盖的接合部,一定要用刷子刷到,这个部位最容易藏污纳垢。还有就是及时清洗,不要等奶变质后才洗。

42.选购营养米粉注意事项

在为婴儿选择营养米粉时应注意以下五点:

(1)营养米粉分为婴儿配方粉、婴幼儿补充谷粉、婴幼儿辅助食品、婴幼儿补充食品几大类。其中,婴儿配方粉是适于0~12个月婴儿食用的食品,能满足0~6个月正常婴儿生长发育的需要。婴幼儿补充谷粉是适合4个月以上婴幼儿食用的补充食品,如作为主食易导致婴幼儿营养不良,特别需要强调的是婴幼儿补充谷粉内不含有被称为"聪明元素"的碘,如果父母不给婴儿添加碘,可能导致婴儿碘缺乏,众所周知缺碘会造成婴幼儿生长发育迟缓、智力低下甚至畸形,对婴儿的一生会有严重影响。婴幼儿辅助食品和婴幼儿补充食品是为4个月以上月龄婴儿生产的食品,二者不同之处在于前者营养素含量全面,能满足婴儿生长发育需要,而后者只能作为补充食品,可以在婴儿缺乏某种营养素或变换口味时有针对性地选择。妈妈们在选择婴幼儿营养米粉时要注意看清包装上标示的食品类别,也可以将营养素含量进行比较,以挑选适合婴儿食用的品种。

(2)注意内容物是否为独立包装,因为独立包装不仅容易计量,而且更加卫生,特别是在夏天不易受潮污染。

(3)选择与婴儿月龄相适应的婴幼儿营养米粉。

(4)选择品牌产品,售后服务好,质量有保证,切忌一味贪贵求洋,更不要受广告误导。

(5)有些婴儿对乳糖过敏或对牛奶蛋白过敏,妈妈在选购时应特别留意配料表中是否含有奶粉。

43.科学调配牛奶

在动物乳中,常被选作喂养婴儿的乳汁是牛奶。和其他乳类比较,牛奶蛋白质含量较多,而且容易买到。为了使牛奶的成分尽可能接近人乳,并使之无菌,便于婴儿消化,父母要对牛奶进行调配,方法如下:

(1)稀释:由于牛奶中蛋白质、脂肪和矿物质等含量较多,对新生儿不合适,必须给予稀释,出生0~7天的新生儿吃2:1牛奶,即2份牛奶加1份水。

(2)加糖:因为牛奶含糖量较低,较低的糖口味欠佳,三大物质(糖、蛋白质、脂肪)比例不如母乳合理,故在喂养婴儿前要在牛奶中加一些糖。一般以100毫升牛奶中加58克糖为宜。

(3)煮沸:牛奶很容易被细菌所污染,细菌在牛奶中可以很快地繁殖,在喂给婴儿前一定要煮沸消毒。煮沸的目的一是灭菌,二是改变牛奶中蛋白质的性状,也就是说让牛奶的酪蛋白分子变小,使之容易为婴儿所消化。鲜牛奶一般煮沸3~4分钟为宜,如果煮沸过久,则破坏了奶中的维生素、酶和脂肪酸等物质。

除了煮沸的方法外,也可用水浴法进行灭菌。水浴法就是将牛奶置于奶瓶中隔着水蒸,水沸5分钟即可。有条件者还可以用巴氏消毒法或蒸汽消毒法。

44.早产儿奶粉要添加脂肪酸

美国儿科专家最近发现,奶粉中如果含有脂肪酸,尤其是二十二碳六烯酸(DHA)和花生四烯酸(ARA),有助于早产儿的发育。

研究发现,凡是吃添加脂肪酸奶粉的早产儿,发育都比不吃脂肪酸的早产儿好。由于早产时间不同,研究人员采取了以母亲末次月经时间比较婴儿年龄的办法。末次月经后118周时,喂海藻油来源的DHA配方奶粉的早产婴儿,比吃普通奶粉或鱼油来源的DHA配方奶粉的早产婴儿的体重长得快,甚至很快追上了足月婴儿。研究人员对婴儿的动作协调及神经功能打分时,发现吃任一种添加脂肪酸(包括DHA和ARA)奶粉的婴儿都比吃普通奶粉的孩子分数高。

45.如何为婴儿选择奶瓶

选择奶瓶要从使用方便、安全等方面考虑。首先要注意奶瓶的透明度,优质的奶瓶透明度都很好,可以看清瓶内的奶或水,瓶上的刻度地十分清晰、标准。还要注意奶瓶的硬度,好的奶瓶硬度高,手捏不容易变形。质地过软的奶瓶,在高湿消毒或加入开水时会发生变形,还可能会出现的毒物质的渗出,质量好的奶瓶没有任何异味,劣质奶瓶打开后闻起来会有一股难闻的气味。关于奶瓶材质的选择,还要根据婴儿的年龄,新生儿和婴儿建议使用玻璃奶瓶;到了孩子能够自己捧着喝奶的时候,就可以选择塑料奶瓶,优点是轻便、容易携带,也不容易摔碎。

46.如何为婴儿选择奶嘴

奶嘴是婴儿嘴唇吮吸乳汁时要亲密接触到的地方,面对市场上琳琅满目的奶嘴,如何才能挑选到婴儿满意的呢?

有关专家提醒,父母在选择奶嘴时,除了要注意材质和软硬度外,奶嘴的孔型也不能忽视。奶嘴的孔型应该和婴儿的月龄相称。奶嘴孔型分很多种,不同的孔型与乳汁流量的大小有关。小圆孔是慢流量的,中圆孔是中流量的,大圆孔是大流量,还有一种是十字孔,流量是最大的。圆孔的奶嘴适合1～3个月的婴儿,奶水能够自动流出,且流量较少;十字孔奶嘴适合3个月以上的婴儿,能够根据婴儿的吮吸力量调节奶量。可见,新生儿应该选择小一点孔的奶嘴,否则可能造成呛奶。

父母如果想要知道奶孔的大小是否适中,可以在奶瓶里加水,然后把奶瓶倒过来,观察水的流量。一般情况下,大小适中的奶孔,水成点滴状;如果奶孔过大,则水成线柱状。还有,奶嘴的吸头最好选择那种形状近似母亲乳头的,中间弧度与乳房相似。

此外,奶嘴的软硬度要适中,材质最好是硅胶的,因为硅胶的性能比较稳定,耐热强、弹性好、不易老化,并且硅胶奶嘴更接近母亲的乳头,婴儿比较容易接受。

47.橡皮奶嘴开孔的方法

奶嘴软硬应适度,奶头孔的大小要恰到好处。如果奶头孔开得太小,乳汁滴出速度很慢,新生儿要费很大的力气才能吃到少量的奶,每次吃奶都要哭,这样会引起营养不良。但是奶头孔开得太大,吸奶时奶汁流出速度过快,新生儿会来不及吞咽,引起呛咳,严重的甚至会导致吸入性肺炎、窒息。那么怎样才能正确地给奶嘴开孔呢?

取大头针一枚,用钳子或剪刀把它夹住,将针的前1/3放在火上烧红后,即刻刺入奶头顶端成一小孔,然后用同样方法再戳3～4个孔。也可以剪刀在奶头上剪个"十"字形的孔,孔的大小应根据新生儿吮吸的能力而定。孔开好后,将装满水的奶瓶倒置,以连续一滴一滴出水为宜。

48.留心奶瓶刻度有误差

有关专家指出,奶瓶属于一般的容器,虽然有刻度,但并不属于计量器具。一般的,市场上的奶瓶有 80 毫升、120 毫升、160 毫升、200 毫升等几种容量,奶瓶上标注容积刻度,方便母亲掌握婴儿的进食量,有利于科学育儿。

但是细心的母亲也许发现了婴儿的奶瓶刻度存在差异,即奶瓶刻度不准确,从而难以掌握婴儿的进奶量,对其生长发育不利。一旦刻度"缩水",奶粉中的蛋白质、脂肪、热能等,就会相应的减少,婴儿得到的营养就会减少。

一般来说,奶瓶刻度有误差在所难免,但是误差允许在一定的范围内。因此,生产厂家要重视此类问题,严格计量,确保奶瓶尺寸精密、测量精密。另外,塑料奶瓶还有个热胀冷缩的问题,受温度的影响比较大,其伸缩系数、容量系数、化学成分引起的误差等,厂家都应该充分考虑进去。

儿科专家提醒:父母在用奶瓶给婴儿喂药时,一定要确定喂药剂量,不可依赖奶瓶上的刻度。

49.新生儿用奶瓶喂养不好

新生儿能否用奶瓶喂养的问题,国内外有关学者一致持反对意见,他们认为用奶瓶喂养有两方面害处:

一方面是用奶瓶可造成"乳头错觉"。所谓"乳头错觉",即新生儿吸过了橡皮嘴后,不愿意再吸吮母亲的乳头了。因为橡皮奶嘴软,孔大,不需要花很大力气就可以吸到乳汁,而吸吮母亲的乳头要费较大的力气才能吸出乳汁。不吸吮乳母的乳头,会减少对乳头周围神经的刺激,影响泌乳反射、喷乳反射,使乳汁分泌量减少,造成母乳不足。

另一方面,奶瓶、橡皮奶嘴容易被细菌污染,不容易洗干净,使用后容易引起肠道感染。

如果要必须喂时,主张用小匙、小杯喂,因为小匙、小杯容易洗干净。

50.出生 7 天内的新生儿喂养方法

在给新生儿进行人工喂养时,尤其是刚出生的新生儿,一定要计算他们的进食量,并参照下面的方法来喂养。

足月的新生儿,出生后 4～6 小时开始试喂一些糖水,到 8～12 小时开始喂牛奶。喂奶前要计算一下牛奶量,我们按照热量的需要计算,以每天每千克体重供给热量 50～100 千卡计算。

举个例子,一个体重 3 千克的新生儿,每日应提供热量 150～300 千卡,计算成牛奶为:鲜牛奶 150～300 毫升,这些牛奶中共加入食糖 12～24 克。7 天以内的新生儿只能喂 2∶1 的奶,即 2 份鲜牛奶加 1 份开水。

我们将上述计算出的一天牛奶量,分成 7～8 次,每次约 30 毫升,每次加开水 15 毫升,就相当于每顿给新生儿喂 2∶1 的牛奶 50 毫升左右。每次喂奶的间隔时间为 3～4 小时,两次牛奶之间要喂一些开水。夜间可以停喂一次,以免影响妈妈和新生儿

的休息。

新生儿的食量不尽相同,喂养的奶量也要根据具体情况而定,父母应该在学习喂养的过程中,摸索出新生儿吃奶的规律。

51.人工喂养的新生儿会缺乏哪些营养

(1)牛奶中维生素的含量不够,尤其是维生素C。

(2)牛奶中的铁并不容易被新生儿吸收,而导致缺铁性贫血。虽然配方奶中添加了铁,但这会增加新生儿受感染的危险性。

(3)太多钙与磷可能会造成新生儿抽搐及僵直。

(4)新生儿的健康生长需要较多不饱和脂肪酸,而牛奶中含较多饱和脂肪酸,牛奶也缺乏足够的必需脂肪酸,胆固醇供应不能满足正在发育的脑部需要,配方奶中虽然添加某些不饱和脂肪酸,但是其长链不饱和脂肪酸的分布比例不均,且不含胆固醇。

(5)牛奶中所含的氨基酸组成不适合新生儿,不易被肾脏排出,而且胱胺酸及氨基乙黄酸含量较少。

(6)牛奶不易消化,不含分解脂肪酵素,同时大量的酪蛋白会形成乳凝块,由于不易消化,在胃部停留时间较久,所以新生儿在喂奶间隔较长的时间后才会有饥饿感。

(7)喝牛奶的新生儿的大便较稠而硬,可能会造成便秘。

(8)早期喝牛奶的新生儿会有过敏问题,如气喘、湿疹及牛奶不耐症。

(9)以奶瓶喂食配方奶的新生儿容易因为吸吮未满足而过度喂食,增加肾负荷及肥胖机会。

(10)吃过奶瓶的新生儿会产生拒绝母乳的情况,在几次奶瓶喂养后,就有可能造成母乳喂养失败。

52.怎样为人工喂养的婴儿选食品

一般人工喂养的婴儿食品可以分为两大类,一类是动物乳及其乳制品;第二类是以黄豆为主要原料的代乳品。一般说来,应优先选择动物乳及乳制品。

下面我们就来看看动物乳及其乳制品和代乳品的特点。

(1)鲜牛奶:鲜牛奶是人工喂养的首选食品,这是由于牛奶是动物奶中营养素含量比较丰富的奶类,而且牛奶比较容易获得。与母乳相比,牛奶中蛋白质含量较高,但以酪蛋白为主,较难消化;牛奶中的矿物质较母乳多2~3倍,对肾脏尚未发育完善的婴儿来讲,过多的矿物质是一种负担;牛奶中的各种微量元素及维生素比例也不如母乳合理等。但将牛奶加工以后,可以克服难以消化和一些物质的比例不合理的缺点,对于人工喂养的婴儿来讲仍然是较好的食品。

(2)牛奶粉:是将鲜牛奶浓缩、喷雾、干燥制作而成,具有便于保存运输、使用方便等优点。现在有不少生产厂家对牛奶粉进行改造,力图使各种营养成分更接近于母乳,从这点上讲,配方奶粉优于一般奶粉或牛奶。

(3)蒸发乳:是将鲜牛奶蒸发浓缩为原乳汁容量的一半而成,经高温消毒、装罐密封。食用时加水即又成为鲜奶。

(4)酸牛奶:用乳酸菌加入鲜牛奶中发酵而成,也可加入柠檬酸、乳酸或稀盐酸来制作。酸牛奶中的奶凝块变小,酸度增加有利于消化。

(5)鲜羊奶:有的山区或牧区可以得到鲜羊奶,用鲜羊奶喂养婴儿也是可行的。羊奶中的蛋白质和脂肪均较牛奶为多,而且脂肪球小易于消化。但羊奶中维生素 B_{12} 和叶酸较少,如不合理补充容易发生巨幼红细胞性贫血。

(6)马奶:马奶中的蛋白质、脂肪含量均较少,如用其喂养婴儿,应当加一些别的代乳品为好。

(7)米粉:将米粉冲成糊来喂养婴儿是不适宜的。因米粉中多是淀粉,蛋白质及脂肪含量极少,其质与量皆不能满足婴儿生长发育的需要。这样喂养的婴儿看上去可能很胖,但肌肉松弛,面色苍白,抵抗力差,容易生病。因此,米糊不能作为代乳品来喂养婴儿。

53.别让婴儿做牛奶贫血族

"牛奶贫血症"是指婴儿因过量饮用牛奶,忽视添加辅食而引起的缺铁性贫血。牛奶营养丰富,是很适合婴儿的食品,为什么吃得过多会患缺铁性贫血呢?很多父母都觉得难以理解。其实这里有多方面原因。

其中,最主要的原因是牛奶中含铁很少,吸收也比较差,一般来说,1 000 毫升牛奶中仅含有 0.5～2.0 毫克铁,而婴儿每天需要摄取大约 6 毫克铁。牛奶不仅含铁量少,且铁的吸收率很低。如维生素 C、铜含量少,而钙、磷、钾含量较高,这些都影响铁的吸收利用率。

54.新生儿不能喂酸奶

酸奶是在牛奶中加入乳酸杆菌和糖,在一定温度下发酵后制成的。乳酸杆菌在人体的肠道内繁殖时,能分泌对人体有益的物质,并且酸奶中的蛋白质、脂肪等营养成分更容易被人体消化和吸收,尤其是对于那些乳糖不耐受的人,食用酸奶后,不会发生腹胀、腹泻等不适。所以,有些人就提倡给新生儿吃酸奶。其实这是不对的。

这是因为酸奶中含有的乳酸会由于新生儿肝脏发育不成熟而不能将其处理,结果乳酸堆积在新生儿体内,而乳酸过多是有害的。虽然酸奶中的乳酸菌及其代谢产物对肠道里的病原体有抑制和杀灭的作用,但同时也为新生儿消化道内的有害菌的生长创造了一定的条件。另外,等量的酸奶与牛奶或配方奶相比,其营养成分远远低于牛奶或配方奶,是不能够满足新生儿的生长发育需要的。所以,父母不能用酸奶喂养新生儿。

儿科医生教您带婴儿

55.婴儿不宜喂鲜牛奶

人工喂养时被广泛使用代替母乳的是牛乳,其化学成分平均含蛋白质 3.3%、脂肪 3.7%、糖 4.8%、矿物质 0.7%。牛奶与母乳相比,无论是质还是量,都相差甚多,特别是蛋白质和脂肪。所以,牛乳喂养是有一定缺点的。

(1)牛乳中的蛋白质以酪蛋白为主,酪蛋白在胃中遇到胃酸容易形成较大的凝块,不易消化;牛乳的脂肪颗粒大,而且缺乏脂肪酶,较难消化;牛乳含磷高,且易与酪蛋白结合,影响钙的吸收;牛乳的氨基酸比例不当;牛乳不饱和脂肪酸含量低。

(2)牛乳中的乳糖含量低于母乳,主要为甲型乳糖,有利大肠埃希菌的生长。

(3)牛乳中含的矿物质是母乳的 3～3.5 倍,从而增加了肾脏的溶质负荷,对肾脏有潜在性的损害。

(4)牛乳与母乳的最大区别就是缺乏各种免疫因子,所以牛乳喂养的新生儿患感染性疾病的机会较多。

(5)牛乳经胃液消化后的酸碱度(pH 值)为 5.3,而母乳为 3.6,这对新生儿来说是难以适应的。

(6)牛乳易受细菌污染,如结核杆菌、链球菌、伤寒杆菌及布氏杆菌等,都可以经牲畜或接触性的媒介侵入乳中。

56.不要陷入牛奶喂养的误区

(1)牛奶过浓:据测定,牛奶中的钠含量是人体的两倍,牛奶浓度越高含钠越多,易使宝宝血钠浓度升高,引起诸如便秘、血压上升甚至抽搐、昏迷等症状,时间久了还会影响智力,所以婴儿喝牛奶需要稀释。

(2)糖分过多:牛奶加糖,既能改善口感,又能纠正牛奶含糖低的缺陷,但不能加得过多。因为过甜会降低婴儿对奶中钙质的吸收,削弱牛奶的营养价值,一般按每100 毫升鲜奶加糖 5～8 克即可。另外,千万不要加红糖,因为红糖中含有较多的草酸,草酸可干扰机体对蛋白质的吸收。

(3)喂养过量:合理掌握喂养量也很重要,一般按每千克体重 100～110 毫升供给,一天的总量最好不要超过 600 毫升,超过部分可用豆浆、蔬菜或水果代替。如果超量饮用牛奶,可能招致以下不良后果:一是引起婴儿抽搐,因为牛奶中钙磷两种矿物元素的比例不合理,磷元素过多"排挤"体内的钙元素,可发生低钙血症而致惊厥发作;二是婴儿肠内乳糖酶活性较低,牛奶中乳糖较多,常常因为无法消化而导致腹泻。

(4)加入米汤:有些母亲误认为米汤营养丰富,加入牛奶喂养会"锦上添花",却不知两者的成分"相克",米汤中的脂肪氧化酶可破坏牛奶中的维生素 A,所以不要同时喂婴儿。

（三）混合喂养的相关知识

57.什么是混合喂养

由于母乳不足或其他各种原因,采取既喂母乳又加喂牛奶、羊奶或其他代乳品的喂养方式,称为混合喂养。

混合喂养又分为两种,一种是先喂母乳,接着补喂一定数量的牛奶或代乳品,这叫补授法,适用于母乳量不足时的喂养和 6 个月以前的婴儿。其特点是,婴儿先吸吮母乳,使母亲乳房按时受到刺激,保持乳汁的分泌。另一种是 1 次喂母乳,1 次喂牛奶或代乳品,轮换间隔喂食,这种叫代授法,适用于母乳量充足而因某些原因不能哺乳的喂养和 6 个月以后的婴儿。母亲在不能哺乳时,也要保持每天喂奶 3 次,不哺乳的时候,要按时将奶汁挤出或用吸奶器吸空,以保持正常分泌。

其中,这两种方法中以补授法为好,因为能保持较多次的吸吮刺激和乳房排空,可防止母乳越来越少。专家指出,一天中喂哺母乳不应少于 3 次,如果减到 1～2 次,则母乳有迅速减少的可能。

混合喂养每次补充其他乳类的数量应根据母乳缺少的程度来定。混合喂养不论采取哪种方法,每天一定要让婴儿定时吸吮母乳,补授或代授的奶量及食物量要足,并且要注意卫生。

在混合喂养中失去了部分母乳的营养,有的成分是牛奶或其他代乳品所缺乏的,因此要提早增加一些辅食,如新鲜的水果汁、蔬菜泥、鱼肝油等。

58.混合喂养的细则

在混合喂养中采用最多的就是牛奶,在使用牛奶喂养时最重要的是不要使婴儿吃过量,以免加重肾脏器官的负担。一般出生时体重为 3～3.5 千克的新生儿,在开始 2 个月时,每天吃 600～800 毫升的牛奶为宜,每天可分 7 次吃,每次 100 毫升左右。对食量过大的婴儿,每次最好不要超过 150 毫升,否则会加重肾脏、消化器官的负担。

混合喂养失去了部分母乳的营养,有的成分是牛奶或其他代乳品所缺乏的,因此要提早增加一些辅食。添加辅助食品应从少量到足量,从稀到稠,由细到粗。

另外,辅助食品应在婴儿身体健康时根据不同月龄适当添加。一般出生后 2 周起即应加服维生素 AD 制剂,多晒太阳以防发生维生素 D 缺乏性佝偻病;4 个月时可添加适量鲜果汁、青菜汁之类,以补充维生素 A、维生素 D 和矿物质;5～6 个月应添加富铁食物及动植物蛋白质,如蛋黄、鱼泥、菜泥、水果泥等,补充维生素和矿物质;7～9 个月训练婴儿咀嚼能力,促进出牙,添加饼干、鱼、蛋、猪肝泥、肉末等;10 个月起添加软饭、挂面、馒头、面包、碎菜、碎肉、豆制品等,训练咀嚼。

59.新生儿饮食不加盐

新生儿在出生后,肾脏成为维持内环境稳定的主要器官,但其生理功能还不成

熟,储备功能差。

(1)新生儿肾小球滤过率为成人的1/4,过量的水分和溶质不能迅速有效地排出。

(2)新生儿肾小管再吸收功能差,与肾小球相比更不成熟。肾小管短,容量少,只能维持正常情况下的需要。

(3)肾浓缩功能差,潜力很低,在处理水和电解质时容易发生紊乱,尤其是排泄钠盐的功能不足。另外,尿素生成少、排泄率低,故新生儿尿溶质少,尿比重低。

因此,新生儿饮食中不能加盐。牛奶喂养的新生儿,其大便多数比较干燥,可以多喂些温开水,但水中不可加盐。

60.为新生儿配制奶粉不宜太浓

新生儿的喂养十分重要,尤其是母乳不足而要用全脂奶粉喂哺时,这时候就要注意:奶粉不要配制太浓。

目前全脂奶粉或强化奶粉均含有较多钠离子,若稀释不适当,则使新生儿钠的摄入量增高,增加其血管负担,血压上升,可引起毛细血管破裂出血、抽搐、昏迷等危险。另外,强化奶粉还补充了加工制作中损失的维生素与牛奶中容易缺少的元素,这些更应该加以稀释,才能适用于新生儿。

虽然奶粉中的蛋白质经高温凝固,比牛奶蛋白质容易消化,但是新生儿的消化能力差,奶粉冲得过浓,仍不好消化。

61.新生儿喂牛奶加糖的意义和用量

父母在给新生儿配制奶粉时一定要加少许糖,这是为什么呢?

牛奶中所含的糖类比母乳少,若使牛奶提高热能,则必须用加糖的方法来弥补。一般加糖量是每100毫升牛奶加5~8克。父母要注意,加糖不是因为甜味,决不可随便乱加。随着新生儿逐渐长大,淀粉类食品如粥、面条等逐渐添加,加在牛奶中的糖就可适当减少。因为淀粉含糖类,可以弥补牛奶中糖类的不足。

62.给婴儿温牛奶的方法

婴儿比较喜欢喝温热的牛奶。所以,在喂婴儿之前,把奶瓶放进热水锅中,隔水加热(千万不要把开水加在牛奶里面)。当然,如果有条件可以买一个专用的奶瓶温热器。

有关专家提醒:不要用微波炉给牛奶加热,因为微波炉加热并不均匀,会破坏牛奶中的营养成分。

如果婴儿已经习惯喝常温或冷一点的牛奶,这种情况下就可以节省许多时间了。婴儿喝温热牛奶哭闹的时候,父母就不要强迫婴儿喝温热的牛奶了。

63.防治牛奶过敏的方法

牛奶是一种营养丰富、被广泛使用于喂养婴儿的食品,可是,有的婴儿吃了牛奶后会引起过敏反应,医学上称为"牛奶蛋白过敏症"。

牛奶过敏的原因是由于婴儿肠壁的"屏障"功能不够完善,黏膜通透性较强,牛奶中的蛋白质未经分解就透进了肠黏膜内,作为抗原刺激机体产生抗体,抗原抗体相互作用而引起过敏反应。

其临床表现主要是突然腹痛、呕吐、腹泻,排出泡沫样、黏液样稀便或血性便,甚至伴有夜寐不安、湿疹、荨麻疹和哮喘。停用牛奶后,过敏症状消失。若继续喝牛奶,48小时内又会出现上述症状。如果时间持续较久,会出现贫血和脱水,甚至营养不良。

如果父母遇到婴儿牛奶过敏了,千万不要慌。首先要暂停使用牛奶,改用其他代乳品,如羊奶、豆浆及其他人工合成蛋白等。若其他代乳品不能满足哺乳需要,可以使用牛奶脱敏法进行脱敏,然后再用牛奶喂养。

牛奶脱敏的方法:先停用牛奶2周;2周过后,先用10毫升牛奶喂1次,观察反应,即使有些过敏反应,只要不会影响婴儿的健康,再隔3天后继续喂牛奶15毫升,然后每隔3天喂20～30毫升。如随着喂奶量的增加,临床症状也减轻,这说明脱敏有效,可以逐渐增加喂奶量,同时缩短进食时间,直至完全恢复正常的喂奶量。

当然,也有少数婴儿在脱敏过程中症状越来越严重,这时就不要强行脱敏了,可以改用其他代乳品。

64.消毒奶具的方法

奶瓶与婴儿的生活息息相关,奶瓶的消毒却常常让父母发愁,如何消毒奶瓶才最安全可靠,才可以放心使用呢?

(1)煮沸法:为了防止奶汁在奶瓶中发酵、发霉,每次喂奶完毕,要立即倒掉余下的奶汁,用奶刷清洗奶瓶、奶嘴。将开水煮沸后把奶瓶拆开,放入沸水中,煮沸15～30分钟,捞出晾干即可。

(2)微波消毒法:将清洗后的奶瓶盛上清水放入微波炉,打开高火10分钟即可。切记不可将奶嘴及连接盖放入微波炉,以免变形、损坏。

以上两种方法均可达到杀灭细菌及繁殖体的作用。如果家里有条件,可以多备些奶瓶,及时更换。

另外,还有一种淘米水冲洗法,即将淘米水放入奶瓶中用力摇动或冲刷,能有效去除残留的奶汁,这种方法比较简单易行。

65.代乳品的选择

在不能实施母乳喂养时,一些动物的乳汁如牛奶、羊奶、马奶、豆浆或其他代乳品也可以拿来喂养婴儿。尽管这些代乳品没有母乳优质、经济、方便,但如果选用得当,也是能满足婴儿营养需要的。

有如下代乳品可供选择。

(1)牛奶：牛奶的蛋白质含量较高,但以酪蛋白为主,入胃后凝块较大,不易消化。牛奶的矿物质含量较高,易使胃酸下降,也可加重肾脏负荷,对肾功能较差的新生儿和早产儿不利。但如果在牛奶中加酸,制成酸牛奶,则酪蛋白凝块变小,又提高了胃内酸度,可有利于婴儿消化。不过如果是一个发育正常的婴儿,还是可以直接选用牛奶的。

(2)羊奶：羊奶的营养价值较好,蛋白质和脂肪均较牛奶多,而且脂肪球小,易消化。它的唯一缺点是含维生素 B_{12} 少,如长期饮用可引起大细胞性贫血。如自家养有母羊,可挤羊奶喂婴儿,但要注意添加维生素 B_{12} 和叶酸。

(3)牛奶制品及其他代乳品

①全脂奶粉。为鲜牛奶浓缩、喷雾、干燥制成。按重量1∶8或容积1∶4加开水即可配制成乳汁,其成分与鲜牛奶相似。由于在奶粉的制备过程中已经加热处理,所以蛋白质凝块会细小均匀,挥发性脂肪减少,较鲜牛奶易于消化。

②蒸发乳。用鲜牛奶蒸发浓缩至一半容量装罐密封。其蛋白质和脂肪较易消化。加开水一倍即可复原为全脂奶。

③豆浆。大豆营养价值高,蛋白质量多质优,铁含量也高。但是脂肪和糖量较低,消化吸收也不如乳类容易。

④豆代乳粉。是以大豆粉为主,加米粉、蛋黄粉、蔗糖、骨粉及核黄素等配制而成的一种代乳品。

66.炼乳不可以作为婴儿的主要食品

有的父母把炼乳作为婴儿的主要食品,这是不合理的。这样的婴儿很可能经常感冒、发热,身高、体重的增长也不及同龄的其他婴儿。

也许会有人问,炼乳也是乳制品呀,为什么会这样呢? 的确,炼乳是由牛奶制成的,是加入了 $15\%\sim16\%$ 的蔗糖并浓缩到原体积的 40% 的奶制品。但是炼乳中的糖含量可达 45% 左右,因此炼乳非常甜,必须经水稀释后方能食用。而且稀释后的炼乳其蛋白质与脂肪的含量必将下降,甚至比全奶还低,不能满足婴儿生长发育的需要。体内的抗体都是来自蛋白质的,没有蛋白质的及时补充,抗体水平自然下降,婴儿经常感冒、发热便是必然的结果。如果为了取得较高浓度的蛋白质和脂肪而对炼乳只加少量的水,那么进食高甜度的炼乳又会经常引起腹泻,这是因为对糖吸收不良造成的。

由此看来,炼乳不能作为婴儿的主要食品,只能作为较大婴儿的辅食,或者与其他的代乳品混合食用。

67.婴儿不能单纯喂米粉

在喂养婴儿的过程中,母乳或牛奶不够可以用米粉类食品作补充。

市场上名目繁多的糕干粉、健儿粉、米粉、奶糕等均以大米为主料制成,其中所含的 79％的糖类,5.6％的蛋白质,5.1％的脂肪及 B 族维生素等不能满足婴儿生长发育的需要。米粉中婴儿最需要的蛋白质不但质量不好,而且含量少。

只用米粉类食物代乳喂养,婴儿会出现蛋白质缺乏症,不仅生长发育迟缓,而且神经系统、血液系统和肌肉的增长都会受到影响,同时婴儿会出现抵抗力低下,免疫球蛋白不足的情况。这样的婴儿易罹患疾病,而且病情常常比正常儿的严重,甚至造成预后不良。长期用米粉喂养的婴儿,身长增长缓慢,但体重并不一定减少,反而又白又胖,是因为皮肤被摄入过多的糖类转化成脂肪充实得紧绷绷的,医学上称为泥膏样。这样的婴儿外强中干,常患有贫血、佝偻病,易感染支气管炎、肺炎等疾病。

在新生儿期加用米粉类食品就更不合适,因为新生儿唾液分泌少,淀粉酶尚未发育。胰淀粉酶要在婴儿 4 个月左右才达成年人水平,所以 3 个月之内的婴儿不要加米粉类食品。3 个月以后适当喂些米粉类食品对胰淀粉酶的分泌有促进作用,也便于唾液中的淀粉酶得到利用,产生的热量可节约蛋白质与脂肪的消耗。

所以说不能只用米粉类喂养,即使与牛奶混合喂养也应以牛奶为主,米粉为辅。

68.婴儿不能单纯喂豆奶

豆奶是以豆类为主要原料制成的。目前市场上出售的豆奶品种多,价格适宜,食用方便,很受消费者欢迎。据有关专家分析,豆奶含有丰富的营养成分,特别是含有丰富的蛋白质以及微量元素镁,还含有维生素 B_1、维生素 B_2 等,是较好的营养食品。

但是豆奶所含的蛋白质主要是植物蛋白,而且豆奶中含铝比较多。婴儿长期饮豆奶可使体内铝增多,影响大脑发育。而牛奶中含有较多的钙、磷等矿物质及其他营养成分,有益于婴儿的生长发育。因此还是用牛奶喂养婴儿为好,特别是 4 个月以下的婴儿更不宜单独用豆奶喂养,豆奶只可作为补充食品。如因某种原因一时无牛奶而必须以豆奶喂养时,则需注意适时添加鱼肝油、蛋黄、鲜果汁、菜汁等食品,以满足婴儿对各种营养物质的需要。

(四)婴儿喂养的特殊问题

69.婴儿患某些疾病时不宜母乳喂养

婴儿患了某些疾病时是不能母乳喂养的。

(1)苯丙酮尿症:由于婴儿体内缺少苯丙氨酸羟化酶,不能使苯丙氨酸转化为酪氨酸,而造成苯丙氨酸在体内的堆积,严重的可干扰脑组织代谢,造成功能障碍,以致这类患儿出生后常表现为智能障碍,毛发和皮肤色素的减退,临床出现头发发黄,尿及汗液有霉臭或鼠尿味。该病婴儿只能进食含量很低的苯丙酸代乳品。

(2)半乳糖血症:婴儿体内缺少半乳糖-磷酸尿苷转化酶,进食含有乳糖的母乳,可引起半乳糖代谢异常。乳糖代谢不完全的产物是一些有毒的物质,这些物质聚集在体内,引起婴儿神经系统病变而发生智力低下、白内障、黄疸、低血糖等病。此种情

况,应以不含乳糖的代乳品喂养,母乳、牛奶均不可,大豆制品是最佳选择。

(3)砜糖浆尿症:婴儿缺乏支酮酸脱羧酶,进食母乳易引起氨基酸代谢异常,导致严重的神经系统损害。患砜糖浆尿症的婴儿只能选用分支氨基酸含量最低的合成氨基酸食物,进食母乳也只能是少量。

当然,不宜母乳喂养的婴儿在临床只是极个别的现象,对于绝大部分正常的婴儿来说,还是应该提倡母乳喂养为主。

70.哺乳前不宜喂糖水

有许多母亲在开奶之前用奶瓶给新生儿喂糖水,用来防止新生儿饥饿和脱水。有关专家认为这是不必要的,正常新生儿出生前体内已储存了足够的营养和水分,可以维持到母亲开奶,而且只要尽早给新生儿哺乳,少量的初乳就能满足新生儿的需要。

如果开奶前就用奶瓶给新生儿喂糖水,新生儿用过橡皮奶头后,就不愿再吸吮母亲的乳头了。而且,由于糖水比母乳甜,也会影响新生儿吃母乳的兴趣。新生儿不吸吮母亲的乳汁就得不到初乳内丰富的免疫物质,易发生感染或疾病,母亲也容易发生奶胀或乳腺炎。如果确实需要喂水,用小勺喂少量的白开水即可。

71.母乳喂养的婴儿一般不需喂水

单纯母乳喂养的新生儿,只要母乳充足,是不必喂水的。因为母乳里的水分很多,营养成分也很均衡,不必另外加水。当然如果气候炎热、干燥,可以少量地喂一些温开水,喂水的时间建议选择在两次喂奶之间。注意:新生儿的饮水量一天不超过50毫升。

其实不给母乳喂养的新生儿喂水是有原因的,如果过早、过多地喂水,可抑制新生儿的吸吮能力,使他们从母亲乳房吸取乳汁量减少,致使母乳分泌越来越少。偶尔给他们喂水时,切忌使用奶瓶和橡皮奶头,应用小勺或滴管喂,以免新生儿对乳头产生错觉,以致拒绝吸吮母亲乳头,导致母乳喂养困难。

72.防止婴儿溢奶的方法

溢奶是婴儿最常发生的一种现象,这是因为婴儿的贲门比较松弛,关闭不紧,易被食物冲开;同时,婴儿的胃呈水平位,容量小,存放食物少,奶水容易返回到贲门处而导致溢奶。母亲第一次看到婴儿溢奶时可能会很担心,不知所措。其实只要注意以下几方面的问题,就可以防止婴儿溢奶。

(1)注意选合适的喂奶姿势,如有的妈妈喜欢面对面侧卧哺乳的姿态喂奶,其实这增大了婴儿溢奶的可能性。应该抱起婴儿喂奶,让婴儿的身体处于45°左右的倾斜状态,胃里的奶液自然流入小肠,这样喂奶可以减少溢奶的次数。

(2)喂奶完毕一定要让婴儿打个嗝,如每次喂完奶以后,要把婴儿竖直抱起靠在肩上,同时用手轻轻拍其背部,这样可将吃奶时吞下去的空气赶出来,减少溢奶次数。

（3）喂完奶以后，不要逗引婴儿嬉笑或运动过量，并且不宜马上让他仰卧，而是让他右侧卧位，以避免压迫胃部而引起溢奶，无溢奶现象后再仰卧。

（4）喂奶量不宜过多，间隔不宜过密，喂奶要定时定量。一般说来，乳汁在胃内排空时间为2～3小时，所以每隔3小时左右喂1次奶比较合理。如果喂的量过多或2次喂奶时间太近，胃因过度膨胀而将奶溢出。

婴儿溢奶之后，如果没有其他异常，一般不必在意，以后慢慢会好，不会影响生长发育。若溢出的奶呈豆腐渣状，那是胃酸作用的结果，也是正常的，家长不必担心。但如果呕吐频繁，且吐出黄绿色、咖啡色液体，或伴有发热、腹泻等症状，就应该去医院检查。

73.怎样区别新生儿溢奶与呕吐

溢奶是新生儿比较常见的一种正常生理现象，每天可溢奶一次或多次，一般不影响生长发育，无其他不适或异常情况。新生儿溢奶一般不需要治疗，随着不断成长，溢奶逐渐减少，在6～8个月时完全消失。

病理性呕吐与生理性溢奶不一样，它是新生儿疾病的一种临床表现。因此，要正确区别新生儿生理性溢奶和病理性呕吐。

一般来说，先天性消化道畸形所致的病理性呕吐情况较严重，次数频繁，呕吐量大，常呈喷射状。呕吐物中除进食的奶汁外，还含有胆汁，或呕吐物为粪样液。如果新生儿唾液较多，初次进食，吞几口奶后即有呕吐、呛咳、青紫甚至窒息，多为食管闭锁所致；出生后不排胎便或量少，12天后会出现肠梗阻症状：频繁呕吐，呕吐物中含有胆汁或呕吐物为粪样液，腹胀明显，腹壁发亮，有扩张静脉，经直肠指检或灌肠后排出大量大便，多为先天性巨结肠；出生后无症状，吃奶及大小便均正常，2～3周后出现呕吐，逐渐加重，直至每次喂奶后立即呕吐或不久即呕吐、常呈喷射状，则多为先天性幽门肥厚狭窄。

小儿内科性疾病所致的呕吐常常发病症状明显，呕吐一般不甚严重或间歇性发作，如新生儿窒息所致的脑水肿和颅内出血，常有呻吟、发绀、抽搐等症状；新生儿上呼吸道感染常有发热、流涕、鼻塞、咳嗽等症状；败血症和脑膜炎常有反应差、精神萎靡、拒食、不动、黄疸等症状；肺炎常有发热、呼吸急促、口吐泡沫、发绀等症状。

总之，新生儿出现了吐奶症状，如果呕吐严重或除了呕吐症状外还有上述的其他症状，则要考虑并非正常的生理性溢奶，而是病理性呕吐，要及时去医院检查，以免耽误治疗或错过手术机会。

74.婴儿不能含着乳头睡觉

许多婴儿睡觉都有一个习惯，就是需要一个固定的安慰物，只有在这个安慰物的陪伴下才能安然入睡，如小奶嘴、手绢、枕巾、玩具等都可以让宝宝入睡。但是还有一些婴儿只有含着妈妈的乳头才能睡觉。

其实,婴儿含着乳头睡觉是很不好的。首先,这会对婴儿牙齿的正常发育有不良影响,会使上下颌骨变形,导致上下牙不能正常咬合;另外,妈妈的乳房还容易堵住婴儿的口鼻,容易发生窒息,这些都对婴儿的生长发育不利。因此,妈妈们要注意,不能让婴儿养成含着乳头睡觉的习惯,如果已经形成习惯,也应该改正。

婴儿在哺乳结束后,不要强行用力拉出乳头,因为在口腔负压下拉出乳头,会引起局部疼痛或皮损,也容易造成婴儿的牙齿向外突出。应让婴儿自己张开口,乳头自然地从口中脱出。当婴儿仍含住乳头不松时,可用手指头从他的口角伸入口腔内移出乳头,或用食指轻轻按压他的下颌,温柔地中断吸吮。

75.婴儿吃奶时睡着了怎么办

新生儿由于大脑发育尚不完善,大脑皮质和神经细胞兴奋性低,耐劳力差,容易疲劳,所以新生儿总的睡眠时间较长,而睡眠时间和次数又与他的年龄呈正比,年龄越小睡眠的时间和次数就越多,这也就是我们经常看到新生儿一天中除了喂奶、换尿布、洗澡时间外,基本上有 20～22 小时都在睡眠中。

吃奶对婴儿来说是项劳动,加上喂奶时他都依偎在妈妈的怀中,既温暖又舒适还安全,他确实会享受良好的睡眠环境,但这时的睡眠常不是完全的安静睡眠,当你把乳头或奶嘴拔出,他就醒了。

有经验的妈妈在喂奶时会不断刺激婴儿的吸吮,当感觉到他停止吸吮了,就轻轻动一下乳头或转动一下奶嘴,他又会继续吸吮了,必要时还可以把他扶起,坐在你的大腿上,用一手撑住他的下巴,另一只手扶着他的背,让他自腰部慢慢往前倾斜。一旦婴儿醒来,就可以恢复喂奶姿势。妈妈也可以试着捏捏他的耳垂,轻搔他下巴周围,弹弹足底,给他一些觉醒刺激,延长兴奋时间,使他吃够奶,只在他吃饱后才让他好好睡一觉,培养婴儿养成良好的喂养习惯。如果各种办法都不奏效,就让他多睡一会儿,等饿了就会专心地吃了。

总之,喂奶对妈妈和婴儿来说都有个学习到熟悉和默契的过程,这个过程因人而异,相信每位妈妈都能通过学习和摸索找到喂养婴儿最适宜的方法。

76.别在婴儿睡觉时喂奶

为了让婴儿睡得更好些,有些妈妈在临睡时给他吃奶,让他边吃边睡。这是种错误的做法,对婴儿的健康也有很大影响。

(1)容易造成乳牙龋齿:睡眠时唾液的分泌量对口腔清洗的功能原本就会减少,加上奶水长时间在口腔内发酵,会破坏乳齿的结构。要避免此后遗症可在吸完奶水后再塞一瓶温开水给婴儿吸两口,清洗口腔内的余奶。

(2)容易引起吸呛:婴儿意识不清时,口咽肌肉的协助性不足,不能有效保护气管口,容易因奶水渗入而造成吸呛的危险。

(3)降低食欲:这时婴儿胃内的奶都是在昏昏沉沉的时候被灌进去的,他清醒时脑海里没有饥饿的感觉,逐渐会造成婴儿看到食物就降低食欲。

(4)养成被动的心理行为:人类有需求才会去谋取,因为饿所以要吃,因为冷所以要穿衣,心理行为模式就是这样逐步发展而成的。如果从小一切都是被动地由父母准备妥当,那对婴儿将来的发展是不利的。

77.早产儿如何喂养

早产儿是指胎龄未满37周的婴儿,由于消化和吸收能力不如足月新生儿,并且吸吮和吞咽能力也差,常常无力吃奶或不会吃奶,所以早产儿的正常喂养是十分重要的。

早产儿的母乳喂养:初乳中的抗体含量高,是增加早产儿免疫力的最好食物,一定要让早产儿将初乳全部吃进去。一般在生后6～12小时开始喂糖水,24小时开始喂奶,根据早产儿的具体情况确定喂奶的次数。对于吸吮能力差的早产儿,可把母乳挤到奶瓶里,蒸煮后用奶瓶、小勺或滴管喂奶。而吸吮和吞咽能力差的早产儿,可使用套有橡胶管的滴管喂奶。早产儿吃完奶后不宜平躺,而应采取侧卧位,左右两侧交替侧卧,这样可以使两侧肺部都能很好地扩张,还可以通过变换体位改善血液循环。更重要的是,侧卧时吐奶不容易呛咳,能避免呕吐物吸入气管导致的吸入性肺炎或窒息。

早产儿的人工喂养方式可有多种:一般要根据早产儿的出生体重及吸吮、吞咽能力来确定,合理选择喂养方式也是保证营养的重要环节。

(1)经口喂养:体重2 000～2 500克,吸吮、吞咽不协调的早产儿,应尽量选择经口喂养,如用小勺、量杯、奶瓶或滴管进行喂养。

(2)间歇胃管喂养:体重小于1 500～2 000克,吸吮、吞咽功能尚不成熟,也不能协调动作的早产儿,可以经口腔或鼻腔插入胃管。但经鼻饲喂养,常会影响新生儿通气,增加其气道阻力,易导致周期性呼吸和呼吸暂停的发生,因而常选择经口腔插入胃管喂养。当吸吮和吞咽能力成熟后,应尽早改为经口喂养,拔管前可先经口试喂1～2次。

(3)持续胃管喂养:这种喂养方式适用于体重1 500克以下,反应能力较差,无吞咽和吸吮能力,胃中容易有奶残留的早产儿,或间歇喂养易出现呼吸困难或有缺氧表现的早产儿。

(4)肠内微量喂养:这种喂养方法有助于促进新生儿肠动力成熟,并能改善对喂养的耐受。

(5)胃肠道外营养:也称静脉高营养,这种方法主要针对体重在1000克以下的极低体重儿。

78.小样儿如何喂养

胎龄在38～42周,出生时体重在2500克以下的新生儿,称为足月小样儿。通常

是由于母亲怀孕期间营养不良、贫血或患有各种感染性疾病等,造成胎儿营养不良,使其发育受阻。

小样儿在初生3～6小时即可喂乳,乳液的配制可与正常新生儿相同。一般在出生的头几天不宜过量喂哺,以后可渐渐增加。如果母乳不足,要正确计算添加牛奶或豆浆,每日每千克体重可以供给蛋白质3～4克,热能100～120卡。热能可以逐渐加到每日每千克体重140卡。至于维生素和铁、钙等的补充,与正常婴儿相同。

由于小样儿消化功能比早产儿成熟,消化不良现象很少发生,只要喂养得当,并保证供给各种足够的营养,体重增长很快。但若喂养不足,婴儿会发生低血糖和组织损坏,所以千万不可掉以轻心。

79.巨大儿如何喂养

出生时体重在4 500千克以上的新生儿在医学上称为巨大儿,巨大儿并不一定都是病态,那么,父母要怎样喂养那些出生时体重过高而肌肉骨骼坚实的新生儿呢?

一般来说,巨大儿的喂养量应该以体重与正常儿体重的折中数计算。如正常新生儿平均出生体重为3 000克,该新生儿的体重为5 000克,则按4 000克体重的喂养量给予喂养。当然这也不是绝对标准,应该根据实际情况,参考医生的意见确定喂养方案。

如果新生儿吃得多,身体长得也结实均称,身高与体重同步增长,那么就应该给予足够的喂养量,充分满足生长发育的需要。如果只长体重不长个,肌肉松弛不结实,那就要考虑是否喂养不当。因为不合理的喂养可以引起新生儿虚胖,一般肌肉不结实,有贫血症状。并且,这种虚胖的新生儿消化功能不正常,抵抗各种疾病的能力也不强,易患疾病,时间长了有可能发展成营养不良性水肿。对虚胖的新生儿应多喂蛋白质、维生素、矿物质丰富的食品,同时适当减少淀粉类、鱼类和肉类食品的喂养量。

80.不要把婴儿喂得太胖

俗话说婴儿"身体胖,长得壮",父母都想把自己的婴儿喂得胖乎乎的,人见人爱。还有的父母认为婴儿小时候胖没有关系,长大了就不胖了,这种想法往往使他在婴儿时期的肥胖或轻度肥胖得不到控制,而一旦发展成青春期肥胖或重度肥胖时再想减就很困难了。所以,我们在希望婴儿白白胖胖的同时,更要健健康康。

新生儿体重超过4 000克的为巨大儿,比起正常体重的新生儿来说,巨大儿更加脆弱。体重明显超标后,还可能出现一些问题,如体态臃肿、肢动迟缓,长大以后,容易患高脂血症、高血压、冠心病、糖尿病等疾病。

那么,怎样才能使新生儿健康地来到人世间呢?首先,母亲怀孕的最后3个月不要超量进食,否则可能会使新生儿出生时体重过高,容易发展为肥胖。出生后,提倡母乳喂养,不要过早添加固体食物。即使需要人工喂养,在添加辅食时,也应避免加入高热量、高脂肪的食物。1岁以内的婴儿如果体重已经偏重,要适当减少奶和主、辅食的摄入量,用蔬菜、水果代替,这样可以补充维生素、矿物质,还能减少饥饿感。婴儿的身高每增长1厘米,体重大约增加300克,均衡生长是健康的象征,不要认为他越胖越好。

81.怎样判断新生儿是否吃饱

不少新手妈妈有这样的困惑:新生儿总是吃不会撑着吧？怎样才能知道新生儿吃饱了？我们可以从以下几方面判断。

(1)听新生儿吃奶时下咽的声音:新生儿平均每吸吮2～3次就可以听到咽下一大口,如此连续大约15分钟就可以说是吃饱了。如果光吸不咽或咽得少,说明母亲奶量不足。

(2)观察新生儿吃奶后是否有满足感:如果他吃饱了会对你笑,或者不哭了,或马上安静入睡。但是如果吃奶后还哭,或者咬着奶头不放,或者睡不到2小时就醒,都说明他没有吃饱。

(3)注意大小便的次数:正常母乳喂养的新生儿每天尿8～9次,大便4～5次,呈金黄色稠便;喂牛奶的新生儿其大便是淡黄色稠便,干燥,3～4次。这些都可以说明他平时吃得很饱。如果吃不饱的时候,尿量不多,大便少,呈绿稀便。

(4)看体重的增减:足月新生儿在第1个月时体重大约每天增长25克,即第1个月体重增加720～750克,第2个月大约增加600克。如果新生儿的体重增加正常,则说明新生儿喂养得当。如果体重增加不明显甚至减轻了,那就要找原因了,要么是喂养不当,要么是生病了。

82.新生儿不吃奶怎么办

母亲看到自己的新生儿不吃奶时,总是很着急,找不到对策。其实只要找到新生儿拒哺的原因,情况就会改善了。

新生儿不吃奶的原因很多,大概可以归纳为以下几方面:

第一,母亲乳房胀奶后,比较硬,新生儿不会吸,这时可以用热毛巾敷一敷,把奶挤出来一些,使乳房变软,这样他就会吸吮了;还有若是人工喂养,奶瓶上的奶嘴太硬,或上面的吸孔太小,吸吮费力,都会使他厌吮。

第二,新生儿患一些疾病时,如消化道疾病,就会出现不同程度的厌吮。

第三,新生儿鼻塞后,就得用嘴呼吸,如果吮乳,必然妨碍呼吸,往往刚含住奶头就放弃了。

第四,一些生理缺陷也会影响新生儿吃奶,如唇裂、腭裂等,其吸吮困难,亦会出现拒吮现象。

第五,当新生儿口腔感染了,会因疼痛而害怕吮乳。新生儿口腔黏膜柔嫩,分泌液少,口腔比较干燥,再加上不适当的擦拭口腔,常常引起感染。

第六,若是早产儿,则因为身体尚未发育完善,吸吮能力低下,甚至吞咽困难,常常是口含奶头不吮或稍吮即止。

83.给婴儿添加辅食的时机

有些母亲为了让自己的婴儿更加健康地成长,在新生儿期早早地就给添加各种辅食了。这种做法表面上看是给足新生儿营养了,但是真正被新生儿吸收利用得微乎其微。这主要是因为新生儿的消化吸收功能还很弱。

有关专家认为,母乳充足的情况下,不要过早添加辅食。尤其是过早添加淀粉类食物会影响新生儿肠胃功能的发育。专家还指出,最先添加的辅食应该是蛋黄,并且在婴儿4个月才添加,早产儿可以略早添加。

如果母亲奶水不足,也不要彻底放弃母乳喂养,可以采取母乳和奶粉混合喂养。母乳是最天然的营养品,与任何一种配方奶粉都不会冲突,甚至可以把配方奶粉冲在挤出的母乳里。

当然,也有些情况不宜母乳单独喂养,需要添加辅食。

(1)极低体重儿或早产儿。

(2)严重未成熟,有潜在性低血糖的新生儿。

(3)患先天性代谢性疾病的新生儿,如苯丙酮尿症、枫糖尿病、半乳糖血症。

(4)当新生儿脱水而母乳不能满足需要时。

84.不要用高浓度糖水喂婴儿

许多父母都觉得给婴儿的水越甜,他喝得就会越多。这种高浓度的糖水会引起婴儿的兴趣,但是也会带来了伤害。

有关调查研究发现,经常服用高浓度糖水的婴儿容易腹泻、消化不良、食欲缺乏,以致于发生营养不良。而新生儿吃高糖的乳类和水,还会增加坏死性小肠炎的发病率。因为高浓度的糖会损伤肠黏膜,糖发酵后产生大量气体造成肠腔充气,肠壁不同程度积气,可引起肠黏膜与肌肉层出血坏死,重者还会引起肠穿孔,临床可见腹胀、呕吐,大便先为水样便,后出现血便。

85.怎样判断新生儿是否饿了

前面已经讲过怎样判断新生儿是否吃饱了,那么怎样知道新生儿是否饿了呢?

(1)新生儿饥饿时会哭闹不安,且哭声洪亮。相反若是吃饱了,他会对你笑,或马上安静入睡。

(2)如果新生儿吃不饱,总是处于饥饿状态,则尿量不多,大便少,呈绿稀便。正常母乳喂养的新生儿每天尿8~9次,大便4~5次,呈金黄色稠便;喂牛奶的新生儿其大便是淡黄色稠便,干燥,3~4次。

(3)新生儿体重增加不明显甚至减轻了,那就要找原因了,要么喂养不当,要么有病了。

如有上述现象,就要考虑改善奶水质量,给母亲增加营养,或每日给新生儿补喂1～2次牛奶,以消除饥饿状态。

86.舌系带过短的早期发现

舌是人体中最灵活的肌肉组织,可完成任何方向的运动,在舌下正中有条系带,使舌和口底相连,如果舌系带过短(俗称"裙舌")就会发生吸吮困难、语言障碍等。

如果喂奶时发现婴儿吃奶裹不住奶头而出现漏奶现象,就应考虑有舌系带过短的可能,但父母往往忽略了这种情况。多数舌系带过短的婴儿是在接受体格检查时被医生偶然发现的。有些粗心的父母直到宝宝学讲话时,发现发音不准特别是说不清翘舌音如"十""是"等,去医院检查才发现。

儿科专家提醒:当发现有以下情况应及时到医院做进一步检查:

(1)婴儿吃奶裹不住奶头而出现漏奶现象。

(2)婴儿伸舌时,舌头像被什么东西牵住似的。

(3)婴儿舌头伸出时舌尖呈"V"形凹入。

(4)婴儿舌系带短而厚。

若婴儿在 6 个月以前就发现舌系带过短,可立即进行手术。舌系带过短的手术时间最好是在 6 岁以前完成,这样既不影响他的身心健康,又不影响学习。

87.白天吃奶频繁的婴儿夜间更容易醒

白天频繁给婴儿喂奶的妈妈可能会在夜里为此付出"代价",因为研究发现,婴儿白天喂得太勤会影响其夜间的睡眠质量,他更容易夜醒。

有关研究表明,出生后第一周里"24 小时内喂食多于 11 次"的新生儿,3 个月后夜间睡眠出现紊乱的可能性要比喂食次数少的新生儿增加 3 倍。对此,专家提出了一套简单的"三步睡眠法则",可帮助父母使婴儿享受到优质的夜间睡眠。

首先,必须使婴儿白天和夜间所处的环境有"显著区别",到了晚上房间光线要暗下来,尽量少吵闹,营造一个安静的氛围,这样他就会把这种环境和"睡觉"联系起来,到时就睡。

其次,晚上婴儿有困意的时候,应直接放到床上或摇篮里,让其自然睡眠。而不要把他抱在怀里轻轻拍打或让其叼着奶头。

最后,当婴儿夜里醒来时,妈妈不要马上喂奶,而是要"有意"地用换尿布或其他事情分散他进食注意力,这样他就不会认为"醒了马上就能吃奶",慢慢地即使夜里醒了,也能比较容易地重新回到睡眠状态。

(五)辅食添加的相关知识

88.婴儿辅助食品的选择

(1)4～6 个月时

　　果汁:选择新鲜水果洗净,切成两半,将果汁挤出后以纱布过滤,原汁加等量冷开水即可喂食。

　　菜汁:选择绿色新鲜蔬菜,去除大茎,放入沸水中煮一下,然后丢弃菜叶,冷却后即可食用。

　　米糊、麦糊:将米粉或麦粉置于碗中,加开水调和成糊状。

　　(2)7～9个月时

　　果泥:选择熟透、纤维少、肉多的水果洗净去皮,以汤匙刮取果肉,碾压成泥。

　　菜泥:将绿色新鲜蔬菜洗净,去皮或去茎,切段放入沸水中煮,熟后置于碗内用汤匙压碎成泥。

　　蛋黄泥:将新鲜鸡蛋1枚放入沸水中煮熟,取出蛋黄以汤匙压成泥。

　　肉泥:里脊肉洗净用汤匙刮成泥,加少许水搅拌均匀,置于碗中蒸熟。

　　鱼肉泥:鱼去皮去骨洗净,蒸熟后捣成泥状。

　　豆腐泥:豆腐以水冲净后,除去外层硬皮,以汤匙捣碎加适量开水调匀后蒸熟。

　　稀饭:米洗净后浸泡在10倍水里30分钟,以大火烧开后改成小火煮50分钟,熄火后10分钟以汤匙捣碎后喂食。

　　蔬菜粥:煮好的饭内加入5倍的水再煮15～20分钟,熄火后闷10分钟,将烫过的青菜嫩叶捣碎,加入稀饭中搅匀。

　　碎肉粥:煮好的饭加5倍水煮15～20分钟,熄火后闷10分钟,将肉泥加入稀饭搅匀即可食用。

　　(3)10～12个月时

　　细碎的蔬菜:将菜叶洗净后切碎,放入锅中加少量水煮熟,煮软后即可喂食。

　　蒸全蛋:蛋打入碗中,加水或汤汁至8分满,放少许盐搅匀后,置于锅中蒸熟。

89.婴儿添加辅食注意事项

　　(1)每次只能喂食一种新的食物,并从少量开始尝试;食物的浓度也要由稀至渐浓。

　　(2)给婴儿喂食时,最好是将食物盛在碗中用汤匙来喂,让婴儿开始接受成年人的饮食方式。

　　(3)每喂食一种新的食物时,必须注意婴儿的粪便及皮肤状况有无改变,如是否腹泻、呕吐、皮肤出疹或潮红等。若喂食3～5天内没有上述不良反应,就可以再尝试其他新的食物;若有任何变化应该马上停止这种食物的喂食,并带他去看医生。

　　(4)不以成年人的口味来评估固体食物是否可口美味,所以制作时应以天然食物为主,也不必添加盐、味素、糖等调味料。

　　(5)最好选在婴儿未喝奶前喂食辅食(固体食物),这样较容易让他接受。

　　(6)制作辅食(固体食物)之前应将食材、用具及双手洗净。

90.婴儿添加辅助食品的原则

婴儿胃肠道发育还不够成熟,辅食添加不当容易造成消化功能紊乱,甚至引起腹泻,所以给婴儿添加辅助食品应该遵循以下几条原则。

(1)让婴儿逐步适应:先试一种辅食(如米粉),经3~7天适应后再试另一种(如麦粉),逐步增加品种。在婴儿"试吃"阶段要注意是否有过敏现象(如皮肤出疹、腹泻、呕吐等),如果有过敏现象应暂时停止。

(2)辅食要由稀到稠、由淡到浓:开始冲调米粉时要冲得稀薄一些,使婴儿容易吞咽,婴儿适应后逐渐增加其浓度。

(3)辅食的量从少到多:婴儿适应之后可以逐渐增加辅食的量。

(4)辅食要由细到粗:细嫩的食物容易吞咽、消化,如先用菜叶制成菜泥喂给婴儿,以后逐渐将菜剁得粗一些,制成碎菜。

91.婴儿添加辅食的条件

吃饭对于成年人来说何其简单,可是对于一个新生的婴儿来说却是一个新的尝试和锻炼。因此,给婴儿添加辅食也有许多的注意事项。

(1)添加辅助食品的时间:一般来说,婴儿在4~6个月期间可以开始添加辅助食品,但具体到每一位婴儿来说,什么时候该添加辅食应根据不同的情况来决定。

①根据婴儿对热能的需要,开始添加辅食时婴儿的体重已达到出生时体重的2倍,比如一个体重已达6千克的婴儿每天喂奶次数8~10次,但婴儿看上去仍然经常处于饥饿状态。此时可以添加少许辅食以满足其生理需要。

②婴儿发育上的成熟,比如在动作发育上,婴儿可以扶着坐,俯卧时抬头、挺胸,由两肘支持身体重量;在感觉方面,他可以有目的地将手或玩具放入口内来探索放入口内物体的形状及质地。这两方面表示他已经有能力添加辅食。

③在进食时,当匙触及口唇时,婴儿表现出吸吮动作并将食物向后送、吞咽下去。当触及食物或触及喂给者的手时,婴儿露出笑容并张口,说明婴儿有饥饿感。相反,如果喂食物时婴儿的头或身体转向另一侧或闭口拒食,家长则应减慢喂食的速度。家长应尊重婴儿所反馈的信息。

(2)添加辅食的方法:开始添加辅助食品应在婴儿的状况良好,母亲情绪稳定、放松的时期。同时要形成愉快的进食气氛,母亲要用亲切的态度和欢乐的情绪感染他,使他乐于接受辅食;新添加辅助食品应在喂了一半母乳或配方奶的时候,半饱状态下婴儿比较容易接受。每次添加一种新食物都要从一勺开始,在勺中放少量食物,轻轻放入婴儿的舌中部;食物温度应保持室温或比室温略高一些。有些婴儿接受一种新的食物要经过15~20次接触。在给婴儿添加辅助食物时应注意观察他进食的反应及身体语言。如果肚子饿了,看到食物时他会兴奋得手舞足蹈,身体前倾并张开嘴;如果不饿,他会闭上嘴巴,把头转开或者闭上眼睛睡觉。

92.婴儿辅食添加小诀窍

(1)定时喂辅食可使婴儿的消化系统得到调节。

(2)小于5个月的婴儿,可在吃母乳前加喂其他食品,接着给予哺母乳吃饱,每天吃一顿辅食。

(3)6个月以上的婴儿应吃饱一顿辅食来代替一顿母乳。

(4)8个月时每天吃2顿辅食,9～12个月每天吃3顿辅食完全代替母乳,这时母乳作为添加品。

(5)1岁以后每天可喝2～3杯牛奶,每次1杯(150毫升左右),这样可促使婴儿的身体健康成长。

93.富含主要微量元素的食物品种

(1)含铁的食物:莲子、黑木耳、海藻、黄花菜、香蕉、蘑菇、油菜、芝麻、动物肝脏、血豆腐、枣、红小豆、芹菜、香椿、海蜇、海带、大豆制品、鱼、蛋黄、动物胃、绿色菜、西红柿、虾皮、香瓜、谷类、胡萝卜。

(2)含锌的食物:莲子、花生、芝麻、核桃、蛋类、瘦肉、动物肝、奶制品、紫菜、海带、红小豆、荔枝、栗子、虾、海鱼、瓜子、杏仁、芹菜、柿子。

(3)含钙的食物:海鱼、菠菜、大豆制品、花生、绿色蔬菜、橘、柑、山楂、瓜子、芥菜、枣、虾、鱼、海蜇、海带、萝卜、杏仁、西红柿、蛋。

(4)含硒的食物:橘、柑、大豆制品、沙丁鱼、蛋类、茶、肉类、奶类、芝麻、谷类、洋葱、芥菜、西红柿、动物肝、南瓜、杏。

94.婴儿4个月可以吃鱼泥

(1)取一条平鱼或两块带鱼,上火蒸熟,去骨剁碎。

(2)取半个西红柿去皮,剁碎。

(3)锅中放适量水,将鱼肉、西红柿同煮成糊状,加入水淀粉和适量盐。

(4)吃时上火蒸5分钟。

95.婴儿4个月后添加辅食的目的

4个月以后的婴儿需要及时添加辅助食品,原因有以下几方面。

(1)满足营养的需要:满4个月以后,婴儿从母乳或牛乳中获得的营养成分已不能满足生长发育的需要,因此必须及时添加一些食品补充营养素的不足,帮助婴儿健康成长。比如4～6个月的婴儿从母亲获得的铁基本用完,而母乳和牛奶中铁的含量都不足。因此,此阶段的婴儿容易患缺铁性贫血,在添加辅食时就应注意添加含铁丰富的食物。

(2)为断奶做准备:添加辅助食品可以为婴儿断乳做好准备,所以婴儿的食品又称离乳食品,其含义并不完全是指在断奶时所摄入的食品,而是指从单一的母乳(或牛乳)喂养到完全断乳这一阶段所添加的食品。

（3）为了训练婴儿的吞咽能力:习惯于吃奶类(流质液体)的婴儿逐渐过渡到吃固体食物需要有一个适应的过程,这个过程要有半年或更长的时间,婴儿可以从吃糊状、细软的食品开始最后逐步适应成年人的固体食物。

（4）为了训练婴儿的咀嚼功能:随着月龄的增大,婴儿的齿龈的黏膜逐渐坚硬,尤其长出门牙之后,给软的半固体食物,婴儿会用齿龈或牙齿去咀嚼食物,然后吞咽下去,所以及时添加辅食有利于婴儿咀嚼功能的训练,也有利于颌骨的发育和牙齿的萌出。

96.婴儿应按月龄添加辅食

第 3 个月龄时:可给新鲜的果汁或菜汁。每日 2 次,每次从一匙开始逐渐到十余匙。可以补充维生素 C 和其他营养成分。

第 4～5 个月龄时:母乳不足者,每天可适量增加牛奶或米糊。4 个月以后的婴儿体内铁质已逐渐消耗完,应添加富含铁的食物,如蛋黄,每次可从 1/4 个开始,逐渐增加到一个。还可给少量的苹果泥、菜泥或鱼泥等。

5 个月龄时:可给些烂稀粥、饼干。在吃奶前试吃少量。

6 个月龄时:此时婴儿开始萌出牙齿,可给些稍硬条状饼干、馒头片;适量的蛋羹、烂面片、肉松等。

7～9 个月龄时:添加肝泥、豆腐、肉末、碎菜,每日 2～3 顿;适量的面包、蛋糕等。

10～12 个月龄时:可给烂饭或面片加瘦肉末、蔬菜;煮烂的鸡、鱼、肝;每日两三顿。随着辅食量的增加,奶量随之减少。

父母合理喂养和添加辅食一定能使婴儿健康成长。

97.婴儿 4～6 个月时辅食的制作

（1）此时可以开始添加含蛋白质的食物了,如蛋黄、鱼、肉、豆腐等。切记:此时不能喂蛋白,以免造成婴儿过敏。

（2）食物的形态可从汤汁或糊状渐渐转变为泥状或固体。

（3）可以增加五谷根茎类的食物和稀饭、面条、吐司面包、馒头等。

（4）不适合喂婴儿纤维较粗的蔬果和太油腻、辛辣刺激或筋太多的食物。

（5）喂食前先试试食物的温度,别烫着婴儿。

98.米类是最早的辅食

刚开始加辅食时,除了稀释的蔬菜汤或果汁外,婴儿米粉糊是最佳的选择。因为此时婴儿的味觉系统渐渐发展成熟,唾液淀粉酶也开始起作用来消化淀粉类的食物。

因为米粉要比麦粉更容易消化、吸收,而且麦类制品中含有容易引起婴儿过敏现象的氨基酸。所以,为了避免引发婴儿的过敏恶性循环体质,最好由米粉作为开始添加的辅食品。

99.米糊的调制方法

一般米糊的调制方法可分为两种。

(1)直接以一匙(一般的婴儿奶粉匙即可)婴儿米粉加 30℃～60℃的温水调制成糊状。注意:在第一次添加的时候可以稍微稀薄一些,以增加婴儿对米糊的接受度,同时降低婴儿肠胃不适和过敏的现象发生的概率。

(2)将婴儿配方奶粉及婴儿米粉,以 1∶1(即一匙婴儿配方奶粉加一匙米粉以 30℃的温水调匀即可)或 2∶1 混合的方式。这种方式不但可以使配方奶的味道好,也可以增加营养量。注意:请尽量将辅食品盛装在碗里,用汤匙来喂食婴儿,不要用奶瓶喂食。这样可以让他及早适应成年人的饮食方式,减少对母乳或配方奶的依赖性;同时也使米糊与唾液中的唾液淀粉酶充分混合,利于淀粉质的吸收。用奶瓶喂食时,液体通过的速度太快,唾液淀粉酶无法完全起作用。

100.以稀饭取代米糊好

婴儿 7 个月大的时候就可以用稀饭取代米糊。因为婴儿的牙齿慢慢长出,吞咽能力也逐渐成熟,此时正是添加半固体食物的好时机,最适宜婴儿的就是白稀饭。

开始添加时应先少量给予,而且不添加任何调味料。等婴儿适应后,家长们可以在稀饭中添加一些鱼肉泥、蛋黄泥、蔬菜泥等半固体的其他食材。

注意尽量以天然食物为主,以不调味为原则。每次添加一种食材,减少婴儿不适的现象。若婴儿对添加的食材不适应,家长别性急,也不要强迫进食,以免引起反感。先停止喂食 1～2 周之后再重新少量给予,这样可以让婴儿再次接受此种食材。

101.常变换口味和做法

10 个月后,婴儿的牙齿不仅长得越来越好,而且越来越齐全。此时可以开始让婴儿尝试食用固体食物,干饭或是米粉都是不错的选择。刚开始先选择较软的干饭,搭配豆腐、鱼肉、绞肉、蒸蛋及蔬菜等食物,或是将米粉煮成米粉汤,配以其他较软的食材一起炒至熟透,皆是变换口味的做法。在婴儿接受固体食物后,可以渐渐减少母乳或婴儿配方奶粉的用量。

若婴儿对于固体食物的接受性好,就应渐渐减少乳品的食用量,最好养成先吃固体食物再喝乳品的习惯。在每一次给予一种新的食物时,应注意他的粪便及皮肤状况(如腹泻、呕吐、皮肤潮红或出疹等症状);若喂食 3～5 天后没有不良反应才可以换另一种新的食物。

父母们在制作辅食时应将双手清洗干净,且将食物及用具洗净,让婴儿吃得即营养又安全。

102.婴儿的辅食食谱

（1）肝泥粥

材料：鸡肝 20 克，米 20 克，水 1.5 杯。

做法：鸡肝去膜、去筋，剁碎成泥状备用。米加水煮开后改用小火，加盖焖煮至烂，拌入肝泥，再煮开即可。

（2）蔬菜豆腐泥

材料：去皮红萝卜 5 克，嫩豆腐 1 小块，豌豆糕 1/2 条，蛋黄 1/2 个，水 1/2 杯，酱油少许。

做法：将去皮红萝卜及豌豆糕烫熟后切成极小块。将水与上料放入小锅，嫩豆腐捣碎放入，加少许酱油，煮到汤汁变少。最后将蛋黄打散加入锅里煮熟即可。

（3）苹果泥

材料：苹果 1/2 个。

做法：将苹果洗净、去皮、切成两半。用研磨板磨成泥状，盛在碗中即可。

（4）蔬菜泥

材料：绿色蔬菜 10 克，牛奶 2 汤匙，玉米粉 1/5～1/4 小匙。

做法：将绿色蔬菜嫩叶部分煮熟或蒸熟后磨碎、过滤。取 10～20 克与少许水至锅中，边搅边煮。将好时加入牛奶以及由 1/5～1/4 小匙玉米粉用等量水调好的玉米粉水，继续加热搅拌煮成泥状即可。

103.为婴儿添加蔬菜时需要注意的问题

（1）添加五谷根茎类食物时，最好先由米糊或麦糊开始，当宝宝适应米糊后，再尝试其他的食物。

（2）尽可能选用新鲜的蔬菜、水果，制成汤汁、稀释果汁喂婴儿。

（3）选择带皮的水果及受农药污染与病原感染较少的水果，例如：柳丁、橘子、苹果、香蕉、木瓜等。每日建议食用量：

五谷根茎类：米糊或麦糊 3/4～1 碗。

蔬菜类：胡萝卜、菠菜等菜汤 1/3～2/3 茶匙。

水果类：橘子、苹果、葡萄等稀释果汁 1/3～2/3 茶匙。

104.蔬菜水果的简易制作

（1）菜汤：将深绿色、黄红色的蔬菜，例如菠菜、胡萝卜等，洗净、切碎，加适量水煮开，放至稍凉，将汤汁倒出即可。

（2）菜泥：选择嫩叶蔬菜，如菠菜、青江菜，或纤维少的南瓜、马铃薯等，洗净切小段或小块，加水煮熟后捞出置于碗中，用汤匙刮下嫩叶或压成泥状即可。

（3）果汁：柳丁、橘子对切成两半后压汁。喂食前加入等量的冷开水稀释。

（4）葡萄、番茄：洗净后以热开水浸泡 2 分钟，去皮以干净的纱布包起来，用汤匙

压出汁。

（5）香瓜、西瓜：用汤匙挖出果肉后以干净纱布包住压汁。

（6）果泥：挑选果肉多、纤维少的水果，如香蕉、木瓜、苹果等，洗净去皮后用汤匙挖出果肉并压成泥状即可。

105.每日多餐助婴儿成长

一般婴儿出生后是不定时喂养的，也就是不计每天喂奶的次数，婴儿想吃就喂，以后随着生活习惯的建立和母乳分泌量的情况，母婴之间逐渐养成定时喂奶的默契。

一般情况是1～2个月婴儿每天喂6～7次，白天每3～4小时一次，夜晚可间隔6小时左右。4个月以后的婴儿开始添加其他主食（谷类和牛奶）和辅食了，一天的喂食次数就基本固定下来，每天5～6次。如果每次进食量少，也可适当增加1～2次母乳。满周岁以后，每天喂食次数至少有5次，即3餐2点心。3岁以后直至入学前，每天至少应吃4餐，即3餐1点心，点心一般在上午10时左右，一杯牛奶加些饼干或蛋糕就行。

保证婴儿每天进餐数量，是维持婴儿每天营养供给量的基础。婴儿生长发育速度快，需要的营养多，而胃的容量小，一餐吃不下多少。只有保证一天的基本餐数才能维持营养摄入。喂水、果汁或水果不算餐数，只能算婴儿的零食。

106.不宜添加的辅食

婴儿时期的宝宝已经能吃不少食品了，但有些食品婴儿不宜食用。

（1）刺激性太强的食品：酒、咖啡、浓茶、可乐等饮品对婴儿神经系统的正常发育有不良影响；汽水、清凉饮料等喝一次就一直想喝，容易造成婴儿食欲缺乏；辣椒、胡椒、大葱、大蒜、生姜、酸菜等食物极易损害娇嫩的口腔、食管、胃黏膜，婴儿也不应食用。

（2）含脂肪和糖多的食品：巧克力、麦乳精都是含热量很高的精制食品，多吃易致婴儿肥胖。

（3）不易消化食品：章鱼、墨鱼、竹笋和牛蒡之类均不易消化，不应给婴儿食用。

（4）太咸、太腻的食品：咸菜、酱油煮的小虾、肥肉，煎炒、油炸食品，极易引起呕吐、消化不良，婴儿不宜食用。

（5）小粒食品：花生米、黄豆、核桃仁、瓜子等极易误吸入气管，研磨后方能供婴儿食用。

（6）带壳、有渣食品：鱼刺、虾的硬皮、排骨的骨渣均可卡在喉头或误入气管，必须认真检查后才可给婴儿食用。

（7）未经卫生部门检查的自制食品：糖葫芦、棉花糖、花生糖、爆米花，因制作不卫生，食后可能会造成消化道疾病。同时，这些食品内含过量铅等物质，对婴儿健康有害。

（8）易产气胀肚的食物：洋葱、生萝卜、白薯、豆类等只宜少量食用。

（9）蜂蜜：蜂蜜中含有的肉毒杆菌芽孢，婴儿的抗病能力差，食用蜂蜜会引起肉毒杆菌性食物中毒，因此最好等到一岁以后再添加。

(10)酸奶:婴儿的胃肠道黏膜非常娇嫩,而酸奶里面的乳酸杆菌是偏酸性的,会刺激未发育成熟的黏膜,导致婴儿肠道疾病。因此,也要到一岁再添加。

107.适宜婴儿的水果食品

水果中含有多种维生素,是婴儿生长发育所需要的物质,且酸甜可口,婴儿都爱吃。婴儿到了4～6个月以后,除了饮用果汁外,还可将水果进行加工,做成糊状制品,更适合婴儿食用。

(1)苹果泥:取新鲜苹果洗净去皮核,切成薄片,与适量白糖或蜂蜜同入锅煮,稍加水,大火煮沸后,中火熬成糊状,用勺子研成泥。煮一次应为食用3天的量,开始每次1汤匙,以后逐渐增加,小儿腹泻时吃苹果泥有止泻作用。

(2)山楂酱:取山楂适量,洗净去核,与白糖、水共煮,煮至糊状,用勺子研成泥,放凉后,每天给婴儿服用少许,有消积食助消化的功能。

(3)西瓜糊:将西瓜去子,用小勺在容器中研碎。夏天有消暑利尿的作用。

(4)梨酱:将梨洗净,去皮核,切成薄片,与适量冰糖、水共煮,煮成糊状,研成泥。对咳嗽有一定功效。

(5)橘子糊:将橘子瓣去皮及核,放入容器中搅烂。其中维生素C的含量较高。

108.蛋黄是婴儿补铁好食物

婴儿出生4个月后,从母体中带来的铁质已基本消耗完了,无论是母乳喂养还是人工喂养的婴儿,此时都需要添加一些含铁丰富的辅食,鸡蛋黄是比较理想的食品之一。鸡蛋黄里不仅含有丰富的铁,也含有婴儿需要的其他各种营养素,而且比较容易消化,添加也很方便。

4～6个月的婴儿添加鸡蛋黄应逐步加量,可以先喂一个鸡蛋黄的1/4,如果婴儿消化得很好,大便正常,无过敏现象,那么可以逐步加喂到1/2个、3/4个蛋黄,直至6个月后就可以喂一个鸡蛋黄了。

109.添加蛋黄的目的和方法

添加蛋黄的目的是添加铁,因为胎儿期储存的铁会在4～6个月时用完,必须从食物中添加。蛋黄是婴儿较容易接受的食物,但里面的铁被卵磷脂包裹,吸收率只有3%,如果与维生素C同时吃,可以使铁吸收率增加4倍。新鲜的橙汁、柚汁、猕猴桃汁等富含维生素C,婴儿若能吃到半个橙子榨出来的汁,就足以使铁的吸收率达到12%。

在120天后婴儿第一种添加的辅食是蛋黄,一般在每天上午,两次喂奶之间添加。先将鸡蛋煮熟,剥去蛋壳和蛋清,取蛋黄的1/4,用新鲜榨取的橙汁3～4滴与蛋黄混合搅匀,用小勺喂婴儿。可以多喂一些用开水稀释的橙汁,把蛋黄吃净。观察大便,如果无腹泻及过敏反应,每过5～7天增加一点蛋黄,大概月中每天吃半个蛋黄,月末前后可加到每天1个,以后一直维持到周岁后再加蛋清,以免引起过敏反应。

不可以将蛋黄混入奶中,因为奶中含磷,妨碍铁的吸收,所以安排在两顿奶之间喂蛋黄。更不能把未煮熟的蛋黄直接调入奶中,因为未经加热变性的蛋黄不但难以吸收,而且容易引起过敏反应。

不可以把蛋黄调入米糊中,因为谷物中有植酸,植酸会与铁结合成不溶解的物质从大便中排出,影响铁的吸收。此外,也不可用菜水和梨水调蛋黄,因为菜汁、梨水中含草酸,草酸也会与铁结成不溶解的物质排出,影响铁的吸收。

110.让婴儿适应辅食

(1)开始时应该逐样喂食,不应同时喂食多种食物,这样,如发生过敏症时就容易查出由什么食物引起的。开始喂新食物时,应该间隔1~2周。

(2)逐样喂食时每次要少量,如开始1茶匙,逐渐增加到2~3大汤匙或半碗,这要由食物的种类而定。在4~6个月期间,每天应喂婴儿一顿其他食物并加喂母乳。

(3)特别注意卫生以防备发生腹泻,煮食物的器皿要干净,食物应注意清洁,各类食物必须熟透、磨细,待凉后再喂食。

(4)如果婴儿初次不愿吃,如用嘴抿、掉头逃避、闭口或喷出来表示拒绝,不要强迫吃,否则可能对将来喂食方面产生不良影响。应给婴儿时间尝试,或暂停3~4天后再试,通常最终是会接受喂食的。但婴儿拒绝吃时,父母不能让他放任自流,应不断地试着喂,直到愿意吃为止,哪怕是吃得不多。否则,养成不好的饮食习惯,今后可能发生营养不足。

(5)3~4个月的婴儿应吃磨得很细的食物;5~6个月的婴儿,可吃磨得中等细的食物,6~7个月的婴儿,应吃柔软的食物。因为这时他已开始用牙齿咀嚼食物;9~10个月的婴儿可吃粗糙的食物。

(6)当婴儿能吃饭时,应吃一些肉、蛋、菜及熟软的饭,不应让他只吃一样或重复曾经吃过的食物,否则会使他不愿吃别的食物。

(六)培养婴儿良好的饮食习惯

111.让婴儿从小爱吃菜

青菜含有大量的维生素和纤维,长期不吃青菜容易引起便秘、维生素缺乏等症状,影响婴儿的健康。因此,家长应从小培养婴儿爱吃菜的良好习惯。

(1)做菜时要讲究烹调技术和方法,适合儿童的年龄特点。由于婴儿年龄小,牙齿发育不好,咀嚼能力差,做菜时应把菜切得碎,炖得烂。注意色彩搭配,平时经常变换花样,以引起他的食欲。

(2)饭前给婴儿讲解各种菜的营养价值及对其身体发育的作用。平时尽量少给婴儿吃零食,多让他运动。只有这样他才有食欲,才愿意吃菜。

(3)对不愿意吃菜的婴儿,可先给他喝菜汤,适应之后逐渐加菜,尽量少盛多添。

家长对他的点滴进步应及时鼓励以增强他的自信心。

(4)年龄稍大些的婴儿可以和父母一起买菜、摘菜、洗菜,父母炒菜时让他在一旁当助手。婴儿亲自参与可以产生自豪感,吃起菜来也就感到格外香。

(5)父母应起榜样作用,吃饭不挑食,切忌对着他说这菜不好吃那菜不好吃。如果他不喜欢吃某种菜,妈妈就不再做某种菜,这就等于给他加深不良印象。

(6)如果婴儿实在不愿吃某种菜,也不要强迫他吃,避免他边吃边哭。一吃饭就哭的坏习惯必将影响他的身心健康。

总之,年轻的父母们在关爱婴儿的同时,应坚持让他吃得全面、吃得愉快,促进婴儿身心健康成长。

112.良好的饮食习惯是逐渐养成的

俗语说:习惯成自然。任何一种良好习惯的养成都应从婴儿时期做起,进餐习惯也不例外。只有好的进餐习惯才能保证婴儿的进食量,婴儿只有获得充足的营养身体才会健康。

(1)婴儿一天的进餐次数和进餐时间要有规律。到吃饭的时间家长就应该喂婴儿但不要强迫,他吃得好时家长就应赞扬,长时间坚持下去他就能养成定时进餐的习惯。

(2)要注意培养婴儿对食物的兴趣和好感。婴儿旺盛的食欲有助于消化腺分泌消化液,使食物得到良好的消化。因此,父母在烹调食物时做到色、香、味俱全,软、烂适宜,以便于婴儿咀嚼和吞咽。

(3)培养清洁卫生习惯。饭前要洗手、洗脸,围上围嘴,桌面应干净。每天在固定的地点喂饭,给他一个良好的进餐环境。吃饭时家长不要和他逗笑,不要让他哭闹,不分散他的注意力,更不能让他边吃边玩。

(4)要锻炼婴儿逐步适应使用餐具,为以后独立进餐做准备。如训练婴儿自己握奶瓶喝水、喝奶,自己用手拿饼干吃;训练正确的握匙姿势和用匙盛饭。

(5)避免婴儿挑食和偏食,饭、菜、鱼、肉、水果都能吃,鼓励他多咀嚼,每餐干、稀搭配。饭前不吃零食,不喝水,不吃巧克力等糖果,以免影响食欲和消化能力。

113.婴儿食物不宜太咸

3个月以内的婴儿不宜吃咸。食物中的盐——氯化钠不仅可以维持机体渗透压的平衡,也是各种消化酶的重要组成成分。

新生儿由于肾脏功能差,肾小球滤过率、肾血流量、肾小管排泄与再吸收功能均未发育完善,多吃咸食会增加肾脏负担。这个时期的盐主要来自母乳和牛奶。随着生长和肾功能的逐步健全,婴儿对盐的需要量大增,母乳和牛奶中的盐不能满足需要。因此3个月后的婴儿可适当吃些咸食物。但自此时开始至1周岁食盐量仍以每日不超过1克为宜。

食盐是钠和氯两种元素的化合物,婴儿肾脏发育尚不成熟,排钠能力弱,食盐过多易损伤肾脏。体内钠离子增多会造成钾离子随尿排出过多,从而易引起心脏、肌肉衰弱。而且摄入食盐过多将来易患高血压。美国某医疗组织调查学龄儿童,发现这些儿童在婴儿时期多吃罐头装的咸食品,他们之中有 11% 的人在 10~13 岁就患了高血压。因此,婴儿食物不宜太咸。

114.婴儿何时开始喂咸食

食盐是膳食中必不可少的调味品,如果没有食盐各种饭菜就没有味道会严重影响食欲。食盐也是体内钠和氯的主要来源,钠和氯是人体内必需的无机元素,起调节生理功能的作用。钠、氯在体内吸收迅速,排泄容易,约 90% 以上从尿中排出,少部分从汗液排出。健康儿童排出量与摄入量大致相等,多食多排,少食少排,使体内钠、氯含量保持相对稳定。

6 个月以内婴儿,尤其是怀胎不满 8 个月的早产儿肾脏滤尿功能低,仅为成年人 1/5 以下,不能排泄过多的钠、氯等无机盐,因此应避免吃咸食。一般婴儿 6 个月后肾脏滤尿功能开始接近成年人,此时在逐渐添加的辅食中可酌量给予咸食。

6 个月前婴儿的食物以乳类为主,逐渐添加少量乳儿糕、米粉等食品。这些食品内均含有一定量的钠、氯成分,足以满足婴儿对钠、氯的生理需要,所以不必担心不吃咸味会对婴儿有不利影响。食盐摄入过多会加重肾脏负担,肾脏长期负担过重有引起成年后患高血压的可能。如肾脏有病变过量的食盐更会引起机体水肿。因此,婴儿的食品不宜过咸,仅以满足其食欲即可,不能以成年人口味作为标准来衡量咸淡。健康婴儿食盐的用量一般掌握在每天 2.5~5 克,6 个月左右初食咸味时量宜更少。

115.应对婴儿厌奶的方法

病例:婴儿一直都很喜欢喝牛奶,可当他长到几个月的时候,突然某一天不喜欢喝牛奶了,甚至一把牛奶瓶举到他面前就引起哭闹。妈妈急的不知如何是好,使出浑身解数:换奶瓶、换奶粉品牌、换人喂、换地方喂、换鲜奶,甚至在奶中加果汁或米粉等也不奏效。

仔细询问,在厌食牛奶一两周前婴儿喝牛奶很好,而且还挺多,他生长也很快,体重增长也比较迅速。这可能就是婴儿厌食牛奶的一个原因了。

为什么呢?3 个月以前的婴儿不能完全吸收牛奶中的蛋白质,无论吃多少牛奶都不会完全吸收,吃多了就排泄出去了。可是 3 个月以后的婴儿就不同了,他们能够相当多地吸收牛奶中的蛋白质,肝脏和肾脏几乎全部动员起来帮助消化吸收牛奶中的营养成分,而这时的婴儿吃奶的能力也比以前大了,饥饿感和食欲也比以前增强了。婴儿更不甘寂寞了,总喜欢吃奶,这样能和妈妈在一起,让妈妈抱着。由于过多吃奶婴儿的肝脏和肾脏就大量工作。婴儿胖起来了,多余的能量储存起来了。用不了多久婴儿的肝脏和肾脏就因疲劳而"歇着了"。这时婴儿厌食牛奶就开始了。这样的厌食牛奶是病吗？不是。除了厌食牛奶外,给其他别的食品特别是易于消化的爽口食品婴儿照样喜欢吃,尤其是果汁。除了厌食牛奶外,婴儿精神、玩耍、睡眠、二便都比较正常,几天不吃牛奶也没见瘦。似乎喝水、果汁和妈妈残余的奶就足够了。由各种疾病造成的厌食牛奶则有相应的症状。婴儿虽然还不会说话,但能用行动来表达自己的意愿和要求。

这种厌食牛奶就是婴儿对妈妈的一种诉说,"妈妈,不要再给我过多的牛奶了,我的肝脏和肾脏的负担已经太大了,再吃会累坏"。遇到这种情况妈妈一定不要急躁,不会饿坏婴儿的,他体内有足够的能量储备。不要强迫婴儿吃,可喂果汁、水、米粉或其他食物。经过一段时间(大约 2 周)肝脏、肾脏、消化系统得到充分的休息后,功能逐渐恢复,婴儿会再喜欢喝牛奶的。只要每天能吃 100～200 毫升全奶就不用担心婴儿饿坏。厌食牛奶是婴儿在静养自己疲劳的脏器,消化身体中多余的脂肪。

(七)婴儿断奶的相关知识

116.断奶的意义及适宜时间

所谓断奶是婴儿由单纯的母乳喂养,通过添加代乳品、相宜的辅食逐步过渡到安全食用食物。可以说,科学地断奶和让婴儿出生 30 分钟后即吸吮母乳的意义一样重要。随着哺乳时间的推移,母乳由初乳过渡到成熟乳,乳汁的量和质逐渐不能满足婴儿生长发育的需要。过分延长母乳喂养时间不仅会使婴儿留恋母乳,干扰对辅食的兴趣,影响正常食欲,产生拒食反应,而且会对他造成一系列不良的心理反应,影响婴儿的健康成长。

有资料表明,我国母乳喂养 6 个月以内的婴儿,生长曲线并不低于同月龄发达国家婴儿;但 6 个月后的生长曲线就明显低于发达国家。最根本的原因就是家长对适时断奶的意义缺乏足够的认识。一般认为,最佳断奶月龄在城镇为出生 8～12 个月,农村可延长到 12～18 个月。但是,如果乳母体质差平时泌乳量又不足,可适当提前断奶;如果乳母体质好,泌乳仍处于旺盛状态,或因婴儿体弱多病,断奶有损婴儿健康,也可适当推迟断奶时间,但最迟也不得超过 2 岁。断奶的具体时间宜在春季或秋季。

117.断奶需要慢慢来

婴儿的健康成长需要各种营养物质的补充,因此,逐步添加辅食直至顺利过渡到正常饮食是一个必然的过程。但在断奶时机的把握上,年轻的妈妈们常常操之过急,仓促断奶反而造成婴儿食欲的锐减。我们知道婴儿的味觉是很敏锐而且对饮食是非常挑剔的,尤其是习惯于母乳喂养的婴儿,常常拒绝其他奶类的诱惑。因此,婴儿的断奶应顺其自然逐步减少,即便是到了断奶的年龄也应为他创造一个慢慢适应的过程,千万不可强求。正确的方法是:适当延长喂奶的时间,酌情减少喂奶的次数,并逐步增加辅食的品种和数量,只要年轻的妈妈们对婴儿的喂养调整得当,他就能顺利通

过"断奶"这一难关。

118.错误的断奶方法

(1)往奶头上涂墨汁、辣椒水、万金油之类的刺激物。对婴儿而言这是残忍的"酷刑"。妈妈以为婴儿会因此对母乳产生反感而放弃母乳,效果却适得其反。婴儿不吓坏才怪呢,而且还会因恐惧而拒绝吃东西而影响身体的健康。这下可好,母乳没断倒把其他该吃的食物给断了。

(2)突然断奶,把婴儿送到娘家或婆家,几天甚至好久不见。断奶不需要母子分离,对婴儿的情感来说妈妈的奶可以没有,但不能没有妈妈呀!长时间的母子分离会让婴儿缺乏安全感,特别是对母乳依赖较强的婴儿,因看不到妈妈而产生焦虑情绪,不愿吃东西、不愿与人交往、烦躁不安,哭闹剧烈,睡眠不好甚至还会生病、消瘦。奶没断好还影响了他的身体和心理健康,实在得不偿失。

(3)有的妈妈不喝汤水还用毛巾勒住胸部,用胶布封住乳头,想将奶水憋回去。这些所谓的"速效断奶法",显然违背了生理规律,而且很容易引起乳房胀痛。如果妈妈的奶太多一时退不掉,可以口服回奶药,如己烯雌酚每次5毫克,每日3次口服(己烯雌酚1毫克1片,一次要吃5片),若吃后感到恶心可加服维生素B_6,断奶后妈妈若有不同程度的奶胀可用吸奶器或人工将奶吸出,同时用生麦芽60克、生山楂30克水煎当茶饮,3~4天即可回奶,切忌热敷或按摩。

119.正确的奶断方法

断奶不仅是妈妈和婴儿的事,在这个过程中爸爸也起着关键的作用。以下的建议供你参考:

(1)循序渐进,自然过渡。断奶的时间和方式取决于很多因素,每个妈妈和婴儿对断奶的感受各不相同,选择的方式也因人而异。

快速断奶:如果你已经做好了充分的准备,你和婴儿也都可以适应,断奶的时机便已成熟,你可以很快给他断掉母乳。特别是加上客观因素,如果妈妈一定要出差一段时间,那么可能几天就完全断奶了。如果妈妈上班后不再吸奶,那么白天的奶也很快就会断掉。

逐渐断奶:如果婴儿对母乳依赖很强,快速断奶可能会让他不适,如果你非常重视哺乳,又天天和他在一起,突然断奶可能有失落感,因此你可以采取逐渐断奶的方法。从每天喂母乳6次,先减到每天5次,等妈妈和婴儿都适应后再逐渐减少,直到完全断掉母乳。

(2)少吃母乳,多吃牛奶。开始断奶时可以每天给婴儿喝一些配方奶,也可以喝新鲜的全脂牛奶。需要注意的是,尽量鼓励他多喝牛奶,但如果他想吃母乳,妈妈不该拒绝他。

(3)断掉临睡前和夜里的奶。大多数的婴儿都有半夜里吃奶和晚上睡觉前吃奶的习惯。婴儿白天活动量很大,不喂奶还比较容易。最难断掉的恐怕就是临睡前和半夜里的喂奶了,可以先断掉夜里的奶,再断睡前的奶。这时候需要爸爸或家人的积极配合,婴儿睡觉时可以改由爸爸或家人哄他睡觉,妈妈避开一会儿。婴儿见不到妈妈,刚开始肯定要哭闹一番,但是没有了想头稍微哄一哄也就睡着了。断奶刚开始会折腾几天,直到婴儿一次比一次闹的程度轻,直到有一天他睡觉前没闹就乖乖躺下睡了,半夜里也不醒了。好了恭喜你,断奶初战告捷。

(4)减少对妈妈的依赖,爸爸的作用不容忽视。断奶前要有意识地减少妈妈与婴儿相处的时间,增加爸爸照料婴儿的时间,给他一个心理上的适应过程。刚断奶的一段时间里,婴儿会对妈妈比较粘,这个时候爸爸可以多陪他玩一玩。刚开始他可能会不满,后来就习以为常了。让婴儿明白爸爸一样会照顾他,而妈妈也一定会回来的。对爸爸的信任会使婴儿减少对妈妈的依赖。

(5)培养婴儿良好的行为习惯。断奶前后妈妈因为心理上的内疚,容易对婴儿纵容,要抱就抱,要啥给啥,不管他的要求是否合理。但要知道越纵容他的脾气越大。在断奶前后妈妈适当多抱一抱婴儿,多给他一些爱抚是必要的,但是对于他的无理要求却不要轻易迁就,不能因为断奶而养成了婴儿的坏习惯。这时需要爸爸的理智对妈妈的情感起点平衡作用,婴儿大哭大闹时由爸爸出面来协调,婴儿比较容易听从。

注意:断奶期间婴儿不良的饮食习惯是断奶方式不当造成的,不是婴儿的过错。断奶期间依然要让婴儿学习用杯子喝水和果汁,学习自己用小勺吃东西,这能锻炼他独立生活的能力。

120.婴儿断奶后的饮食调整

(1)断奶与辅食添加平行进行:不是因为断奶才开始吃辅食,而是在断奶前辅食已经吃得很好了,所以断奶前后辅食添加并没有明显变化,断奶也不该影响婴儿正常的辅食。

(2)断奶后婴儿喝什么:和平时一样,白天除了给婴儿喝奶,可以给他喝少量1:1的稀释鲜果汁和白开水。如果是在1岁以前断奶应当喝婴儿配方奶粉,1岁以后的婴儿喝母乳的量逐渐减少,要逐渐增加喝牛奶的量,但每天的总量基本不变(1~2岁婴儿应当每日600毫升左右)。

(3)断奶后婴儿吃什么:1岁婴儿全天的饮食安排为一日五餐,早、中、晚三顿正餐,两顿点心,强调平衡膳食和粗细、米面、荤素搭配,以碎、软、烂为原则。

(4)吃营养丰富、细软、容易消化的食物。1岁的婴儿咀嚼能力和消化能力都很弱,吃粗糙的食品不易消化而容易导致腹泻。所以要给他吃一些软、烂的食品。一般来讲,主食可吃软饭、烂面条、米粥、小馄饨等,副食可吃肉末、碎菜及蛋羹等。值得一提的是,牛奶是婴儿断奶后每天的必需食物,因为牛奶不仅易消化而且有极丰富的营养,能提供婴儿身体发育所需要的各种营养素。避免吃刺激性的食物。刚断奶的婴

儿在味觉上还不能适应刺激性的食品,其消化道对刺激性强的食物也很难适应,因此不宜吃辛辣食物。

121.婴儿断奶后饮食存在的误区

(1)只吃饭少吃菜或只吃菜少吃饭:给婴儿添加辅食时,有的父母只注重主食,烂饭、面条、各种米粥、面点变着花样给他吃,但副食(鱼肉、蔬菜、豆制品)吃得少,或是相反。这都违反了膳食平衡的科学原则,不利于婴儿的健康发育。

(2)用汤泡饭:有的父母觉得汤水的营养丰富还能使饭变软一点,因此总给婴儿吃汤泡饭。其实这是个误区,汤里的营养只有5%~10%,更多的营养还是在肉里,而且长期用汤泡饭还会增加胃的负担,使得婴儿从小患胃病。

(3)用水果代替蔬菜:有的父母发现婴儿不爱吃蔬菜,大便干燥,于是就用水果代替蔬菜,以为这样可以缓解婴儿的便秘,但是效果并不理想。这种做法是错误的。水果是不能代替蔬菜的。蔬菜中特别是绿叶蔬菜中含有丰富的纤维,可以保证大便的通畅,保证矿物质、维生素的摄入。

(4)断奶后饮食正常,但仍在吃奶糕:奶糕是从母乳到稀饭的过度食品,而且营养成分和稀饭没什么区别,都是糖类。如果断奶后婴儿可以吃稀粥、稀饭了,就不需要再吃奶糕了。长期给婴儿吃奶糕不利于婴儿牙齿的发育和咀嚼能力的培养。

122.断奶期间的喂食方法

首先,在确定给婴儿使用奶瓶之前最好已经固定他的吃奶时间,这样可以更方便婴儿改变吸食的方式。接着再试试以下的方式:

妈妈先将母乳挤出保存在奶瓶里,婴儿要吃奶时直接给予奶瓶吸食。然而,婴儿当然知道奶瓶跟妈妈的乳房不一样呀!可是婴儿并不知道为什么妈妈不再以乳房来喂了!您知道吗?这也会让婴儿恐慌呢!所以妈妈不妨离开,由爸爸或其他可以代劳的人来帮他喂食。婴儿没见到妈妈就不会想太多啦!

若妈妈亲自喂食,那么喂食的姿势可以做个调整。例如,将婴儿放在大腿上,头朝外。动作姿势的改变可以让婴儿明白我们正在进行另一种不一样的"吃饭方式"。

假设婴儿的进食时间刚好分成早、中、晚,那么刚开始我们可以选择中间的时段用奶瓶喂食;如果他不喜欢喝,我们也不用勉强他多喝。不过就是循序渐进,先是一口,再来二口……再来可能是一餐、二餐……再后来,婴儿习惯后不排斥了,自然奶瓶就成了他主要的进食工具。因为这样才能将奶水保存在冷冻或冷藏室,再由保姆或其他人用奶瓶喂食。

刚开始婴儿很可能会气得又哭又闹,又踢又打;可是我们必须坚持,将哺乳的时间渐渐缩短。前几天或许因为担心婴儿进食不够而有妥协。但只要把握了"循序渐进"的原则,婴儿最后还是会乖乖用奶瓶喝奶的。因为当宝宝肚子饿时就会知道,现在就只有奶瓶可以满足他的需要了。

三、婴儿的日常照料

（一）婴儿怎么住

1.婴儿出生前的物品准备

婴儿在出世之前，父母就要准备他们必要的生活用品了。也许一些新手妈妈正为此事伤脑筋，下面为您列出婴儿的用品清单。

（1）衣服和被褥：这些东西可以根据婴儿的出生季节来准备。如果是在冬季，就要准备小棉裤和棉外衣。衣服尽量要穿脱方便、质地柔软和吸水性强。准备的小棉被褥最好用新棉花制作，这样的被褥保暖性好。在夏季出生，有单薄的内衣裤、小毛巾被或单包被就可以了。若在春秋两季，要选择棉绒的内衣裤、夹被或毛毯。一般衣服和被褥要多准备几套，以便换洗，并且不要放在有樟脑球的衣柜中。在婴儿出生前几天，要把内衣裤清洗一遍，把衣服被褥晒一晒。

（2）尿布和尿垫：尿布可用柔软、吸水性强的旧棉制品裁剪而成，如旧被单、旧衣裤等，颜色宜淡，以便观察宝宝大小便的颜色。尿布要准备20块以上，以备勤换。另外，还可以准备纸尿裤。为了防止大小便浸湿被褥，可准备10个左右的尿垫，垫在尿布下面。尿垫最好也是用棉布做，因为棉布透气性好。

（3）清洗用品：婴儿的清洗用品要个人专用，以防交叉感染。首先要多准备几条毛巾，洗脸、洗澡、洗屁股时分开使用。此外，还要准备好洗澡的用具，如洗澡盆、浴巾、婴儿皂、爽身粉等。

（4）喂哺用具：奶瓶是必须要准备的，无论父母打算用什么方式喂养。最好准备个大奶瓶，同时小奶瓶也要准备2～3个。另外，还要准备吸奶器。

（5）其他用品：体温表、热水袋、消毒棉花棒及酒精也是婴儿要常用的物品。

2.为婴儿营造舒适的"家"

新生儿初来乍到，就像刚出土的幼苗，需要精心细致的照料，所以为婴儿营造一个舒适的"家"是十分重要的。

第一，房间最好是朝南向阳、光线充足。因为这样可以在天气好的情况下打开窗户晒太阳，吸收到紫外线，可以预防维生素D缺乏性佝偻病。注意：夏季的时候，新生儿不要受阳光直射，以免刺激眼睛。另外，光线明亮，方便观察新生儿的变化，如是否出现黄疸、皮肤有无感染等情况。而且，还能促使新生儿很快地分辨白天与夜晚，有利于新生儿养成有规律的睡眠。

第二,房间一定要空气新鲜,每天要定时开窗1～2次,以保持室内空气新鲜,无异味,注意避免风直接吹到新生儿。另外,由于新生儿体温调节能力较差,必须使房间保持适宜的温度和湿度,才能保证新生儿的正常体温。一般室温在18℃～22℃为宜,湿度在50％为宜。为保持一定的湿度,夏季可以在地上洒些水;冬季可在火炉上烧上一壶水,让散发的蒸汽来保持室内的湿度;春秋就更要注意防止室内干燥。

第三,房间要特别注意卫生,要经常整理打扫。在打扫时可用湿润的扫帚、拖布清扫地面,用干净的湿布擦拭桌椅,以减少室内的尘土;在整理床铺时最好是将床单拿出去抖抖,清除干净。新生儿的房间不能吸烟,尽量避免人来人往造成空气污染,发生交叉感染。

第四,房间的墙壁上可以张贴一些色彩鲜艳的图画,如活泼可爱的卡通画、动物画等,这样能给新生儿一个良好的视觉刺激。还可以在房间内放置一台录音机,经常播放一些柔和的音乐,促进新生儿的听觉发育。另外,可以在新生儿床上方15～20厘米的高度悬挂一些色彩鲜艳并且能发出声响的玩具,新生儿清醒状态时,可轻轻摇动玩具,这样既训练了视觉,又训练了听觉,利于新生儿大脑的生长发育。

3.婴儿的房间不必静悄悄

在日常生活中,人们总是把坐月子的母亲和新生儿的房间搞得静静的,生怕有点声音吓着新生儿。其实这是没有必要的。

新生儿由于中耳鼓室尚未充气,并有一部分羊水潴留,以致听觉传导较差,听觉不是很灵敏,但是还是能听见声音的。新生儿听到声音后会突然惊哭,这是正常的听觉反射。因为婴儿刚出生乍一听到声音,不知道声音从何而来,不能很快地适应,通常就会出现"惊吓反射"。所以,父母不必紧张,这并不是异常行为。

研究证实,新生儿在听到柔和、缓慢、淳厚的声音时,会表现为安静和微笑;而在听到尖锐的声音时会表现为烦躁和不安。并且,新生儿对有节奏的声音更为敏感,可能与胎儿期天天听到母亲有节律的心跳有关,它给予新生儿一种安全感。

尽早地训练新生儿的听力有利于将来的智力发育,那么如何训练新生儿的听力呢?最重要的就是给新生儿一个有声音的环境。我们在日常生活中会产生各种声音,如走路声、说话声、笑声、开门声等,让新生儿听到这些声音,可以促使婴儿逐渐区分不同的声音。

4.婴儿室内温度怎样最适宜

新生儿从恒温的子宫一下子来到外界环境,由于自身体温调节中枢的功能发育不完善,不能随环境温度的变化而进行调节,因此,出生后体温会明显下降。

如果新生儿出生时,所在的环境温度适中,体温可逐渐回升,达到36℃～37℃,这种最适宜的环境温度称为"适中温度"或"中性温度"。在这种环境温度下,新生儿可以保持正常体温,消耗的氧气最少,新陈代谢率最低,热量消耗也少,使营养素和热能

均以最大限度地用于身体的生长发育。

那么,怎样的室内温度才算适宜呢?一般正常新生儿房间的温度要保持在18℃～22℃,早产儿则要求高一些。若室温过高,新生儿皮肤蒸发大量汗液,呼吸增快,带走水分,使体内水分不足,血液浓缩,引起发热,即"脱水热"。如果室温过低,新生儿体温不升,皮肤及皮下脂肪变硬,发生硬肿症。因此,适宜的室内温度对新生儿的保暖十分重要。

保持室内温度的方法各种各样。在夏季,可用空调、电风扇等方法,但要避免将风直吹新生儿;在冬季,可用暖气、火炉、取暖器来保持室内一定的温度。无论在什么季节,都要避免空气干燥,使室内保持一定的湿度。同时,还要每天定时开窗换气,保证室内空气新鲜,有利于新生儿呼吸系统的功能发育,保证身体健康。

5.婴儿床的选择

新生儿的主要活动场所就是床,所以给婴儿选择一张舒适的床是非常重要的。

(1)长度要适合,高度要与成年人床在同一平面上或稍低一点,这样方便母亲看到自己的宝宝,也便于随时随地的进行目光交流。

(2)床的周围要有围栏,栏杆最好是圆柱形的,不要选择突出的栏杆或交叉栏杆。栏杆的高度至少60厘米,两根栏杆之间的宽窄要适当,以防新生儿的头、手、脚夹在栏杆中间发生意外。床的各个角也应是圆钝形的,以免碰伤新生儿。

(3)在夏季,可在床上用固定的架子挂上蚊帐,以避免蚊虫的叮咬。注意不可直接将蚊帐搭在床上,避免蚊帐坠落后搭在新生儿的面部,发生意外窒息。

(4)床的两边或两头有专门挂玩具的装置,并且在悬挂玩具时,高度要适宜。

(5)床要放在朝阳的一面,但不能靠近火炉或暖气片,以免烫伤。

(6)床要经常更换位置,避免新生儿眼睛习惯看一个方向而发生斜视。

6.母婴同室的优缺点

按照我们中国的传统,新生儿从一出生就和母亲睡在一起,这样做是有很多优点的。首先,母亲可以及时了解新生儿的情况,给予及时的照顾;其次,母亲可以及时地进行哺乳,满足新生儿的生长需要,又可以刺激正常的泌乳;另外,给新生儿换尿布、换衣服也方便;这样做还利于母子之间的感情交流,让新生儿对周围环境产生安全感。

但是母子同室也有其不足之处,如新生儿与母亲在一起,有时会妨碍睡眠;有时会因母亲的疏忽而引起窒息;并且母亲感冒或其他疾病很容易传给婴儿。

所以,有关专家提倡,新生儿出生头6个月和母亲同睡,随后就宜分开睡。当母子分睡时,母亲也得陪婴儿入睡后才能离开,以保证他安心睡眠。

7.新生儿保暖很重要

新生儿的体温调节中枢发育不完善,体温容易受外界环境的影响。温度过高或

过低都不利于新生儿的生长发育,尤其是在寒冷的环境中,新生儿体表面积相对大,皮下脂肪薄,易于散热,导致体温下降,同时还能引起许多疾病。

(1)降低自身抵抗力:新生儿的自身免疫力还很弱,而寒冷又会降低免疫力,所以更容易引起伤风、感冒,甚至引起呕吐、肺炎、硬肿症等。

(2)增加氧耗量:如果体温在36℃以下,每降低0.6℃,就会增加10%的耗氧量,这样容易使机体氧气供给不足,无氧酵解代谢增加,其代谢产物乳酸蓄积,从而造成代谢性酸中毒。

(3)引起低血糖:新生儿体内糖的储备不多,寒冷时为了保持体温,往往使糖消耗增加,容易引起低血糖,而低血糖又将影响脑的功能。

(4)引起黄疸:新生儿若有黄疸,体温过低容易引起核黄疸。

可见,寒冷的环境会影响新生儿的正常发育,体重增加缓慢。所以,新生儿要特别注意保暖。

8.怎样给婴儿保暖

首先,调节好室内温度,一般以18℃～22℃为宜,相对湿度50%为宜,并保持恒定,这样可以维持新生儿体温在36℃～37℃。当然,室内要保持空气新鲜、清洁,经常开窗换气。如果在炎热的夏季,要特别注意室内通风,可以在地上洒些冷水或放置冷水盆帮助降温;在寒冷的冬季,可以用暖气、火炉等提高室温。

另外,在使用热水袋时,不能直接接触新生儿的皮肤,要放置于包被外,防止烫伤。热水袋的温度不得超过60℃。冬季的空气干燥,不能让新生儿靠近煤炉或暖气,最好在火炉上烧水蒸发水汽,或在暖气上放湿毛巾,使室内空气湿润,以防新生儿呼吸道黏膜干燥而引起呼吸道疾病。

最后,要适当调节衣服和被褥的厚度。如吃奶或哭闹时都容易出汗,这种情况下应适当减少被褥。

9.新生儿被褥的选择

在给新生儿准备被褥时,不仅要美观,更重要的是实用和安全,这样才不会对新生儿娇嫩的身体造成伤害。

新生儿的被褥应单独准备,要选用质地柔软、保暖性好、颜色浅淡的棉布或软布制成,不宜用合成纤维或尼龙织品,因其吸水性、透气性差,易致汗疱疹或皮炎。棉被不宜过厚过大,最好选方形被,用棉花和软布制成。早产儿的被子选用羽毛或鸵毛等保暖好的材料缝制。被子需要准备两条,也可用小被套,最好也用全棉布制作,便于换洗。另外,可以准备小毛毯,因为毛毯比较透气轻薄,保暖性又好,比较适合包裹新生儿。

新生儿的床单最好采用全棉制品,要比小床大一些,四周可以压在床垫下面,这样可以防止婴儿活动时将床单弄成一团。床单可以多备几条,方便换洗。

新生儿的枕头可以不用准备。因为新生儿的脊柱是直的,尚未形成生理弯曲。在平躺时,背和头部在一个平面上,而且新生儿的头几乎与肩宽相等,平躺、侧躺都很自然和舒服。并且新生儿的颈部很短,如头抬高后,会影响呼吸。还有当新生儿猛翻身时,容易将脸埋在枕头上,有窒息的危险。若新生儿有溢奶或吐奶的现象,可将上半身略垫高一些,如用毛巾折叠2～3层,1～3厘米高,当作枕头用,以防吐奶。

新生儿的垫被也非常重要。因为新生儿骨骼比较柔软,正处于发育生长阶段,所以垫被不能太软。若用过软的弹簧床垫或海绵垫,可使婴儿的脊柱经常处与弯曲状态,引起脊柱变形,甚至发生驼背。最好用旧棉胎折叠起来做成床垫,上面再铺一层薄的棉胎就行了。同时,可以再套上一层坚固又厚的塑料套,起到防水作用。

10.如何包裹新生儿

新生儿一出生,家人就把他包裹得严严实实。殊不知,包裹新生儿是有学问的。

首先给新生儿穿上纯棉的、小和尚领的内衣,然后垫上尿布,注意不要遮盖脐部,以免弄湿污染,在外面裹上棉毯,上边再盖一层被。

这一系列的动作中关键是裹棉毯。这时要将新生儿放在毯子对角线上,先将一侧毯子角提起向对侧包住,折转放在新生儿身下,再将另一侧按相反方向折转后放于身下,足部多余的毯子角折回放于臀下。包裹时要松一些,以不散开为原则,尤其是夏天,更不能包得太紧,以免影响新生儿的活动,也避免生痱子。

在包裹时还要注意,不要把新生儿的双手绑在两肋旁,这样会使呼吸受压抑,甚至影响肺部的发育。并且包好后要使新生儿的双腿能在包裹内自由活动,类似蛙腿姿势。有的父母担心双腿没有绑直会不会长成八字脚或罗圈腿,其实这种担心是不必要的。因为腿的变形是佝偻病的后遗症,和新生儿时期的捆绑是没有关系的。如果绑得太紧,新生儿活动受限,容易疲劳,而且绑的时间长了会影响血液循环,阻碍他的生长发育。

育儿专家指出,在包裹新生儿时,要注意维持其自然体位,即新生儿的上肢是"W"字形,腹部如鼓形,下肢是"M"字形,其活动度为$120°～140°$。这种自然体位适合新生儿的活动和正常发育。

11."蜡烛包"的害处

老年人总是习惯性地把刚出生的新生儿用毯子或小棉被包裹起来,除了脑袋以外,手、脚、躯干都被严严实实地包了起来,并且还要用带子或绳子捆绑起来,把新生儿裹成一个长长的小包裹,就像"蜡烛包"。育儿专家指出,"蜡烛包"将新生儿上肢的"W"字形和下肢的"M"字形通通拉直,呈强迫状态的"1"字形,这种做法是不科学的。

第一,因为胎儿在子宫内四肢呈屈曲状态,出生后这种姿势还需要维持一段时间,如果突然用捆绑的方法改变这种姿势,会给新生儿带来很大的不适,影响婴儿的自由活动,从而妨碍四肢骨骼、肌肉的生长发育。

第二，紧紧地包裹限制了胸廓的运动，影响肺的功能发育。

第三，还会妨碍大脑的发育。因为感知觉是刺激大脑神经细胞发育必不可少的条件，包裹过严使新生儿减少了获得刺激的可能性。

第四，如果不经常打开包裹，新生儿容易形成尿布疹、脐炎、皮肤感染、褶皱处糜烂等。这与通气不良，皮肤表面不干净，细菌容易滋生有关。另外，包裹太紧容易出汗，严重的可能导致脱水热。

12.如何护理早产儿

早产儿是指胎龄28周以上但是不满37周的新生儿，一般体重少于2 500克，身长在46厘米以下。由于早产儿全身各系统功能发育尚不成熟，对子宫外环境的适应能力和调节能力均较差，因此死亡率较高。为了避免早产儿夭折，护理工作一定要格外谨慎、细心。

(1)保暖：室内温度应保持在25℃～30℃，相对湿度55%～65%。早产儿体重越小，周围环境的温度越应接近其体温。由于一般居室的温湿度很难达到这些要求，因此早产儿可以放在暖箱中。

(2)喂养：主张早喂养，防止发生低血糖。由于早产儿的吸吮能力和吞咽能力还很差，因此可以在出生24小时后喂5%葡萄糖水，或喂牛奶加水50%。对于呕吐的早产儿喂水时间还要往后推迟，一般在出生36小时以后，甚至更长些。如果吸吮能力有所提高，可以进行母乳喂养，但需注意喂养速度要慢，避免呛奶或窒息；如果吸吮能力差但具备了吞咽功能的早产儿，可用滴管将奶液滴入口中；如果仍没有吞咽能力，应留在医院中进行胃管喂养，即用乳胶胃管插入婴儿口中，用注射器将奶直接注入胃内。

(3)体位：早产儿的头应偏向一侧，使口中的黏液外流，避免黏液或呕吐物吸入气管引起窒息。

(4)合理用氧：不是每一个早产儿都要吸氧，更不要长期吸氧。当新生儿出现发憋、呼吸急促等呼吸困难表现或发生青紫时才可吸氧，氧浓度为30%～40%，并应监测动脉血氧分压。如果长时间吸氧或吸氧浓度过大，可引起眼睛晶体后纤维组织增生，导致视力障碍。

(5)维生素及铁剂的补充：早产儿除了母乳或人工喂养外，还要及时给予维生素及铁剂的补充。因为是提早出生，体内各种维生素及铁剂储存量比较少。一般出生后第3天可以给维生素K_1每日1～3毫克，维生素C每日50～100毫克；出生后第10天可以给浓缩鱼肝油，每日3～4滴；体重小于1 500克者，出生第10天起给维生素E每日25毫克，直至体重达到1 800克；出生1个月后给铁剂，可用10%枸橼酸铁胺每日每千克体重2毫升。

(6)预防感染：早产儿室的地面、工作台等均要湿拖湿擦；暖箱每周消毒一次；护

72

理人员严格按无菌技术操作,护理每个早产儿前后必须用肥皂和流动水洗手;早产儿不能与患有感冒、气管炎、腹泻等疾病的人接触;早产儿的衣服、尿布、奶瓶应定期煮沸消毒。

(二)婴儿怎么穿

13.婴儿穿什么衣服好

婴儿穿什么样的衣服最舒服呀？许多父母都有这个疑问,其实很简单,婴儿和成年人一样,喜欢纯棉衣服。

纯棉衣服容易吸水、保暖性强、质地柔软、通透性好,并且容易洗涤。而新生儿的皮肤柔软、娇嫩,汗腺分泌旺盛,穿纯棉的衣服最适合不过了。父母不要给新生儿穿合成纤维或尼龙布料的衣服,因为这些衣服容易产生静电,使他不舒服。如果有奶癣的新生儿就更不能穿化纤类或羊毛类的衣服,而应选择纯棉衣服。

另外,新生儿衣服的样式以结带斜襟式为最好。这种衣服前襟要做得长些,后背可稍短些,以避免或减少大便的污染。衣服最好做宽大一些的,既方便脱穿又不妨碍新生儿四肢的活动。为避免划伤新生儿娇嫩的皮肤,衣服上不要钉纽扣,更不能使用别针,可以用带子系在身侧。冬天的衣服可采用上述样式做成双层,中间垫以薄棉胎。夏季可以给新生儿穿长单衣,背后系带,便于换尿布。

最后,新生儿衣服的颜色以浅淡为宜。深色颜料染成的布料对娇嫩的皮肤有一定刺激,容易引起皮炎。

14.为婴儿穿衣服的顺序

在给新生儿穿衣服时要先穿上衣。首先,看看尿布是否需要更换,若不干净就换条新的。然后,把上衣沿着领口折叠成圆圈状,两拇指伸进去把领口撑开,从新生儿的头部套过,同时要把新生儿的头稍微抬起;接着把右衣袖沿着袖口折叠成圆圈形,母亲的手从中间穿过去后抓住新生儿的手腕从袖圈中轻轻拉过,这样衣袖就套在新生儿的胳膊上了,再以同样的方式穿上另一条衣袖;最后,轻轻抬起新生儿的上身,把上衣拉下去。

上衣穿好后,再穿裤子。穿裤子时也要先把裤腿折叠成圆圈形,母亲的手从中穿过去抓住新生儿的足腕,将脚轻轻地拉过来,并把裤子拉直;另一条裤腿也要这样穿。最后把裤腰提上去包住上衣,并把衣服整理平整。

当然,这些动作一定要轻柔,要顺着新生儿肢体弯曲和活动的方向进行,不能生拉硬拽。母亲在给新生儿穿衣服时,要注意观察新生儿的表现,这样可以及时发现身体是否有异常症状。

15.为婴儿脱衣服的顺序

给新生儿脱衣服的动作是和穿衣服相反的,即要先脱裤子再脱上衣。

首先,把新生儿放在床上,一只手轻轻抬起新生儿的臀部,另一只手将裤腰脱至膝盖处;然后用一只手抓住裤口,另一只手轻握新生儿的膝盖,将腿顺势拉出来,另一条腿采用相同的做法。

在脱上衣时,把衣服从腰部上卷到胸前,然后握着新生儿的肘部,把袖口卷成圆圈形,轻轻地把胳膊从中拉出来。最后把领口张开,小心地从头上取下。

如果新生儿穿的是连衣裤,要先解开扣子,把袖卷成圈形,然后轻轻地把手臂从中拉出,然后按脱裤子的方法将其脱下。

16.婴儿还是穿裤子好

许多父母只给新生儿穿上衣,而不穿裤子。因为新生儿大小便比较多,尿布更换频繁,父母就用尿布代替了裤子,同时又用小棉被把他包裹得严严实实,也就是"蜡烛包"。我们知道这种包裹方式有许多弊端的,如限制新生儿四肢的正常发育;影响肺和大脑的发育;还容易导致尿布疹、脐炎等,所以新生儿穿裤子是有必要的。

父母在给新生儿选择裤子时,最好不要选择松紧带裤子。因为新生儿正处在快速生长发育阶段,而松紧带会影响胸腹部的发育。父母可以给新生儿选择连体裤,最好是宽松一点的,这样既利于身体发育,又方便更换尿布。

17.婴儿戴手套害处多

许多父母给新生儿戴上小手套,一是不敢为新生儿修剪指甲,再就是怕新生儿在抓摸时指甲划伤小脸蛋。

这样做表面上看是保护了新生儿娇嫩的皮肤,但从新生儿发育的角度看,则直接束缚了婴儿的双手,使手指关节的活动受到限制,同时手指也不能直接触摸周围的物体,不利于新生儿触觉的发育。

另外,用毛巾或其他棉织品做的手套比较粗糙,新生儿手部活动时容易摩擦皮肤。并且里面的线头若是脱落了,很容易缠绕住新生儿的手指,影响手指局部血液循环。因此,不提倡给新生儿戴手套。

如果新生儿的指甲长了,可以在他熟睡时小心地修剪。给新生儿剪指甲时一定要抓住他小手,避免因晃动手指而被剪刀碰伤,但指甲不要剪得过短,以免损伤甲床。最好修剪得适中,光滑,这样既清洁卫生,又不用担心会抓伤皮肤,同时也保证了新生儿小手的正常发育。

18.婴儿要不要穿袜子

新生儿是需要穿袜子的,因为新生儿的体温调节中枢发育还不够成熟,尤其在寒冷的冬季,更应该给新生儿保暖。新生儿穿上袜子是有一定保暖作用的。

另外,给新生儿穿上袜子不仅有保暖作用,而且还有保护作用。若是让新生儿光着脚,接触外界环境就比较多,一些脏东西容易侵袭娇嫩的皮肤,从而增加了感染的机会。然而穿上袜子就会减少这种接触,起到保护作用。同时,随着新生儿的发育,活动能力越来越强,活动范围也增大,穿上袜子可以减少或避免损伤足部的皮肤和脚趾。

那么,新生儿穿什么样的袜子呢?父母在为新生儿准备袜子时,一定要选择宽松柔软的袜子,以免影响新生儿足部的正常发育。

19.婴儿的衣服不要放樟脑丸

新生儿的衣服在存放时千万不要搁樟脑丸,因为樟脑丸是防止蛀虫的,其主要成分是萘酚,有强烈的挥发性。如果新生儿穿上放置过樟脑丸的衣服,萘酚会通过皮肤进入血液,使红细胞膜的完整性发生改变,而红细胞的破坏会导致新生儿急性溶血,临床表现为进行性贫血,严重的黄疸,尿呈浓茶样。严重者可发展为心力衰竭,有生命危险。

如果父母已经在新生儿的衣服里放了樟脑丸,那就要及时取出樟脑丸,并要把衣服放在煮沸的水中消毒,再通风晾干。因为萘酚受热后很快就会变成气体挥发掉。建议新生儿的衣服要放在干燥的衣柜中,并且穿之前在阳光下晒一晒。

(三)婴儿怎么睡

20.婴儿每天需睡眠的时间

新生儿除了吃奶外,几乎都在睡觉。这一方面是因为新生儿的神经系统尚未发育健全,大脑皮质兴奋低,容易疲劳,从而进入睡眠状态;另一方面也是新生儿生长发育的需要。所以,新生儿睡眠多是一种生理现象。

那么,新生儿每天需要睡多少小时呢?据有关统计,正常新生儿每天睡 17～20 小时,是成年人的 2 倍多;清醒安静的时间为 2～3 小时,清醒伴有活动的时间为 1～2 小时,还有 1 小时左右是哭的时间。

所以,父母要给新生儿创造一个良好的睡眠环境。新生儿的房间要空气新鲜、湿度适宜,床上的被褥柔软,厚薄适当。同时要培养新生儿自然睡眠和定时睡眠的习惯。白天准时喂奶,夜间不要因喂奶将他弄醒;睡觉时不含假乳头,也不要拍打、摇动或抱着。总之,父母要尽可能地保证新生儿高质量的睡眠,从而利于他的生长发育。

21.婴儿睡眠的最佳姿势

新生儿大部分时间都在睡觉,但是又不能控制和调整睡眠的姿势,这就需要妈妈为他调整为最佳的睡眠姿势。那么,什么样的姿势才是最佳的呢?

一般睡眠姿势分为仰卧、俯卧和侧卧三种。大部分母亲都让新生儿仰卧睡觉,因为这种睡觉姿势能使全身肌肉放松,对新生儿的内脏,如心脏、胃肠道和膀胱的压迫最少。但是,仰卧睡觉也是有缺点的,一是呕吐时容易被呕吐物塞噎喉咙引起窒息;二是仰卧时总是一个方向会引起头颅变形,形成扁头,影响头型美观。

新生儿期最好不要俯卧位睡觉,因为新生儿还不能抬头、转头和翻身,俯卧时容

易发生意外窒息。另外,俯卧也会压迫内脏,不利于新生儿的生长发育。

新生儿刚出生时最好让其保持着在子宫内的姿势,四肢屈曲,右侧卧位,在颈下垫块小毛巾,使经过产道时咽进的羊水和黏液流出,并定时改换另一侧卧位,因为新生儿的头颅骨骨缝没有完全闭合,长期睡向一边,头颅可能变形。

新生儿刚吃完奶后最好右侧卧,以减少溢奶,大约在1个小时后即可平卧。一般4个小时左右给新生儿调换一次姿势,同时注意不要把耳轮压向前方。

22.婴儿"闻嗅姿位"呼吸最通畅

父母将视线放低,与新生儿脸部在同一高度,由侧面观看他的脸部,可以发现其鼻尖及下巴均在最高点,这就是新生儿最理想的仰躺头部姿态,称之为"闻嗅姿位"。因为此时鼻尖部位在身体的最前突位,可使上呼吸道,包括鼻、口及咽喉处的呼吸道处在最顺畅的状态。

儿科专家提醒:父母千万别过度矫正,因为过度伸张或抬高颈部呈反弓状,反而会使此处的呼吸道变扁。

现在商场里有新生儿专用枕头,枕头中间根据头形而设计成了凹陷,这主要是因为新生儿头后部比较突出,用意不错,但该枕头垫于颈部的厚度不够高,父母最好还要在新生儿的上肩处,用卷成筒状的毛巾稍垫高一些才合适。

23.婴儿睡在哪里好

儿科专家建议,婴儿白天最好睡在婴儿车上,这样有利于晒太阳或方便大人照顾。如果中间间隔很短醒来时,摇几下或推几圈很方便,他又能接着睡。

晚上最好睡在大床上,这样不仅婴儿有安全感,还方便妈妈照料。妈妈的呼吸有助于带动婴儿均匀呼吸。婴儿和爸爸妈妈一起睡,睡眠间隔要比独睡长。妈妈还能听到他的呼吸是否正常,也能使没有经验的新妈妈安心。

24.婴儿不能睡电褥子

适度的保暖对新生儿是很重要的,尤其是早产儿。但是有的父母给新生儿铺上电褥子来保暖,这种做法是十分危险的。

电褥子的温度一般难以自动控制,父母一旦忘记关掉电源,新生儿又无法及时反映自己的感受,导致温度过高、保暖过度,这对新生儿的健康和生命安全都会带来不利影响。因为新生儿体温调节能力差,高温情况下身体内的水分丢失增多,若不及时补充液体,会造成新生儿脱水热、高钠血症、血液浓缩,出现高胆红素血症。甚至还会引起呼吸暂停,严重时可致死亡。

给新生儿保暖的正确方法是调节室温,也可以在床上多铺些被褥,或用热水袋放在包被外面保温,整个空间提高温度要比局部高温安全得多,而且新生儿也会感到很舒服。

25.如何预防婴儿睡偏头

由于新生儿的头颅骨尚未完全骨化,各个骨片之间仍有成长空隙,有相当大的可塑性,再加上新生儿的颈部肌肉不发达而无力转动头部,所以当某一侧的骨片长期承受整个头部重量的压力时,其形状就会受影响。也就是说,新生儿不注意睡眠姿势,头部长期偏向一侧就会左右不对称,俗称"睡偏头"。

那么,怎样才能使新生儿的头部长得左右对称而不会睡偏头呢?

首先,新生儿要有良好的睡眠姿势。一般不要给新生儿用枕头,头部不宜长期处于一种姿势,每天隔4个小时左右调换一下。父母也可以在一侧放上较软的枕头,使头部不能随意偏向该侧,交替进行即能起到防治作用。

其次,新生儿吃奶时头转向母亲一侧,并且睡觉时也习惯于面向母亲,所以,母亲要经常和新生儿调换位置睡觉,这样新生儿就不会把头转向固定的一侧了。

另外,新生儿的头骨左右两侧生长不均匀,除了不良的睡眠姿势所致,还可能因为身体内缺钙,即患有佝偻病,这时更容易发生偏头。

如果父母已经发现新生儿睡偏了头,应该及时积极地进行纠正。若超过了1岁半,婴儿骨骼发育的自我调整能力就会下降,偏头不易纠正,虽然不会影响大脑发育,但影响婴儿的外形美观。

26.婴儿"夜啼"怎么办

有些新生儿白天熟睡不醒,而晚上精神饱满,甚至哭闹不休,这种日夜颠倒的新生儿称为"夜啼郎"。遇上这种情况时,许多父母是大伤脑筋,为什么会有这种现象呢?怎样才能使婴儿停止"夜啼"呢?

因为胎儿在母体内是不分昼夜的,新生儿出生后不能立即适应外界环境,黑夜白天分不清,睡眠规律尚未形成。除了生物钟尚未转向成人化之外,还有其他一些因素,如环境的温度与湿度,太冷或太热都会使新生儿不舒服而哭闹;有的新生儿半夜一定要喂奶,如果不喂就哭闹不止;患有某些疾病(佝偻病、尿布疹等)也可引起新生儿夜间啼哭。

要使新生儿"夜啼"现象消失,首先要针对原因找办法。若只是单纯的生物钟日夜颠倒,父母可以设法让新生儿白天睡眠次数少些,如白天少喂一些,让他吃半饱,睡不踏实,一会儿一醒;或给他一些刺激(轻轻弹脚心,捏耳垂等),或利用声、光、语言等逗引他,延长清醒时间,使他略感疲劳,夜晚自然能睡熟了。若是由于外界环境不舒适,父母要及时改善,给新生儿一个良好的睡眠环境。如果新生儿患有疾病就应及时治疗。新生儿的生长激素在晚上熟睡时分泌量较多,从而促使身长增加。若是夜啼长时间得不到纠正,新生儿身长增加的速度就会显得缓慢。所以,新生儿一旦"夜啼",父母应积极寻找原因并及时解决,以免影响新生儿正常的生长发育。

育儿专家指出,婴儿从出生到1周岁,白天清醒,晚上睡眠的规律是逐渐形成的;

到6～7个月,婴儿的生物钟基本上与成年人接近,但个别的到了12个月时生物钟还是日夜不分。

27.婴儿为何总睡不安稳

有些新生儿睡觉总是不踏实,手脚乱蹬,甚至在睡觉中啼哭,父母就担心他哪不舒服呀? 是不是生病了呀? 其实,父母不必过分担忧,只要积极找原因,及时解决,绝大多数的新生儿是可以恢复正常睡眠的。

首先,新生儿的神经系统尚未发育完善,会出现睡眠不安。父母可以给他一个良好的睡眠环境,如室温以18℃～22℃为宜,湿度为50％,空气要新鲜;灯光要柔和,不能太亮,以免刺激新生儿的眼睛;睡觉时衣服不要穿得太多,被子也不要盖得过厚,因为新生儿新陈代谢旺盛,产生的热量多,容易出汗;在新生儿睡觉时千万不要大声讲话,更不能有嘈杂的声音;父母还可以给新生儿做睡前按摩,改善他的睡眠质量。

其次,新生儿饿了也会睡眠不安。新生儿的胃容量很小,母乳喂养的新生儿胃排空时间为2.5～3小时,人工喂养的为3～4小时,一般每隔3个小时左右就要喂1次奶,所以在睡觉前父母千万别忘了让他吃饱。

另外,还有一些情况影响新生儿的睡眠,如尿布湿了,新生儿不舒服也会睡不安稳,父母应及时换尿布;夏天蚊虫叮咬也会影响新生儿睡觉,父母要做好防范措施;有些父母常常将新生儿抱在怀里哄着睡觉,这样就养成了一个坏习惯,即必须要躺在怀里才能睡得安稳。父母应该尽早帮助婴儿改掉这个坏习惯。

若以上这些因素都排除了,新生儿仍然睡不安稳,父母就要考虑婴儿是不是生病了。如发热、感冒、腹痛等会使新生儿感到不适而影响睡眠;佝偻病也会使新生儿变得烦躁、易醒。这时父母要马上带他去医院就诊。

28.婴儿睡觉是否用枕头

育儿专家指出,新生儿睡觉是不需要枕头的。因为新生儿的脊柱是直的,平躺时,背和后脑勺在同一平面上,不会造成肌肉紧绷状态。并且新生儿的头大,几乎与肩同宽,平睡、侧睡都很自然,因此新生儿不需要枕头。

如果头部用枕头垫高了,反而容易造成新生儿头颈弯曲,有的还会引起吞咽和呼吸困难,影响新生儿正常的生长发育。但是父母为了防止新生儿吐奶,必要时可以把新生儿上半身适当垫高一点。

育儿专家还说,婴儿长到三四个月时,其颈椎开始向前弯曲,这时可以用1厘米高的枕头;七八个月学坐时,胸椎开始向后弯曲,肩部也会发育增宽,这时可以用3厘米高的枕头。注意枕头过高、过低都不利于婴儿的睡眠和身体正常发育。

29.婴儿睡枕头的感觉

大人用枕头垫在头部睡觉很舒服,但对新生儿来说感觉就大大不同了。新生儿的头部较往后突,当仰卧平躺时,由于后头部突出及两肩平坦,将使得前颈部的脖子弯曲打折,而呼吸道的咽喉及气管正好位于前颈部,过度的弯曲如橡皮水管一样,会使此处的呼吸道内径变狭窄,增加呼吸时气流阻力,使得呼吸较费力。

如果此时将枕头垫在新生儿的头部,将会使得婴儿的前颈部弯曲度加大,呼吸感觉不舒畅。父母不妨自己试着把下巴内缩、头颈低弯,此时感觉呼吸较不顺畅。而这正是新生儿头部垫在枕头时睡觉的感觉。

温馨提示:父母可以把新生儿的上肩睡在枕头上,这时候新生儿呼吸最舒畅。还有,最好不要选择中间带凹陷的枕头,可以将毛巾卷成约 5 厘米高的圆筒状,横垫于新生儿下颈上肩部。

(四)婴儿怎么洗浴

30.给婴儿洗脸的方法

首先,父母要做一些洗脸前的准备,如自己的手要洗干净;准备好新生儿专用的小脸盆和毛巾;准备好温水,或等开水降到适宜温度后再用;然后,把毛巾浸湿再拧成半干,摊开卷在 2~3 个手指上,轻轻给新生儿擦洗。先从眼睛开始,要从眼角内侧向外侧轻轻擦洗,如眼屎较多时要擦干净;接着擦洗鼻子,同时清理鼻子里的分泌物,可以用消毒棉签轻轻卷出分泌物;再就是擦洗口周、面颊、前额和耳朵,注意擦洗耳朵时不能将水弄进耳道中。最后,清洗毛巾后再擦洗颈部,尤其是胖婴儿颌下皱褶的部分要充分暴露并清洗擦干。

31.婴儿洗脸不能用母乳

有些母亲在给新生儿喂完奶后,喜欢用自己的乳汁给新生儿洗脸,认为经常用乳汁洗脸可使新生儿的皮肤变得又白又嫩,其实这种做法对新生儿是有害无益的。

因为母乳中含有丰富的蛋白质、脂肪和糖,这些营养物质也是细菌生长繁殖的良好培养基,为细菌的生长提供了条件。而且新生儿的皮肤娇嫩、血管丰富、皮肤角质层也薄、通透性强,这些都为细菌通过毛孔进入体内创造了有利条件,从而容易引起毛囊炎,甚至引起毛囊周围皮肤化脓感染。若不及时治疗可发生败血症全身感染,这是很危险的。

另外,用乳汁洗脸后,在皮肤上可形成一层紧张的膜,使面部肌肉活动受限,而且极不舒服。用母乳洗脸也不能使皮肤变得白嫩。记住千万不能用母乳洗脸。

32.婴儿也要勤洗手

因为新生儿的小手在一般情况下呈握拳状态,手指夹缝和手掌常常藏有污垢,所以母亲要经常给新生儿洗手。在清洗时,母亲要握着新生儿的小手,把手放进水盆,一面拨动水,一面轻轻扒开手指,可以抹上婴儿香皂搓洗,然后用清水洗干净,再用毛巾擦干。然后用同样的方法洗另一只小手。

注意:母亲的动作一定要轻柔,使新生儿产生舒适感,不要在他哭闹时强迫清洗,

以免他对洗手产生恐惧和厌烦心理。

33.婴儿洗澡前要做的准备

(1)洗澡时所需的清洁用品要准备好,如浴盆、小毛巾、无泪洗发精、沐浴液、棉花球、橄榄油等。

(2)洗澡后所需的用品和衣物,如润肤露或爽身粉、大浴巾、包被、干净的尿布和衣裤等。

(3)洗澡前要把门窗关好,不要有穿堂风。若是在冬季,室内温度以 23℃~26℃比较合适。一般,中午 1~2 点时气温较高,适宜洗澡。

(4)洗澡时最好把浴盆放在合适高度的台上,不仅方便换衣服、换尿片,还能让父母身体放松,减少疲劳。

(5)洗澡水要先放凉水,再放热水,约放 1/3 盆水。水温在 38℃~40℃,在把新生儿放进浴盆前,父母可以用肘部放入水中试试水温,感觉温热即可。

34.给婴儿洗澡的要领

洗澡可以促进全身血液循环,利于新生儿健康成长,但是给新生儿洗澡时一定要小心,应该做到以下几点:

(1)脐带脱落前不要把新生儿放在水中洗,要上下身分开洗,或进行擦洗,以免脐部感染。新生儿脐带脱落后就可以在浴盆里洗澡了。

(2)根据季节及气温变化做安排。如冬天可以隔几天洗 1 次,一般在中午温度较高时洗澡;夏季出汗多,可以每天洗 1 次。

(3)洗澡的清洁用品最好选用新生儿专用的,如无泪洗发精、沐浴液、香皂等。

(4)洗澡的顺序一般是脸、头、身体、背、屁股、脐部。在洗澡的时候要防止水和泡沫进入耳朵、鼻子和眼睛。

(5)洗澡时父母的动作既要快,又要轻柔。每次洗澡不能超过 10 分钟。

(6)洗完后用柔软的毛巾擦干,尔后用干棉球擦净脐部。注意新生儿的皮肤皱褶处,如耳后、颈部、腋下、大腿根等要特别擦干,防止发生褶烂面湿疹等。

(7)新生儿吃完奶后 1~1.5 小时才可以洗澡,或是在新生儿吃奶前 1~2 小时,这样可以防止发生吐奶。

35.婴儿洗澡不宜天天用沐浴液

新生儿不宜天天洗澡,因为在洗澡过程中,给新生儿擦抹沐浴液会除掉皮肤表面的油脂,而这层油脂具有保暖、防止感染和外部刺激的重要作用,是任何其他精制油脂所不能代替的。另外,给新生儿洗澡不宜时间过长,否则容易疲劳,影响正常的生长发育。

育儿专家建议:新生儿洗澡,冬天隔 3 天洗 1 次为宜,夏天可以 1 天 1 次。并且不要让新生儿在水中待时间太长了,最好不超过 10 分钟。

36.婴儿洗澡不宜用浴罩

有些父母给新生儿洗澡时,在小浴盆的外面罩上浴罩,怕把新生儿冻着。这样做虽然保证了一定的温度,但是却增加了另一种危险。因为浴罩一般都是由塑料薄膜制成的,通过隔绝外界空气而达到保暖的目的。但是在浴罩内时间越长,二氧化碳的浓度越高,氧气的浓度越低。在成年人还能忍受的情况下,新生儿会出现暂时的缺氧。时间长了会影响新生儿的健康,尤其是体弱多病的新生儿更不宜使用浴罩洗澡。

37.婴儿不宜洗澡的情况

新生儿患某些疾病时不宜洗澡。

(1)发热、咳嗽、流涕、腹泻等疾病时,最好不要给新生儿洗澡。

(2)皮肤烫伤,水疱破溃、皮肤脓疱疮及全身湿疹等有皮肤损害时,应避免洗澡。

(3)肺炎、缺氧、呼吸衰竭、心力衰竭等严重疾病时,更不能洗澡,以防洗澡过程中发生缺氧,导致生命危险。

父母为了让新生儿身体干净舒适,可以用柔软的温湿毛巾或海绵擦身。由于新生儿生病期间需要更好的休息,所以擦身时动作一定要轻,从上到下,从前到后逐渐地擦干净。若某处皮肤较脏,不易擦干净,可以用婴儿专用的肥皂水或婴儿油擦净皮肤,尔后再用温湿毛巾擦干净,以防皮肤受到刺激而发红、糜烂。

38.怎样给婴儿洗干浴

每一次洗澡对妈妈和婴儿来说都是一次愉快和充满爱的体验。可是,在婴儿的脐带掉落之前,或者婴儿状态不好的时候,如有点着凉,肠胃不适等;怎么办?育儿专家推荐一个好办法:用海绵给婴儿洗个干浴。

准备:给婴儿脱去衣服,用大毛巾裹住他的全身,让他躺在一个安全、温暖、柔软而且方便操作的地方,譬如床上、垫有大毛巾的大餐桌上。

第一步:从清洗婴儿的脸部开始,用海绵蘸清水轻轻擦洗,特别注意他的耳朵后部和下巴。

第二步:打开部分毛巾,清洗宝宝的胸部、手臂和掌心部,手指缝一定要特别注意洗干净。如果你用了肥皂或者沐浴液,请马上用海绵蘸清水洗干净,以防止皮肤干燥以及肥皂对皮肤的刺激。

第三步:给婴儿清洗背部。要注意所有擦洗过的部位都马上用毛巾轻柔地蘸干,然后裹好。

第四步:由前往后清洗婴儿的生殖器和小屁股,然后是腿和脚。最后,再仔细地用毛巾把婴儿全身彻底擦干,换上干净的尿布和衣服。

39.婴儿五官的清洁护理

新生儿的五官经常会出现一些问题,如眼角发红;睡醒后眼内有很多眼屎;鼻腔

内分泌物塞住鼻孔而影响呼吸等。那么,父母该如何给新生儿清洗呢?

(1)面部清洁:每天早晨用温水洗脸,然后用柔软的毛巾擦干。

(2)眼睛护理:新生儿刚出生时,眼睛可能会被产道里的细菌污染,引起炎症。所以要注意新生儿眼睛周围皮肤的清洁,每天可用药棉蘸生理盐水擦拭眼角,由内向外,切不可用手擦抹。若新生儿眼屎多或眼睛发红,擦拭干净后用0.25％氯霉素眼药水点眼,每次1滴。

(3)鼻腔护理:一般不宜洗涤,因为弄不好反而引起炎症。当新生儿鼻腔内分泌物较多时,千万不能用发夹、火柴棍抠挖,以免触伤鼻黏膜,应用棉签轻轻卷出。如果鼻腔内的黏性分泌物结成硬痂,致使呼吸不畅,影响吃奶、睡眠时,可用药棉浸一些清洁的植物油滴入鼻腔,待硬痂软化后,再用棉签轻轻卷出。

(4)耳朵护理:一般耳朵内的分泌物是不需要清理的。同时要注意防止耳朵内进水,若有泪水或洗脸水流入耳朵时,要及时擦干,以免引起外耳道炎症。

(5)口腔护理:新生儿口腔黏膜十分娇嫩,父母不要随便擦洗,否则容易造成感染。正确的做法是在2次喂奶之间喂几口温开水。

40.婴儿洗澡注意安全

(1)千万不要让婴儿单独留在浴盆里,必须牢牢抓住他。

(2)婴儿在浴盆里时切勿放热水,如果在浴缸里要关紧水龙头。

(3)不要在冷房间里为婴儿洗澡,房间的理想温度为24℃。

(4)注意保护好婴儿双眼,不要让洗发水、皂液等沾染婴儿眼睛,一旦溅进去要用清水反复冲洗眼睛。若红肿、充血、流泪,则需去医院就诊。

41.婴儿洗屁股有技巧

婴儿的皮肤娇嫩,一旦受到有酸性、碱性的大小便的刺激后容易引起红臀。大便污染尿道口还会发生尿路感染。因此婴儿便后应及时清洗屁股。

洗屁股有两种方法。

(1)床边洗:打开"蜡烛包",去掉湿尿布,上身用小被子盖好防止着凉。将预先准备好的水盆放在床边的凳子上,家长用左臂轻轻夹抱起婴儿,同时用左手托住小腿,右手用小毛巾从上往下洗。

(2)把尿式洗:这种方法需要两个人配合进行。解除尿布,一人将婴儿抱成把尿的姿势,另一人站在婴儿的对面,从上往下洗。

给婴儿洗或擦臀部应由前向后。这样可以避免将肛门周围的粪便带到尿道口,防止粪便中的细菌引起尿路发炎。这对女婴尤其重要,因女婴尿道极短,外口暴露且接近肛门,更易受到污染。

42.女婴的清洁护理

由于女婴的尿道比男孩的短,又与外界相通,极易感染。所以给女婴洗屁股就更

要讲究。

正确的做法是:把女婴抱在怀里,分开两腿,较大的女婴可以蹲下来,让屁股前高后低,先冲洗会阴部,后冲洗肛门,用毛巾擦时也由前往后擦。这样洗可以使水往肛门方向流,避免肛门粪便对尿道和阴道的污染。

43.冬季如何给婴儿洗脸

冬日里气候干燥加之果蔬的短缺,婴儿的营养跟不上,婴儿往日的水灵不再,年轻的父母不妨试试下列办法让他水灵起来。

(1)用清水洗脸:冬季给婴儿用清水洗脸就好,然后用全棉柔软的毛巾轻轻擦拭扑干。若天气太寒冷时可用温水。每天一两次足够,不用太频繁。过度清洁会把皮脂都洗掉,婴儿反而可能出现皮肤干、裂、红、痒等症状。所以家长一定要给婴儿选择适合的清洁用品,首先要选择功能比较简单的产品,除了清洁之外的功能越少越好,尤其是不要选择有杀菌等功能的,免得刺激婴儿幼嫩的皮肤,引起过敏。

(2)用温水洗澡:冬天给婴儿洗澡时注意给皮肤适当的滋润。给婴儿用沐浴液洗澡时要留意,分量不宜太多,一两滴足够。而润肤油在春夏时加一两滴,秋冬时加数滴有助婴儿在洗澡后保留身体的天然油脂及水分,也可滋润皮肤。

另外,过热的水只会令皮肤更干燥,感觉不舒服,用温水即可。注意稍稍调高浴室的温度,避免婴儿洗澡后着凉。

(3)慎选护肤品:婴儿应选用儿童专用护肤品,目前市场上出售的儿童护肤品种类很多。选购儿童护肤品时不要追求名牌或价格昂贵,只要适合婴儿的皮肤就行。

儿童护肤品应该选择不含香料、酒精、无刺激、能很好保护皮肤水分平衡的润肤霜。护肤品的牌子不宜经常更换,以免使婴儿皮肤产生过敏等症状。儿科专家建议取少量润肤膏放在小瓶中使用,避免常常开盖沾细菌。因为开盖后只宜用 1 年,因润肤膏跟空气接触后便会沾上细菌,易生过敏反应。

(4)冬季外出更要注意防护:家长带婴儿外出,婴儿的手、脚、鼻子和耳朵是最容易冻伤的,要先给他的小脸蛋涂上可以抵抗冬日寒风,特别滋润的润肤膏。然后用丝巾罩住宝宝的脸,避免直接风吹。婴儿流鼻涕时用柔软的纸巾或小手帕小心地吸干,不要用力擦拭,然后在鼻部用护肤品滋润。如果这些部位的皮肤红红的,感到疼痛或者麻木,赶快把婴儿的手或脚放到家长的怀里,靠家长的体温让冻伤处复温后,再用一块温热的湿毛巾敷在上面,或者把手脚浸在温水中。如果问题比较严重,皮肤已经变苍白,家长就不能擅自处理,须带他去看医生。

(五)婴儿的大小便

44.婴儿便前也要洗洗手

饭前便后要洗手,这是最基本的卫生常识。可便前洗手是为什么呢?

对于婴儿来说，每天双手总是不停地触摸和操作，婴儿接触的物品上会有许多我们看不见的病毒、细菌和虫卵，这些看不见的细菌很容易寄生在手上。当婴儿大小便时这些细菌会直接通过卫生纸传到尿道和肛门，引起瘙痒、湿疹或其他炎症。因此家长应重视这个问题，教育婴儿保持双手的清洁和卫生，养成良好的个人卫生习惯，不仅要做到饭前便后洗手，更要做到便前洗手。

45.怎样料理婴儿大小便

新生儿在出生时膀胱中已经有少量尿液，所以在出生后6小时内排尿，开始量少，以后逐渐增多。一般出生后的前4天，一天只排尿3～4次，大约1周以后，随着进水量的增多，每日排尿可达20次左右，尿量也会增加。新生儿的尿呈淡黄色且透明，但有时排出的尿会呈红褐色，略微混浊，这是由于尿中的尿酸盐结晶所致，2～3天后会消失。尿液的颜色因母乳喂养还是牛奶喂养的不同而有差异。

新生儿在出生后12小时内开始排出黏稠、黑色或墨绿色、无臭味的胎粪，这是胎儿肠黏液腺的分泌物、脱落的上皮细胞、胆汁、吞入的羊水或产道的血液等的混合物。一般每天2～3次，2～4天后胎粪排尽，转为黄色糊状便，每天3～5次，通常是在喂奶时排便。喂奶时排便是胃肠反射引起的，属正常生理现象。

一般母乳喂养的新生儿大便呈金黄色，偶尔会微带绿色且比较稀；或呈糊状，均匀一致，带有酸味但没有泡沫，没有奶瓣。人工喂养的新生儿吃的是配方奶，大便呈淡黄色或土黄色，比较干燥、粗糙，有便秘倾向，带有难闻的粪臭味，有时还混有灰白色的"奶瓣"。

新生儿大便时很用力，有时因屏气用力而脸面涨得发红，伸臀、仰头、皱眉，甚至发出特殊的声响，有些母亲误认为新生儿便秘，其实不是的。这是因为新生儿的神经系统发育还不健全，对各种肌肉群的调节和控制还不准确，往往是一处用力而引起全身用力。随着新生儿的生长发育，这种状况会慢慢消失。

46.如何护理女婴的外阴

新生儿期女婴的处女膜肿胀、呈紫红色，微突于外阴裂隙；阴唇软、形圆、丰满，外阴可有白色凝乳状或黏液状分泌物覆盖，有时还有少量的分泌物，这种颜色透明、没有难闻气味的白带，对阴部的皮肤黏膜无刺激性。此时女婴的生殖器官发育尚未成熟，阴道黏膜薄，阴道内酸度低，如果有病原体或异物侵入，容易感染发病。并且女婴的尿道短而宽，尿道口与阴道、肛门比较接近，细菌容易侵入，发生尿路感染的机会也比较多。

在日常生活中，母亲要做好女婴的外阴护理。首先，尿布最好用棉制品，尽量避免纤维类，防止局部潮湿或湿疹。其次，每天晚上睡觉前和每次便后要清洗外阴。清洗时，毛巾从阴道口向肛门的方向（大便后擦拭也是这个方向），如果方向相反，肛门周围的细菌就会传到阴道或尿道。另外，父母应该给女婴准备专门洗外阴的小盆和

毛巾。

47.怎样给婴儿擦屁股

父母千万不要小看给婴儿擦屁股这件事,这里面有一定学问呢!近年来,患肛瘘的婴儿越来越多,其原因就与没有正确给他擦屁股有关。

父母为新生儿准备的尿布一般都是用旧床单、旧衣裳做的,虽然这些旧布柔软且吸水,但是由于它们经过多次的反复搓洗,布上的绒毛早已变成了一层毛刺,这些毛刺在旧布干燥状态时很坚硬,对皮肤娇嫩的新生儿来说是十分有害的。

新生儿在大小便后,父母常常在换尿布时顺手用干尿布给婴儿擦屁股,再加上新生儿的大便比较黏,需要反复擦几次才能干净,从而增加了损伤新生儿皮肤的机会。还有的父母用废纸给新生儿擦屁股,这更容易使新生儿的肛门黏膜受到损伤,并且一旦感染后易致肛门炎,引起肛门脓肿,破溃后形成肛瘘。

男婴肛门发炎时红肿疼痛,形成脓肿后肛周皮肤肿胀光亮,中心软化,破溃后流出脓液而形成肛瘘,大便则从瘘管口流出。女婴一般是外阴红肿,破溃后大便从阴道口处女膜外部位的瘘口排出,开始3天大便几乎全从阴道口排出来,肛门不排便。大约过10天,肛门才逐渐恢复排便,随着阴道排便的减少,肛瘘周围炎症也会消退。但是女婴的肛瘘不会自动愈合,如果腹泻时仍会从瘘口漏出粪便。要想彻底治愈肛瘘,父母应带婴儿及时到医院治疗。

可见,父母在照料新生儿时掌握些科学育儿知识是多么重要。为了宝宝将来的健康,父母可以选择质地柔软、吸水性强的新棉布做尿布,或选用一次性的"尿不湿",并且给宝宝擦屁股时不要太用力。新生儿在大小便后,父母可以先用温水给宝宝清洗外阴肛门,然后用消毒的软卫生纸轻轻地擦干,这样能有效地预防肛瘘。

48.选择合适的棉尿布

(1)选材

①柔软、清洁、吸水性能好。旧棉布、床单、衣服是很好的备选材料。也可用新棉布制作,但必须经充分揉搓才可以使用。

②深颜色的布料可能对婴儿的皮肤产生刺激作用,以致引发尿布皮炎。故尿布的颜色以白、浅黄、浅粉为宜,忌用深色,尤其是蓝、青、紫色的。

(2)大小:尿布的尺寸一般以36厘米×36厘米为宜,也可做成36厘米×12厘米的长方形,也可以制成三角形。值得注意的是,尿布的尺寸应随宝宝年龄的增大相应加宽、加长。

(3)数量:尿布的数量要充足,一个婴儿一昼夜需20～30块。尿布在婴儿出生前就要准备好,使用前要清洗消毒,在阳光下晒干。

49.棉尿布的使用方法

(1)包裹方法:先用长方形尿布兜住肛门及外生殖器,男婴尿流方向向上,腹部宜

厚一些,但不要包过脐,防止尿液浸渍脐部;女婴的尿往下流,尿布可在腰部叠厚一些。三角形尿布包在外边,从臀部两侧兜过来系牢,但不宜系得过紧以免影响腹部的呼吸运动。最后另一个角向上扣住即可。由于婴儿髋关节臼较浅,所以包裹尿布时婴儿两腿的自然位置应摆成"M"形,酷似青蛙的两条腿。

(2)换洗:换洗一定要"勤",父母一旦发现尿布有粪便应立即更换,以防粪便中的细菌分解尿液中的尿素产生氨类刺激皮肤,引起尿布皮炎。

洗涤尿布的步骤:

①用肥皂水浸泡后搓揉。

②用流动清水漂净。

③用沸水烫5～10分钟。

④在阳光下晒干。如果阴雨天,用烘干机烘干。

⑤折叠起来放在清洁的柜子里。

(3)擦拭:值得注意的是:更换尿布时还要讲究擦拭方向。女婴因为尿道短,尿道与阴道基本无菌,而肛门及粪便是有菌的,女婴换尿布时应从前向后擦拭,否则容易将肛门口的细菌带到尿道及阴道口,导致尿道、阴道感染。

50.使用尿布注意事项

(1)不要垫塑料、橡皮布:有的家长为了防止婴儿的尿液浸渍被褥,习惯于在尿布外再垫上一层塑料布或橡皮布。但是由于这类物品不透气、不吸水,尿液不容易渗出,致使婴儿臀部的小环境潮湿,温度升高,容易发生尿布皮炎和真菌感染。为防止尿液浸湿床褥,夜间不妨用棉花、棉布做成厚垫,垫在尿布外面,但更换的间隔时间不宜过长。

(2)警惕发生异常:换尿布的同时应认真观察婴儿臀部及会阴部的皮肤有无发红、皮疹、水疱、糜烂或渗液等症状,一旦发现应及时清洗,然后用3‰鞣酸鱼肝油软膏或蛋黄油涂抹。症状严重时要及时去医院皮肤科就诊。另外尿布或其他衣物脱落下来的线纱和家长掉下的头发偶尔可缠绕在婴儿的手(足)指(趾)及阴茎上,出现局部肿胀甚至坏死。家长应提高警惕。

(3)注意季节变化:夏季气候炎热,空气湿度大,给婴儿换尿布时不要直接取刚刚暴晒的尿布使用,应待其凉透后再用,为防止发生尿布疹,应该增加婴儿"光屁股"的时间。而冬季气候寒冷,换尿布时应用热水袋先将尿布烘暖,也可放在父母的棉衣内焐热后再用,使婴儿在换尿布时感到舒服。

51.怎样预防婴儿红臀

新生儿红臀又叫尿布疹,是指新生儿臀部、会阴部等处的皮肤发红,有散在的斑丘疹或疱疹,然后渐渐糜烂、破损,是新生儿常见的皮肤病。因为新生儿消化功能差,大小便次数多,若尿布更换不及时,臀部皮肤经常处在潮闷的环境中,又由于粪便中

含脂肪酸,尿中含尿酸,这些化学物质经常刺激臀部皮肤就会发生红臀。

由此看来,预防红臀的最好办法就是勤换尿布。新生儿大小便次数比较多,只有及时更换尿布,才能保持臀部皮肤的清洁干燥。同时父母最好选用柔软、吸水性强、透气好的纯棉布做尿布,用过的尿布应先浸在水中 30 分钟后再洗,肥皂水一定要漂清,然后在太阳下晒干。阴干的尿布常留有一定水分,最好放在热水袋或熨斗上烘一下,使尿布干燥。并且还要避免使用橡胶或塑料的防水布,免得积尿、积汗浸渍皮肤。另外,父母可以在新生儿大便后用温水给他洗屁股,然后要用毛巾吸干,不能在潮湿的时候扑粉。

如果新生儿已经有了红臀,父母要根据不同的创面采用不同的方法,切忌乱涂爽身粉或油膏。如果臀部只有红斑,父母在给新生儿清洗时可以少用些肥皂,然后用柔软且吸水的棉纱布或卫生纸吸干,再涂上 5％～10％ 的鞣酸软膏;如果有皮肤破损,父母可以给他涂一些紫药水;如果情况很严重,父母就要及时带他去医院诊治。

育儿专家指出,女婴小便更容易浸湿臀下的尿布,发生红臀的概率较男婴高。所以父母在照料女婴时,可以使其臀部的尿布稍厚些,而且更要勤换、勤洗,保持臀部干燥。

52.尿布的形状与使用

父母在给新生儿选择和使用尿布时要注意:

(1)新生儿的皮肤娇嫩,并且大小便次数比较多,选用尿布时要讲究柔软、吸水性强、透气性好和方便洗晒。所以父母可以用棉布制作尿布,以浅颜色为宜。另外,纸尿布的透气性不如棉布好,只能做临时性使用。

(2)尿布可以做成正方形,也可以做成长方形,大小要适宜。正方形尿布可对角折叠两次成三角形,或折叠三层成长方形使用;长方形的尿布一般折叠四五层,注意折叠后不宜过宽,以免新生儿不舒服。系尿布的带子最好用布条,不要使用松紧带。尿布的数量要充足,一般新生儿一昼夜需要 20～30 块。

(3)先用长方形尿布兜住肛门及外生殖器。男婴尿流方向向上,腹部宜叠厚一些,但不要包过肚脐,防止尿液浸渍脐部;女婴尿往下流,尿布可在腰部垫厚一些。

(4)在给新生儿垫尿布时,不仅要保证大小便不泄露出来,不弄脏衣裤和被褥,还要使婴儿的膝、髋关节处于自然的状态,切忌拉直新生儿的双腿而造成髋关节脱位。

(5)换尿布时,首先要轻轻提起新生儿的腿及臀部,把污染的尿布处折叠覆盖,然后用温水棉球轻轻擦净臀部及周围的部分,再用纸巾擦干,最后拿走脏尿布换上干净尿布。

53.给婴儿换尿布要及时

家长要及时给婴儿换尿布和清洗臀部,否则可能引起红臀,甚至局部感染。

婴儿的尿中常溶解一些身体内代谢产物的废物,如尿酸,尿素等。尿液一般呈弱

酸性会形成刺激性很强的化合物。吃母乳的婴儿大便呈弱酸性,喝牛奶的婴儿大便呈弱碱性;吃母乳的婴儿大便会稍微稀,喝牛奶的婴儿大便会干。无论是干、稀便,或酸、碱性物质对婴儿的皮肤都具有刺激性,如果不及时更换尿布,娇嫩的皮肤就会充血,轻者皮肤发红或出现尿布疹,严重还可能腐烂、溃疡、脱皮。

54.给婴儿换尿布的操作细节

母亲在给新生儿换尿布时要掌握以下 4 个细节。

(1)掌握时机:给婴儿喂奶前后都应检查尿布湿了没有,母亲可以用手指从婴儿大腿根部伸入摸摸就知道了。

(2)避免弄脏床单:在给婴儿换尿布前,先要在他下身铺一块大的尿布垫,防止在换尿布期间他突然撒尿或拉屎,把床单弄脏,并一手将婴儿屁股轻轻托起,一手撤出尿湿的尿布。

(3)掌握男婴女婴的特点:男婴可以把尿布多叠几层放在会阴前面,女婴可以在屁股下面多叠几层尿布,这样能增加特殊部位的吸湿性。同时,清洁男婴女婴臀部的方法也是不一样的。男婴小阴茎的后面、阴囊的皱褶和大腿根部不好擦;女婴要从前向后擦,即会阴向肛门处,以防粪便细菌侵入尿道引起感染。女婴要注意擦净大腿根部,并且在擦外阴时,轻轻把大阴唇分开,手指包上湿毛巾轻轻擦里边的污物。

(4)部位适合:把尿布前片折到新生儿肚子上,其长度不要超过肚脐,再折上尿布兜用布条绑好,或用粘扣粘住。

最后,检查和调整腰部的固定是否合适,松紧以母亲的两个手指能放进去为宜;检查大腿根部尿布是否露出,松紧是否合适,太松会造成尿液侧漏。

换尿布时动作要轻柔,用力粗暴可造成关节脱臼。换尿布的正确方法是:用左手轻轻抓住婴儿的两只脚,主要是抓牢脚腕,把两腿轻轻抬起,使臀部离开尿布,右手把尿布撤下来,垫上准备好的干净尿布,然后扎好。注意把尿布放在屁股中间,如果拉大便了应当用换下来的尿布把臀部肛门周围的大便擦干净,当然用温水清洗一下更好。擦的时候要注意,女婴要从前往后擦,切忌从后往前,因为这样容易使粪便污染外阴,引起泌尿系统感染。给男婴擦大便时要看看阴囊上是否沾着大便。

换尿布要事先做好准备,快速更换。在冬天时细心的妈妈应该先将尿布放在暖气上捂热,妈妈的手搓暖和后再给婴儿换尿布。

还要注意每天给婴儿洗 1～2 次屁股,每次大便后用温水洗一下,用一块质地柔软、温热的毛巾擦干,敷上爽身粉或婴儿粉。毛巾用过后应洗净、晾干、消毒。

55.给婴儿换尿布的技巧

婴儿的皮肤非常娇嫩,对汗液和尿液都非常敏感。夏天出汗多了,臀部皮肤经常被汗液、尿液浸泡容易发生湿疹或尿布疹。

如何给您的婴儿换尿布呢?

（1）把婴儿放在尿不湿的垫巾或毛巾上。

（2）取下已经脏了的尿布。

（3）左手把婴儿双脚提起使臀部稍稍抬高,右手拿湿纸巾或湿软毛巾擦试臀部、会阴部;如果婴儿大便则用温水清洗。

（4）右手将护臀膏涂于婴儿臀部的皮肤上,然后将干净尿布放在他臀下,待展平后从婴儿双腿之间掏出尿布一头,盖住阴部。

（5）放下婴儿双脚,整理好衣服即可。

56.给婴儿换尿布的注意事项

（1）换尿布宜在喂奶和喂水之间进行,喂完奶马上换尿布会引起婴儿呕吐。

（2）换尿布时动作要轻柔,天凉时不要让婴儿暴露时间太长。

（3）新生儿的特点是尿的次数多,但每次尿量少,所以若是婴儿熟睡不醒就暂时不换。

（4）给女婴换尿布时如果尿布上有大便,最好从前向后擦拭屁股。

（5）女婴的尿布一般背部比较湿,因此背部要多垫尿布;男婴的尿布前部湿得较多,所以前部要多垫些。

57.清洗尿布的注意点

新生儿尿布的清洗要注意以下几点。

（1）清洗剂选择:要选用中性洗涤剂清洗,不要用柔软剂、漂白剂或碱性太大的肥皂液。尿布要冲洗干净,不要残留洗涤剂,否则会降低尿布的吸水性,还会使新生儿容易患尿布疹。

（2）清洗要彻底:在清洗的时候,若尿布上仅有尿液,可用热水浸泡后再用清水漂洗干净;若有大便,可将尿布上的粪便清除后放入清水中,用中性洗涤剂揉搓,洗净后一定要用清水多冲洗几遍。所有尿布洗净后,最后均要用开水烫一烫,拧干后晾在阳光下晒一晒,以达到杀菌消毒的目的。

（3）尿布仅有一点尿液也必须洗干净:尿布上不管尿多尿少,都不能不洗就放在煤炉、暖气上烤烤或在太阳下晒晒再用。这是因为沾有尿便的尿布对新生儿臀部皮肤有一定的刺激作用。如母乳喂养的新生儿,大便中乳酸杆菌较多,呈酸性;而喂牛奶的新生儿大便多呈碱性,无论酸性还是碱性,对新生儿柔嫩的皮肤都有一定的伤害。因此,一定要将尿布上的尿液、粪便以及肥皂或洗衣粉中的酸碱成分彻底清除掉,才能达到真正清洗尿布的目的。

可见,千万不能忽视新生儿尿布的清洗,如果不按照正确的方法去做,不仅尿布脏,有气味,而且会损害新生儿的皮肤并引起感染,从而影响新生儿的健康。

58.不要用洗衣粉洗尿布

洗衣粉属于人工合成的化学洗涤剂,其主要成分是烷基苯磺酸钠(简称 ABS)。

洗衣粉中所含的 ABS 是一种有毒的化合物,对婴儿柔嫩的肌肤会有很明显的刺激。有关人员调查发现,使用洗衣粉洗涤尿布时由于漂洗不彻底,每块尿布上 ABS 的残留量平均达 15 毫克。婴儿肌肤细嫩,接触上述残留物后不仅会引起过敏反应,甚至还会出现胆囊扩大和白细胞升高等病症。调查结果表明,ABS 对肝脏等器官发育不全的婴儿危害尤为严重。所以给婴儿洗涤尿布时不要用洗衣粉,应该用温和的肥皂水浸泡。最后把洗干净的尿布用开水烫一下,然后到太阳光下晒干。只有这样才能保证婴儿的健康成长。

59.使用纸尿裤的优缺点

(1)优点:方便。不用担心婴儿会尿湿衣服或被毯,减轻工作量。

(2)缺点:①很快就用完,价格不菲。②质量不好或透气性不好会使皮肤发红,容易长尿湿疹。③要随时观察要不要更换,长期使用容易造成婴儿 O 型腿。④纸尿裤可引发男婴不育,对男婴女婴生长都不利。⑤随时大小便使长大后爱尿床、尿裤子,难诱导。

建议:只是在外出时使用纸尿裤是最好的;在家使用棉制可换洗的婴儿裤或尿布片,勤洗勤换不怕麻烦。晚上应使用尿不湿毯。

60.纸尿裤、纸尿片的选择

纸尿裤、纸尿片性能要求为高吸收性、透气性、舒适性。市场上高、中、低档产品共存,在选购时应注意以下几点。

(1)产品包装标识应齐全:产品包装上应注明生产企业的名称、地址、电话等。还要注意看包装上是否注明产品的执行标准、生产日期、有效期等。对没有生产企业的名称、地址、执行标准的产品不要选用。

(2)产品本身应清洁卫生:由于个别不法生产商进口国外的残次品重新包装后出售,所以消费者在选择时应检查外观质量。好的纸尿裤外观应干净整洁、无异味、表面无破损、无污迹、不干胶条没有撕开的痕迹。揭开产品的无纺布面层观察,绒毛浆吸收层应蓬松、洁白、无浸渍。而在产品上生长的有害细菌、真菌、致病菌等微生物则无法用肉眼观察,所以应选择知名品牌、大型企业的产品,这些企业的生产设备、工艺技术及产品设计先进、合理,生产过程及质量管理严格,生产环境好,使用的原材料质量好,产品质量稳定、可靠。

(3)吸水性能好:纸尿裤、纸尿片主要起吸收作用,纸尿裤、纸尿片的中层芯层的好坏直接影响产品的吸收性能。一般纸尿裤、纸尿片的吸收材料是植物性纤维材料——绒毛浆,为了增强吸收效果和锁定水分,吸收层中还加入一定量的高分子吸水树脂。如果吸水树脂加入量大,更好吸收水分,可避免返渗,保持皮肤干燥。而有一些低档纸尿片或尿垫的吸收材料是皱纹卫生纸,该类产品吸收量较少,回渗量大,使用时需要经常更换。

61.纸尿裤优劣的区别

(1)比较尿裤(片/垫)使用后的吸收量:吸收量大的产品意味着每片产品可使用较长的时间,减少使用的数量;吸收量小的产品,使用时频繁更换,使用的数量增加。所以选择时要考虑价格性能比。应避免每条尿裤(片/垫)使用时间过长,因为尿裤(片/垫)被污染后细菌会大量繁殖,影响婴儿身体健康。

(2)比较尿裤(片/垫)使用后的干爽程度:好的产品吸收一定量液体后表面能保持干爽,有利于保护皮肤干燥,婴儿会感到舒适。

(3)看尿裤(片/垫)使用后的形状:好的产品吸收一定量的液体后能保持完整、均匀的形状。而质量差的产品经过挤压、揉搓,吸收层变散、结团,影响使用。

虽然纸尿裤使用方便但不宜长时间穿戴。由于穿上纸尿裤形成的潮湿环境不利于皮肤的健康,所以在取下纸尿裤后不要马上更换新的纸尿裤,要让皮肤进行适当的透气,以减少尿布疹的发生。

62.卫生纸不可以当尿布

有些母亲用卫生纸代替尿布给新生儿垫屁股,认为这样既可免除反复洗刷尿布的麻烦,又能防止病菌的感染。其实,这是很不妥的。

到目前为止,人们所用的以各种保健、治疗为目的的卫生纸,不管制作工艺多么精细,都不能完全清除纸中残存的烧碱等碱性物质,也不能完全除去纸中的漂白剂等氧化程度不同的化学物质。这些物质虽然浓度不高,对成年人一般不会产生明显的毒副作用,但对皮薄肉嫩的新生儿来说,腐蚀或刺激作用就不可忽视了。

63.一次性尿片的用法

在给新生儿使用一次性尿片时,先将尿片打开,黏性搭扣在上,将新生儿的双腿抬起,移动尿片,使其上部与新生儿的腰部平齐;将尿片的前部经新生儿的双腿间折起,抚平新生儿肚子上的尿片边缘,把它整齐地折好,然后揭开黏性搭扣,将其紧紧地按在前面以粘牢尿片。

如果尿片脏了,用洗液或油脂及棉花擦洗,从双腿和臀部向里擦,每擦一次都要用一块新的棉花。然后用一块湿布或棉花擦拭尿液,清洗生殖器和周围部位。

64.一次性尿裤的优缺点

随着科学技术的发展人们的生活用品发生了很大变化,就连婴儿的尿片也有了改变。以往谁家有婴儿,只要向阳台上晾着的尿布一望便知。如今这种现象正在逐渐消失,经济收入一般的家庭,尿布片和一次性尿裤参半使用;经济收入较高的家庭,干脆只用一次性尿裤。

那么,究竟怎样来选择和使用一次性尿裤呢?一次性尿裤是一种新型的婴儿保健用品,使用比较方便。尿裤采用多层结构,内衬纯白绒毛木质浆及高分子吸水材

料,因而吸水性较强。尿裤吸满尿液时,贴着皮肤的一面并不使婴儿感到十分潮湿。所以,一次性尿裤越来越受到父母们的青睐,特别是当父母抱着婴儿外出或晚上睡觉时使用一次性尿裤最为合适。然而一次性尿裤在使用中也有一个时间问题。一般来说,一条尿裤使用时间不宜超过6～8小时。如果使用时间过长,尿裤透气性较差,尿裤中的尿液、大便和汗液将会刺激婴儿娇嫩的皮肤,使皮肤发红,进一步发展可引起表皮脱落而出现红臀,甚至向大腿的内侧及会阴部蔓延,而且红臀处常常继发真菌感染。当然,出现上述问题与一次性尿裤的质量也有关。有的尿裤透气性特别差、吸水性又欠佳,再加上使用时间太长,容易引起尿布性皮炎。

因此,我们建议,在白天婴儿宜使用传统的尿布片,少用或不用一次性尿裤。因为尿布片是棉制品,较柔软,易清洗,而且经济实惠,特别适宜于新生儿。由此看来,尿布片和一次性尿裤各有千秋,父母可根据具体情况做出相应的选择,合理使用。

65.选购纸尿裤的细节

为婴儿选用纸尿裤时,首先要注意尺寸,市面上各种尺寸可以说相当完备。其次,注意男婴、女婴的区别。除了尺寸及款式上的挑选,还必须注意一些贴身、贴心的小细节。

(1)吸收多吸收快:吸收多,可以减少更换频率;吸收快,可以减少尿液与皮肤接触的时间。另外,尿裤表层的材质也要挑选干爽而不回渗的,这样可让睡觉中的宝宝不被湿湿的尿布弄得无法安睡。

(2)透气不闷热:如果不透气,尤其一到夏天,会让婴儿感觉不适。

(3)触感是否舒服:触觉对婴儿来说是认识世界的首要环节;婴儿的肌肤非常敏锐,只要有一点点刺激,他就会感到非常不舒服。

(4)干干爽爽不外漏:一般的纸尿裤都达到了不外漏的标准,但在婴儿腿部及腰部的缩口设计是否因防漏而太紧及使用的材质是否令他舒服,都是我们必须注意的。

66.婴儿不宜常用纸尿裤

许多年轻父母习惯给婴儿使用纸尿裤,虽然方便、省心,但是却给他带来不少疾病隐患,对婴儿的发育极为不利,其中最有可能会造成长大后不育。

有泌尿专家指出,不少纸尿裤并非完全是纸,其内层还有海绵、纤维等,这些虽然有一定的吸附作用,但长期使用会对新生儿的肌肤造成伤害。更严重的是,纸尿裤有可能引起日后的不育症。由于纸尿裤不透气,紧贴新生儿皮肤,容易使局部温度升高,而男婴睾丸最适宜的温度是在36℃左右,一旦温度上升到37℃,时间长了可导致睾丸将来产不出精子。

所以,父母在给新生儿使用纸尿裤时,注意不要包得太紧和频繁使用。倘若让婴儿的小屁股一直处于纸尿裤的包围中或选用劣质的纸尿裤,无疑会影响他的生长发育,更易患上肛周炎、肛瘘等疾病。

儿科专家建议:新生儿最好使用天然棉质的尿布,不光吸水和透气性能好,还不会刺激新生儿的皮肤。

67.尿布的折法

正确的折叠尿布可以使新生儿感到舒适,下面就介绍一种适合新生儿使用的尿布折法。

折成中间三层吸水状:这种折法包起来很整齐,新生儿两腿之间有几层布。

(1)尿布一折四,对折的边靠近你并且向左。

(2)从右角拿起表面那层并向外拉开。

(3)把尿布弄成三角形,各边在顶端对齐。

(4)小心翻转尿布,再把边拉直。

(5)拿起垂直的一边,往中间折入1/3。

(6)再折一次,中间形成厚垫。

(7)把尿布衬里放进合适的位置,必要时一端往上折。

68.尿布疹的常见原因

尿布疹最常见的原因包括以下几种。

(1)长时间不更换尿液湿透的尿布,潮湿使皮肤容易擦伤;时间很长时,尿布中的尿分解,形成的化学物质可进一步损伤皮肤。

(2)长时间不更换浸透大便的尿布,粪便中的消化剂可以侵袭皮肤,使皮肤出疹。

酵母菌感染是该区域出疹的另一个原因,这种疹常见于大腿、生殖器和下腹部,几乎不存在于臀部。

婴儿期大多数宝宝会在一些部位出疹,母乳喂养的婴儿较少见(原因还不明确)。

尿布疹常发生于特殊的时期或特定情况:①8~10个月婴儿。②不能保持孩子臀部的清洁和干燥。③频繁排便(尤其是大便遗留在尿布上过夜)。④开始吃固体食物(可能是由于进食更多的酸性物质,或不同的食物引起消化剂的变化)。⑤服用抗生素(这种药物可以促进感染皮肤的酵母菌生长)。

69.尿布疹的预防和处治

尿布疹即"臀红",又叫尿布皮炎,是由于潮湿的尿布不及时更换,长期刺激婴儿柔嫩的皮肤所致。患尿布疹时局部皮肤发红,或出现一片片的小丘疹甚至溃烂流水。

尿布疹关键在预防,勤换尿布是很重要的,尿布尿湿了一定要及时更换。有些家长怕影响婴儿的睡眠而不换尿布,其实婴儿睡在湿尿布上不仅易发生皮炎,而且睡得也很不舒服,很不安稳。再说刺激婴儿皮肤的罪魁祸首就是尿液中含的尿酸盐,长期刺激加上潮湿环境就不可避免地要发生尿布疹了,所以为图省事,把湿尿布晒干或烘干后又再给婴儿用是很不可取的。尿酸盐单用肥皂或水是洗不掉的,它可溶于开水,每次洗干净的尿布都应用开水烫或煮,这样尿布就会柔软、干爽了。

洗尿布还应注意,无论何种洗涤剂一定要冲洗干净,以免残余的化学剂刺激婴儿的皮肤。有的家长怕弄湿床铺,就在尿布外包一层塑料或垫层橡皮布,这样做也不可取。如果有轻微的发红或皮疹,除了及时更换尿布外,要保持局部清洁干燥,婴儿每次大小便后应清洗臀部,用软布把水擦干,再涂以3%柔酸软膏或热的植物油,精心护理,不久就会痊愈的。

为减少孩子出现尿布疹,使用尿布时要遵循下面的原则:①排便后尽可能地更换尿布,每一次便后,都要用软布和水清洁尿布区域。②经常更换尿布,减少皮肤与潮湿接触的时间。③尽量保持婴儿下身与空气接触。

(六)婴儿的日常生活

70.新生儿出生后的第一个48小时

新生儿刚出生的第一个48小时里会发生哪些事?作为父母都需要做什么呢?

(1)产房里:从产房里传出啼哭声,这就代表新生儿开始以个体独立生存了。医生会用器械吸新生儿的嘴巴和鼻腔,清除残留在里面的黏液和羊水,从而确保鼻孔完全打开畅通地呼吸。然后会用毯子把新生儿包起来放在母亲身上,让母子俩亲近一会儿。

(2)剪脐带:脐带通常在新生儿出生后几分钟内就会被剪掉。医生用钳子钳住脐带,如果父亲被允许进产房,那么这一光荣的使命就交给父亲来完成。医生有可能从脐带里抽取血样以供稍后检验。

(3)检查:新生儿出生后第1分钟以及5分钟之后分别要接受一次阿普伽新生儿评分,即对新生儿的肤色、心率、反射应激性、肌张力及呼吸力等5项进行评分,以此来检查新生儿是否适应了环境变化。然后再会给新生儿称体重、量身长,并检查有无疾病症状。

(4)保护性措施:新生儿出生后都要注射维生素K,它是用来帮助血液凝结的,因为新生儿的肝脏(分泌维生素K的器官)还未发育成熟。另外,护士还会在新生儿的眼睛里涂抹含有抗生素的药膏或药水。这时候可以给新生儿喂奶了,或者抱抱新生儿,因为宝宝刚来到这个世界,对周围环境都很警觉,妈妈可以趁此机会和宝宝加深感情。

71.使新生儿感到安全温暖的抱姿

从母亲子宫内既宁静又暖和安全的环境突然来到充满空气光亮的世界,新生儿十分不习惯,尤其被人抱起时会出现惊吓。因此,作为父母应该知道什么样的抱姿会使新生儿感到安全温暖,同时这也是亲子交往建立感情的第一步,对新生儿身心发育十分重要。

父母在抱起新生儿前可先用眼神或说话声音逗引,使他注意,一边逗引,一边伸手将他慢慢抱起。抱新生儿可采用下列不同姿势和位置。

（1）横抱：让新生儿横躺在你前臂上，用手掌托住他的背部，手指捏住外侧臀部及大腿根，头和颈搁在臂弯处，胸腹近侧靠近母亲的胸及上腹部，母亲另一手还可用玩具逗引他。

（2）坐式抱：逐渐抬高新生儿的头颈、上身，使其慢慢习惯上身直立，待头部能够竖直时，可采用坐势怀抱，即新生儿背靠母亲的胸，脸手向前，母亲一手从腋下经前胸环抱，另一手从同侧新生儿大腿下伸向另一侧抱住另侧臀部和大腿。

（3）竖抱：新生儿伏于母亲肩膀，将他抱直，胸腹紧贴母亲前胸，一手臂绕背抓住对侧新生儿上肢。由于新生儿的头尚不能竖稳，母亲可将手掌托住头和颈，另一手从背后托住臀部和双腿，撑住全身重量。这样新生儿不仅可以看见四周的事物，还锻炼了头颈部肌肉，训练竖头抬头动作。

72.新生儿过早竖抱无害处

有些父母常常会问到"在月子里就竖起来抱，会不会让新生儿的腰受损？"

育儿专家指出，新生儿的运动发育遵循从上到下、从中心到四周、从大肌群到小肌群的规律。新生儿最早的协调动作是头部的动作，如吸吮反射，眼及头部追随物体的转动，以后是四肢的活动、颈及躯干的运动到双下肢运动；从四肢的大动作到双手的抓握、双脚的迈步。

新生儿颈躯干的动作顺序，首先是抬头，细心的父母可能发现了新生儿俯卧时也能将头抬起数秒，以后随着神经系统的发育，颈躯干肌肉的发育，到了2个月左右，他就可以在俯卧位时抬头数分钟以上，到了3个月的时候，俯卧时不仅能抬头，其胸部也可离开床面。

科学实验证明，科学地训练新生儿运动，可促进脑发育。新生儿学会一个动作的意义，在于它促进了神经系统的发育。所以说，新生儿在月子里就要竖抱，满月后俯卧时要抬头，是一个很好的现象，只要细心保护，方法正确就可以使他更聪明。

73.新生儿不能一哭就抱

新生儿一哭，父母就急忙把他抱起来，一般情况下，新生儿就会停止啼哭。许多父母会问，这是不是具有反射性？是的，但是父母要适可而止，不要一哭就抱，否则会使新生儿产生依赖性而更容易啼哭。

新生儿的哭有两种，一种是反应性的，一种是生理性的。若无异常现象，新生儿的啼哭是对身体有益的。另外，父母应注意观察新生儿的啼哭规律，正确判断他啼哭的原因，对症处理。如果新生儿因身体不适而哭泣，父母就应抱抱宝宝，还要了解宝宝的不适；如果宝宝想要得到父母的关爱，父母可以拍拍宝宝，当然也不排斥抱一会儿。但是如果完全用抱的方式来应对哭泣，则容易构成新生儿反射性的哭泣。

为了养成正常的生活规律，父母应从新生儿阶段就开始培养宝宝良好的生活习

惯。如让新生儿顺其自然地入睡、啼哭、运动、醒来,不要一听到哭声就抱起来,或让新生儿在怀里入睡,或用摇篮,或是哼着曲子催宝宝入睡,以免形成不良的习惯。

74. 新生儿满月剃头害处多

我国的一些地方流传着"满月剃胎发"的风俗,认为新生儿满月时剃光胎发后,将来长得头发会又黑又密,其实这不仅没有科学依据,甚至还有可能危及他的安全。

胎发和胎毛是在胎儿时期形成的,出生以后,这些体表的毛发对新生儿有保护作用。新生儿的头皮非常娇嫩,而且抵抗力差,剃头时难免刮破造成感染,而且新生儿头上有一层起保护作用的"胎皮",剃头时也会把这层剃掉,很容易使细菌有机可乘。特别是冬天,天气寒冷,新生儿的头骨还没长硬,头发还有保暖作用。

新生儿出生时头发少,将来未必头发就少,这主要受母亲孕期的营养及遗传的影响。如果希望宝宝的头发长得更好,可以在宝宝稍大时多给他们吃些核桃、黑芝麻等,以改善毛发质量。宝宝一般在1岁左右头发就会逐渐长出,到2岁时就会长得相当多,父母们不必为此而担忧。

75. 新生儿的毳毛不要随意拔

胎儿在母亲的子宫里发育到五六个月时,全身就有了浓密的胎毛,以后会逐渐脱落。早产儿及一些足月新生儿有时全身覆有纤细的胎毛,胎毛柔软,缺少色素,无髓质,生长潜力有限。而足月新生儿胎毛通常脱落,代之以毳毛,在头皮则由粗的、色素较深的终毛取而代之。头发的生长在出生前通常是同步的,但受性别、胎龄和胎儿营养状况等的调节。大部分毛发处于生长期,且毛皮的生长变成不同步。

父母千万不要拔新生儿身上的毳毛,因为新生儿皮肤很娇嫩,拔除胎毛会伤害毛囊,轻则造成皮肤发炎,重则会造成感染。其实一般的来说,新生儿身上的胎毛会自动蜕掉,父母不用担心。

76. 新生儿头发稀少的原因

新生儿头发的多少、色泽、曲直与父母遗传有一定关系。如果父母头发好,新生儿的头发也较好;如果父母头发差,新生儿的头发也差。一般新生儿出生时头发的多少和今后头发的多少无关,大部分新生儿随着身体发育的过程,头发会渐渐由稀到密,由黄到黑。

当然,一些疾病会影响到新生儿头发的生长,如患佝偻病、某些稀有元素的缺乏和过剩、遗传代谢疾病的患儿会表现为头发稀疏。如果到了1岁左右宝宝头发仍无明显改善,可去医院做微量元素和其他相关检查,注意调节饮食结构并加强对身体的锻炼。

儿科专家提醒:父母要勤给宝宝洗头,否则长期不洗,油脂及汗液的刺激会引起继发感染,反而影响新头发的生长;父母千万不要在宝宝的头皮上擦生姜,更不要用剃刀刮宝宝的头发,因为这样会伤害到宝宝头皮上的毛孔,细菌会趁机而入,容易导

致局部小脓疱或皮肤化脓感染。

77. 如何护理新生儿的头发

多数新生儿出生时都长着一头浓密的胎毛,需要好好保护。要保护好他的头发,就要从以下三方面做起。

(1)洗发:新生儿头皮上有一种淡黄的薄膜,这叫"乳痂",是皮肤油脂分泌过多的结果,为了去掉这种"痂",可涂上一层薄薄的凡士林,使之变软,再用棉球或软毛刷将"痂"慢慢擦掉。另外,平时父母也可以用少量婴儿洗发剂给新生儿洗头发,不必揉搓新生儿的头发,只要使洗发剂形成泡沫,然后将其冲掉,再用干毛巾擦净即可。

(2)梳发:给新生儿梳头时最好用橡胶梳,既有弹性又柔软,不要用硬齿梳,否则会损伤头皮。让新生儿的头发顺其自然地梳到一个方向。父母不要给新生儿用发夹或扎辫子。

(3)理发:在给新生儿理发时,要避免在理发过程中宝宝乱动或突然转身时碰伤头皮。不要用剃刀或推子剃去后脑勺和耳边周围的胎毛,因为这会刺激胎毛的生长。

儿科专家指出,父母在给新生儿护理头发时,要注意新生儿的囟门,虽然囟门上面是一层结实的膜,但动作也要轻柔,绝不能碰伤它。

78. 如何保护新生儿的皮肤

(1)新生儿的皮肤非常娇嫩,并且代谢快,易受汗水、大小便和空气中灰尘的刺激而发生糜烂,尤其是皮肤的皱褶处,如颈部、腋窝、腹股沟等处,严重的会发生感染,成为病菌进入体内的门户。因此,要经常给新生儿洗澡,保持皮肤干净,减少感染的机会。

(2)新生儿皮肤角化层较薄,缺乏弹性,防御外力的能力较差,受到轻微的外力就会发生损伤,损伤后又容易感染,因此,新生儿的衣着、鞋袜等要舒适,避免一切有可能损伤皮肤的因素。

(3)新生儿的皮肤薄、血管丰富、有较强的吸收和通透能力,因此,不可随意给新生儿使用药膏,尤其是含有激素类的药膏。给新生儿洗澡时,要使用刺激性小的婴儿皂、中性皂,不可使用成人用的香皂或药皂等,洗澡后涂上宝宝润肤露,减少表面摩擦。

(4)新生儿的皮肤汗腺、皮脂腺的分泌功能较强,皮脂易溢出,如不经常清洗,就会与空气中的灰尘、皮肤上的碎屑而形成厚厚的一层痂皮。因此,清洗时应当先用植物油涂擦在痂皮上面,浸泡变软后,再用水清洗干净,不可以用手将痂皮撕下来,以免损伤皮肤。

79. 要不要给新生儿剪指甲

新生儿的小手经常呈握拳状,一旦指甲过长,没有剪短,指甲下会藏污垢,也可能会抓破皮肤。所以,父母给新生儿修剪指甲是必要的,但是切勿剪得过短而伤及甲床

软组织。

育儿专家建议,父母在给新生儿修剪指甲时可以按照以下几方面进行。

(1)选用合适的指甲剪:给新生儿修剪指甲时最好是用钝头的、前部呈弧形的小剪刀或指甲刀。

(2)修剪指甲的方法:母亲要用一只手的拇指和食指牢固地握住新生儿的手指,另一只手拿着小剪刀,从指甲边缘的一端沿着指甲的自然弯曲轻轻地转动剪刀,将指甲剪下,切不可使小剪刀紧贴到指尖处,以防损伤新生儿指甲下的嫩肉。

剪好后要检查一下指甲边缘处有无方角或尖刺,若有应及时修整。如果指甲下方有污垢,不可用锉刀尖或其他锐利的东西清理,应在剪完指甲后用水清洗干净,以防引起感染。

(3)修剪指甲的时间:母亲最好选择在新生儿吃奶过程中或熟睡时给他修剪指甲。

(4)误伤后处理:如果不小心误伤了新生儿的手指,要尽快用消毒纱布或棉球压迫伤口,直到流血停止,然后再涂一些抗生素软膏。

80.新生儿鼻子不通气时怎么办

新生儿的鼻腔发育尚未成熟,鼻腔短而小,鼻道窄,鼻黏膜内血管丰富,所以当受到外界环境的刺激或病原体侵犯时,很容易发生炎症。

新生儿鼻腔一旦发生炎症,就会引起鼻子不通气。因为此时鼻腔内分泌物会增多,鼻黏膜充血肿胀,致使原来狭窄的鼻腔更为狭窄而出现鼻子不通气。

新生儿鼻子不通气时常常表现为不能很好地吃奶、哭闹、情绪烦躁不安、呼吸不畅甚至张口呼吸。父母看到新生儿这种难受的样子往往非常着急,却不知道怎么办。

儿科专家针对这种情况提出了一些方法:比如母亲可以在新生儿的鼻腔内滴一滴乳汁,使鼻内的分泌物软化,然后用棉丝等物刺激鼻腔使新生儿打喷嚏,分泌物可随之喷出;或用干净的消毒棉签蘸少量的水,轻轻滴入鼻腔,使分泌物软化,然后再用棉签将分泌物卷出来。注意动作一定要轻柔,切勿用力过猛损伤新生儿柔嫩的鼻黏膜,造成鼻出血,带来不必要的伤害。如果新生儿鼻腔内没有分泌物,但鼻子仍不通气,这可能是由于炎症使鼻黏膜充血肿胀造成的。遇到这种情况,母亲可以在新生儿的鼻根部敷上温热毛巾,也能起到一定的通气作用。

81.新生儿鼻子不通气不可以滴药

对于新生儿来说,靠药物来帮助鼻子通气是不可取的。因为能使鼻子通气的药物通常含有麻黄碱,点药时由于鼻咽相通,药物常会经鼻至咽喉而咽下。如果一日数次点药,过量的麻黄碱会被新生儿吸收,对新生儿有一定的毒性作用。并且长时间用药,新生儿会产生依赖,造成药物性鼻炎。因此,父母最好不要给新生儿使用滴鼻药。如果情况非常特殊,只能使用药物,父母要注意严格掌握滴量,一天最多滴1或2次。

82.如何保护新生儿的眼睛

眼睛是最重要的器官之一,父母要细心保护新生儿的眼睛。一般情况下,新生儿总是喜欢闭着眼睛,一些父母担心新生儿眼睛有病,经常用手指强行扒开他的眼皮。其实这样做是不对的,因为新生儿刚从黑暗的子宫内出来还不适应外界的光线,非常惧怕强烈光线的刺激。如果在光线稍暗一些的屋内,同时父母背着光线把新生儿抱起来,并轻轻拍打背部,约10秒钟或更长的时间,新生儿就会逐渐睁开双眼。

新生儿有时候一只眼睛张着,一只眼睛闭着,如果眼睛没有红肿,或没有较多的脓性分泌物,父母对此也不要有所顾虑。因为可能是在喂奶或侧睡时,一侧的眼睛被挤压而暂时性闭起来。这时候父母只要给新生儿松松眼皮,将屋中光线调得稍暗一些,然后再把新生儿背着光线抱起来,轻轻拍打背部,闭着的那只眼睛就会逐渐睁开。

另外,为了防止新生儿的眼睛被产道细菌污染而发生眼部炎症,父母可以给新生儿滴用0.5%氯霉素眼药水,同时还要做好新生儿眼睛的保健和卫生。如新生儿的毛巾要专用,脸盆也要和成人分开,并经常洗晒,防止与成人交叉感染而患沙眼及结膜炎;保持新生儿眼部的清洁,可用清水冲洗眼部,不要用刺激性强的香皂洗脸,新生儿要经常洗手。

如果新生儿的眼睛有分泌物增多的现象,甚至还出现红肿、发热,这时不仅需要外用药物治疗,还要根据感染程度使用抗生素,父母要及时带新生儿去医院诊治。

83.怎样保护新生儿的囟门

新生儿的颅缝尚未长满,且没有头骨和脑膜,这就是我们所说的囟门。一般情况下,新生儿头顶有两个囟门,位于头前部的叫前囟门,呈菱形,出生时大约为成年人拇指头大小。由于刚出生的头几个月,新生儿大脑的生长速度比颅骨的生长速度要稍快些,所以在这段时间,前囟门会随着头围的增加而略变大,但一般不超过3厘米,也不向外突出。前囟门通常要在出生后6～7个月才开始逐渐变小,在1～1.5岁时闭合。位于头后部的叫后囟门,呈三角形,一般在出生后2～4个月时闭合。

囟门是新生儿头颅的开放空隙,容易受到外界不利因素的侵入而伤害到脑部组织,所以父母一定要保护好新生儿的囟门,利于宝宝大脑的正常发育。

许多父母认为囟门不能摸,也不能碰,因此连清洗都不敢做了,其实这对新生儿的健康不利。因为头部皮脂腺的分泌物加上脱落的头皮屑,常常在前、后囟门部位形成结痂(因为这里软,脏物易于存留),不及时清洗会使其越积越厚,影响皮肤的新陈代谢,还会引发脂溢性皮炎。如果等结痂后再用手去抠,那就更糟了,很容易损伤皮肤而发生感染,继而病原菌穿透没有骨结构的囟门而发生脑膜炎、脑炎。

那么,怎样才能正确保护新生儿的囟门呢?父母要经常为新生儿清洗囟门,清洗的动作要轻柔、敏捷,不应强力按压或搔抓,更不能用利器在囟门处乱刮;清洗的工具要清洁卫生,室温和水温要适宜,可结合洗澡进行。如果囟门处已经结痂,可用消毒

过的植物油或 5％金霉素软膏涂敷在痂上,24 小时后污垢就会变软,可以用无菌棉球按照头发的生长方向擦掉,除去后再用温水、婴儿香皂洗净。

父母在平时也应避免尖锐的东西刺伤新生儿囟门,最好给宝宝戴个帽子。如果抱宝宝出去晒太阳,最好在晨起后或黄昏前,不能在烈日下直射囟门,以免发生中暑。

84.脐带脱落前后的护理

脐带是连接胎儿与胎盘的纽带,是胎儿从母亲那里获取营养和排泄废物的通道。胎儿从子宫娩出后,脐带就完成了它的使命,医生会将它结扎剪断。新生儿肚脐上的脐带残端一般在出生后 3～7 天自然脱落,但体内的脐血管要经过 3～4 周才能完全闭合。所以,对新生儿脐带的护理是很重要的。

首先要密切观察宝宝脐带颜色的变化。新生儿出生后 24 小时脐带残端会有点潮湿,呈蓝白色,随着血管内血液的凝固和空气的风干,脐带会变成实性的黑色条索。

接下来父母就应注意脐带脱落前的一些护理。新生儿出生后 24 小时即可打开敷在脐部的消毒纱布,检查脐带断端是否正常,看看有没有红肿和感染,如果一切正常,可以用 75％的酒精棉球在脐部周围皮肤进行消毒;如果脐窝部有些发红,可以用 2％碘酒消毒,然后用 75％的酒精脱碘,保持脐部的干燥。在脐带脱落之前,注意不要沾湿和污染脐部。洗澡后,用 75％酒精擦洗消毒。与脐带接触的衣物、尿布等都必须保持洁净、干燥,发现潮湿要及时更换。要特别注意尿布不要盖在脐部,以防止粪尿污染,发生脐炎。

在脐带脱落后,父母也要注意观察新生儿脐部是否正常。新生儿脐带脱落后,创面稍有湿红,属正常现象,可涂酒精或碘伏帮助伤口愈合。脐窝结痂后,务必等它自行脱落。痂皮脱落后,如果脐窝处有少量浆液状分泌物,可以每天用 75％酒精擦洗,再用消毒纱布覆盖。

另外,有些新生儿脐带脱落后会出现一些特殊情况,这需要父母的细心观察。如脐带脱落后脐部鼓出一个大包,里面充满了气体,每当新生儿哭闹时,这个包就会鼓起来,胀得很大,这种现象医学上叫"脐疝",这是因为新生儿腹部脐周肌肉发育不完善,比较薄弱,当腹压增高时就会有肠管暂时从脐部膨出,压力减小时就能自己回去。新生儿出现这种情况时父母不要着急,只要好好护理,一段时间内会自愈的。最重要的就是保持脐部的清洁和干燥;其次要使新生儿情绪稳定,尽量不让宝宝哭闹;还有就是使新生儿的贴身衣物柔软,可以避免衣服与肚脐的摩擦。

85.新生儿要不要晒太阳

新生儿要不要晒太阳呢?回答是肯定的。一是因为太阳光中的红外线温度较高,对人体主要起温热作用,可使身体发热,促进血液循环和新陈代谢,增强人体活动功能。二是因为太阳光中的紫外线能使皮肤中的麦角胆固醇转变成维生素 D,维生素 D 进入血液后能帮助吸收食物中的钙和磷,可以预防和治疗佝偻病;紫外线还可以刺激骨髓制造红细胞,防止贫血,并且可以杀除皮肤上的细菌,增强皮肤的抵抗力。所以,为了新生儿的身体健康成长,父母有必要让新生儿晒晒太阳。

86.新生儿怎样晒太阳

新生儿太小时,不能直接到室外暴晒。一般出生2～3周后,才能把新生儿抱到户外晒太阳,而且刚开始的时间要短,晒的部位要少,然后再慢慢地增加时间和扩大范围。

新生儿晒太阳可按下面的顺序进行:最初的2～3天,从脚尖晒到膝盖,5～10分钟即可;然后可将范围从膝盖扩至大腿根部;接着可以除去尿布,可连续2～3天晒到肚脐,时间15～20分钟;最后可以晒晒背部,约30分钟。新生儿如果有流汗,要用干净、柔软的毛巾擦拭,然后喂点白开水,以补充水分。

晒太阳的时间要随季节的变化而变化,夏天最好在上午10时以前或下午4时以后,其他季节可以在中午前后。

如果新生儿不方便抱到室外,可以在室内将新生儿的小床放在太阳能照到的地方,打开窗户,让阳光照到新生儿身上,同时室内的空气也清新了,这非常有益于新生儿的健康。

87.新生儿晒太阳时要注意什么

新生儿晒太阳时,要注意以下几点:

(1)在室外时,应选择风小的地方晒太阳,否则容易感冒;新生儿的头和脸部不能直接照射,尤其是在夏季时,可以选择阴凉处或戴帽子。

(2)新生儿空腹或早上吃奶后1小时内不宜晒太阳。日光浴要持之以恒才能收到良好的效果。

(3)有佝偻病症状或平时没有服用鱼肝油和钙片的新生儿,特别是营养不良或人工喂养的新生儿,应该先服一段时间的维生素D制剂,避免在晒太阳时突然发生抽搐。

(4)如果在室内晒太阳,最好是把窗户打开晒。因为隔着玻璃晒太阳是没有效果的,隔着一层玻璃接受紫外线照射时,效果就会减少30%,隔着两层玻璃就会减少80%以上。

(5)在晒太阳时,父母要密切关注新生儿的变化,若发现皮肤变红、出汗多、脉搏加快,或晒太阳后出现虚弱、暴躁、不眠、渐瘦等症状,则应停止晒太阳。

88.新生儿怎样过夏天

(1)夏天气温高,湿度大,如果新生儿盖得过厚、包裹过严,加之新生儿体温调节能力差,体温易升高,容易导致脱水热,所以防止室温过高是十分重要的。可以使用空调、电扇等方法降温,但是不要让空调、电扇直接对着新生儿吹风。开窗通风时,不要形成对流风,即开窗不开门或开门不开窗。

(2)新生儿新陈代谢快,比成年人还要怕热,所以完全可以成年人使用凉席。父母在给新生儿铺凉席前,最好先用开水烫烫,或用湿布擦洗凉席,这样可以防止由螨虫等引起的凉席性皮炎;还应在凉席上面铺一层薄被、毛巾被,使皮肤不直接接触到凉席。

(3)洗澡可清洁皮肤,促进血液循环,也可降低体温。夏天,父母可以每天给新生儿洗2~3次,温水为宜。脐带未脱落的新生儿不用盆浴,以免脐部感染;脐带脱落后可在澡盆中洗澡,同时父母可以在洗澡水中适当加入一点花露水,既清凉干爽,又可以祛痱止痒。洗完后,用干浴巾包裹,轻拍吸干水珠,可用少许爽身粉涂搽皱褶处,然后换上柔软宽松的衣服。

(4)新生儿娇嫩的皮肤很容易被蚊虫叮咬,一旦蚊虫有毒,皮肤还会出现严重的红肿,甚至发热。因此,可以给新生儿喷一些婴儿专用驱蚊液。

(5)新生儿房间最好不要使用杀虫剂或蚊香,虽然这些东西能驱走虫蚊,但是会对新生儿造成伤害。因为新生儿的机体解毒功能较差,对化学物质很敏感,可能出现过敏或中毒。父母尽量给新生儿使用蚊帐防蚊,同时注意通风。

(6)夏季是肠道传染病多发季节,如果母亲吃了不洁食物,患了肠道传染病,传给新生儿的可能性非常大,所以母亲应特别注意自己的饮食卫生。另外,母亲要勤洗澡,勤换内衣,保持乳房清洁;在喂奶前,要洗净双手,用干净的温毛巾擦净乳头和乳晕。如果采用的是人工喂养,更要注意卫生,奶具要消毒,不要吃剩奶,要现吃现配。
注意:夏天新生儿要保证充足的水分,母亲要多饮水,新生儿也要适当饮水,人工喂养的新生儿更要补充水分。

89.新生儿怎样度严冬

第一,新生儿的体温调节功能尚未发育完全,加之体表面积相对较大,皮肤薄且血管分布较多,易于散热,尤其是皮下脂肪组织中饱和脂肪酸容易因低温发生凝固,易导致新生儿硬肿症。所以父母要有正确的保暖观念。

第二,内衣对新生儿是十分重要的,它起着最基础、最重要的保暖作用,所以内衣一定要柔软、舒适。

第三,不要把新生儿裹得紧紧的,既影响活动,也不暖和。可以给他准备厚度合适、轻软、暖和的小棉服和棉裤,既轻便又保温。

第四,新生儿头上血管比较丰富,位置比较浅,因此散发的热量也较多,所以最好戴上一顶温暖、舒适的帽子,这样可以减少全身热量的散发。

第五,父母在给新生儿采取保暖措施时一定要适度,如果保暖过度,新生儿会高热、大汗淋漓,严重者还会出现惊厥症状,即捂热综合征。

第六,父母要定时给新生儿洗澡、洗头、换衣服,使他的皮肤保持卫生。

第七,在冬季,父母不要整日将室内门窗紧闭,最好每天定时开窗,使空气流通,这样有利于新生儿呼吸道抵抗力的提高。

90.新生儿要少同外人接触

新生儿从医院回家后,许多亲朋好友会来探望祝贺。但是,来来往往的人群对新生儿是不利的。

新生儿身体很娇嫩,对外界环境的适应能力较差,抵抗力也弱,特别是呼吸道的发育还不成熟,容易感染。由于来探望的人中难免带有各种病菌,虽然这些病菌在成年人身上不致病,但对新生儿来说却是祸害。如果有伤风感冒的人亲近新生儿,很容易把感冒传给新生儿。因此,为了新生儿的健康,要尽量减少与外人的接触。

如果亲朋好友来了,可以缩短探望时间,或直接表明以后再来探望。

91.如何防止新生儿意外事故

有时候父母一时的粗心大意往往会给新生儿带来意外的伤害。那么,父母怎样做才能避免发生意外呢?

(1)新生儿睡着时,母亲要停止喂奶。因为母亲卧床喂奶时,乳房会压住新生儿的鼻子,阻碍呼吸,甚至会导致缺氧。

(2)如果新生儿吃奶过急,急促地吞咽,则容易出现吐奶,呕吐物可从鼻中喷出,严重时可被吸入气管,造成窒息。所以,母亲在喂奶时可等新生儿吃几口后,将奶头拔出,稍停片刻再喂。并且在每次喂奶后应该直抱起新生儿,轻轻拍背,最好打个嗝再放下侧卧,这样既减少吐奶的机会,又能避免呕吐物吸入气管而发生窒息。

(3)新生儿睡觉时,不要将新生儿面部捂严,口鼻要充分暴露。有的母亲爱搂着新生儿睡觉,熟睡翻身时很容易压迫新生儿而发生窒息。

(4)在给新生儿穿衣服前要仔细检查衣服,看看有无异物,有无脱落的线头。因为异物可能会伤害到新生儿,而线头有可能缠绕新生儿的手指、脚趾,影响局部血液循环,造成组织坏死。

(5)给新生儿使用热水袋保暖时也要加倍小心,检查瓶盖是否拧紧,若有热水流出会烫伤皮肤。父母最好让暖水袋中的水温低于 $60℃$,可以用布包裹后给新生儿使用。

(6)给新生儿洗澡时,洗前父母一定要先用手背试一下水温,再将新生儿放入盆中,同时注意托住头,防止滑入水中。

(7)新生儿的身旁应尽量不放或少放物品,以免砸伤、碰伤。

(8)给新生儿用药时,不论是口服药物还是外用药物,用前一定要先仔细查看核对,以免发生误服,造成不必要的伤害。

92.为什么不提倡为新生儿大办"满月"

新生儿出生后 30 天即我们所说的"满月"。我国有一个传统的习惯,就是给新生儿做"满月"。在这一天,亲朋好友会前来道喜祝贺,主人也会对客人们热情招待,甚

至大摆宴席以表感谢,场面可谓非常热闹。大人都高兴了,但是新生儿会生气的,为什么呢?

因为新生儿免疫功能差,抵抗力弱,家中来了这么多人,尤其是新生儿的房间里人来人往,室内空气污浊,新生儿的呼吸道娇嫩,更很容易染上疾病。如果客人中有病人或是处于潜伏期的病人,会增加交叉感染的机会,对新生儿的健康极为不利。

所以,为了新生儿的健康,我们应该改变这一传统习惯,不要给新生儿做"满月"了。

93.给新生儿建立生活日程

无论是哪一阶段年龄的人,都有一个生物钟,只有在一种有规律的模式中,他们才能运转得最好。当然,新生儿也不例外。育儿专家建议,父母要给新生儿建立一个安全、持久的环境,使宝宝有规律的作息。这是一个反复发生的过程,大约需3小时,其中每部分是以下面的顺序发生的:

(1)吃奶:无论你的新生儿是母乳喂养,还是人工喂养,或二者兼有,都需要每隔3小时左右喂养一次。新生儿是个小饭桶,与他们的体重相比,自身摄取的能量是一个肥胖者的2～3倍。

(2)活动:新生儿每天大约有80%的时间来睡觉,其余的时间除了吃饭,就是在小床上咿咿呀呀。

(3)睡觉:即使新生儿的身体有不适,或是因为刚开始还不适应,需要逐渐学会在自己的小床上入睡。

(4)妈妈:在新生儿睡觉的时候,事情料理妥当后,便是妈妈自己的休息时间了,可以进行精神和身体上的康复。随着新生儿的长大,吃饭时间变短,能够自己玩,睡觉的时间变长,妈妈休息的时间会越来越长。

94.男婴的照料注意事项

许多父母在护理男宝宝时会出现很多困惑,如包尿布一不小心生殖器就会红肿发炎;染上腮腺炎又担心影响将来的生育能力;出生时肾积水后要随访;包皮要不要割,以及什么时候割适宜等,这些都令父母手忙脚乱,无所适从。下面就讲一些照料男宝宝的注意事项:

(1)包尿布要格外小心:纸尿裤如果使用方法不当可能影响男婴生殖器的发育,严重的还可能导致长大后不育。所以,父母在给宝宝包尿布时不宜太紧,特别是男宝宝。

(2)常常哭闹可能尿路感染了:尿布使用不当容易引发宝宝尿路逆行感染,再加上男婴经常使用尿布或穿开裆裤,尿道口更容易受粪便或其他不洁物的污染。父母一旦发现宝宝哭闹不休,并且每次排尿量不多,尿布有臭味等,都可能是发生了尿路感染。

（3）腮腺炎可能影响男婴生育：男婴患腮腺炎并不意味着一定会丧失生殖能力，只有当腮腺炎引发睾丸炎时，才会影响生育能力。所以，父母一旦发现宝宝患了腮腺炎，就要及时治疗。同时，父母可以通过触摸男宝宝的生殖器，观察是否有肿胀、疼痛感，以便及时发现睾丸炎。

（4）男婴肾积水要定期随访：胎儿期出现的肾积水存在明显的自己缓解倾向，但是宝宝出生后，如果出现腰部、腹部肿块、尿路感染或肾积水进行性发展，则需要手术治疗。若没有以上症状，应在 2 岁内每隔 3 个月随访一次，一般 2 岁内可自行缓解。

（5）包茎开刀并非越早越好：男婴包茎手术并不是越早越好，最好是在学龄前比较懂事时，动手术比较合适。手术一定要选择正规、有资质的专科医院进行，切莫贪图便宜，以免造成终身伤害。

95.女婴慎用爽身粉

洗完澡后，妈妈总爱给宝宝涂上一些爽身粉，特别是在炎热的夏季。但是儿科专家指出，女婴最好不要将爽身粉扑在大腿内侧、外阴、下腹等部位。因为据有关调查表明，女婴长期使用爽身粉，将来卵巢癌的发病危险增加 3.88 倍。

爽身粉怎么会与卵巢癌有关系呢？这与女性的身体结构有关。因为女性的盆腔与外界是相通的，尤其是女性的内生殖器官与外界直接相通，而爽身粉的主要成分是滑石粉，颗粒很小，容易通过外阴、阴道、宫颈、宫腔、开放的输卵管进入到腹腔，并且附着在卵巢的表面，这样就会刺激卵巢上皮细胞增生，进而诱发卵巢癌。国外一些统计资料说明，每 70 个新生女婴就有 1 名可能会在未来的一生中患卵巢恶性肿瘤。卵巢癌很难早期发现，它在妇女肿瘤中的死亡率仅次于宫颈癌。

虽然目前还不能确定爽身粉一定会诱发卵巢癌，但是，年轻的妈妈应避免用爽身粉为女婴扑下身。

96.新生儿拍照忌用闪光灯

许多父母都想给刚出生的新生儿拍些照片留作纪念，这种想法虽然不错，但是利用电子闪光灯来拍照就不对了。

新生儿在出生前一直处于子宫这个"暗室"里，出生后不能很快地适应光的刺激，对光非常敏感。出生以后，小儿以睡眠的方式来逐渐适应外界变化。新生儿白天睡眠比夜间多，也就是说宝宝通过睡眠的方式来逐渐适应亮光环境。

调查表明，被灯光直接照射的新生儿眼部损伤的发生率比放在保暖箱中的新生儿高 36%；早产儿暴露于一般的照明灯光之下后有 86% 患眼病，并有患儿失明。同时还有研究表明，新生儿室内的光线越强，越容易导致失明或其他视觉障碍。

新生儿的视网膜发育还不完善，眼睛受到较强光线照射时，会使视网膜神经细胞发生化学变化，瞬目及瞳孔对光反射均不灵敏，泪腺尚未发育，角膜干燥，缺乏一系列阻挡强光和保护视网膜的功能。所以，当新生儿遇到电子闪光灯光等强光直射时，可

能会引起眼底视网膜和角膜的灼伤,甚至有导致失明的危险。因此,为新生儿拍照时最好利用自然光源,或采用侧光、逆光,切莫用电子闪光灯及其他强光直接照射新生儿的面部。

97.新生儿最好不要坐车

新生儿尤其是早产儿对缺氧的耐受能力都较差,坐车时很容易发生呼吸困难,所以父母尽可能不要让新生儿坐车。有关专家曾做过研究,即对 50 名足月新生儿和 50 名早产儿进行抬头呼吸的测试,发现他们抬头呼吸的能力均很弱,如果坐车,则很容易发生呼吸困难,甚至窒息。

98.不要过分逗新生儿笑

新生儿适当地笑可增进健康,但过分大笑则不利于新生儿的健康,可以产生以下伤害:

(1)大笑时会使胸腹腔内压增高,妨碍胸腹内器官活动。

(2)长时间的笑容易造成暂时性缺氧。

(3)如果在进食、吸吮、洗浴时逗笑,容易将食物、水汁吸入气管。

(4)逗笑过度会引起痴笑、口吃等不良习惯。

(5)大笑会引起大脑长时间兴奋,有碍大脑正常发育。

(6)过分大笑还会引起下颌关节脱臼。

所以,父母在逗笑宝宝时,一定要把握分寸和尺度。

99.怎样让新生儿喜欢你

许多年轻的爸爸可能遇到过这样的情况:新生儿在妈妈的怀里笑得很美,可是当你抱过来后,他的脸立刻晴转雷阵雨,一下子就哭起来了,而一回到妈妈怀里就又阳光灿烂了。这是为什么呀?

在新生儿的成长发展中,妈妈起着非常重要的作用,这是因为妈妈是他一切生理需要的满足者,通常也是新生儿与客观世界接触的中间人。而与妈妈相比,爸爸的粗心使他们主动减少了与新生儿亲近的次数。要改变这种情形,爸爸可以按照以下方面做。

首先,你要经常与妈妈一起出现在新生儿的视野中。在新生儿的印象中,妈妈总是脸带温柔的微笑,总会适时地满足各种各样的需要。久而久之,他就会对妈妈产生依赖,并给予全部的信任。爸爸也应从此入手,尽量多和妈妈一起逗他玩;也可以尝试着在妈妈的指导下去满足一下他的需要,时间长了,就会增加对爸爸的信任。

其次,爸爸要尽可能地多抱他。当他被抱着的时候,才会感觉自己是安全的。所以,不论工作有多忙,下班后有多累,爸爸都应该一回到家就抱抱宝宝,用手拍拍,轻轻抚摸,和他说话等,这样既能使宝宝高兴,也能使宝宝增加对爸爸的信任。

100.新生儿的哭声你懂吗

新生儿来到人世间的第一声啼哭,是安全的标志,有利于肺的发育。这时候新生儿的哭声流畅、洪亮,则代表平安。但若在出生后1分钟无哭声,说明新生儿有窒息存在,需要进行抢救,如清理口腔和咽部的废物,拍打足心或臀部,使新生儿哭出声来。

新生儿不具备语言表达能力,啼哭是他表达感情、对外界刺激反应的重要方式,是一种本能反应。父母要注意观察新生儿的哭声,因为不同的哭声表示宝宝不同的需求和反应。

(1)非病态的哭声:下面这几种哭声都不是病态的,一般哭声响亮而柔和,有节奏,时哭时停,只要父母及时满足宝宝的需要,哭声即可停止,并安静入睡。

①运动的哭声。新生儿睡醒时常伴有节奏性的哭声,声音响亮,音调柔和,不嘶不哑,脸色红润,呼吸正常。这对肺的舒张和呼吸肌的锻炼均有益。

②觅食的哭声。当新生儿饿了,宝宝啼哭的声调与运动时的接近,但比较急,节奏紧密。这时候如果母亲用奶头或手指触及新生儿的口角,就会立即转向奶头或手指侧,口唇做吸吮动作,哭声停止。

③反抗性的哭声。新生儿感到不舒服时,如尿布浸湿、衣着过紧、感觉冷热、锐物刺痛以及昆虫叮咬,也会发出哭声。开始时是间歇性的"咿咿呀呀",一般不剧烈,哭哭停停来表示"抗议"。如果没有人帮助解决"问题",那么哭声会逐渐变大,变为连续性。

(2)疾病性哭声:新生儿还会因为身体某处疼痛或不舒服而啼哭,这种哭声突然开始,哭声大、节奏快,难以用吃奶、换尿布等方式使宝宝停止哭闹。这时候,父母就要注意观察新生儿是否生病了,下面就介绍几种新生儿的疾病性哭声。

①肠套叠性哭声。新生儿突然大哭,节奏紧迫,音调亢进,同时脸色苍白,大汗淋漓,表情痛苦,烦躁不安,手足舞动。一会儿,哭闹停止,趋于平静,如此反复发生。临床上患儿常伴有呕吐、腹部肿块和便血等。

②腹泻前的哭声。腹泻患儿在排便前因肠蠕动增加,感觉不适,常会哭闹,排便后哭声停止。

③肠痉挛性哭声。新生儿突然的阵发性啼哭,音调高亢,两腿蜷曲,一阵哭闹后转而安静,反复发生。

④中耳炎性哭声。新生儿哭闹时用手抓耳,摇头。若牵拉宝宝的耳郭,哭闹加剧。

⑤吃奶时的哭声。新生儿感冒鼻塞,或口腔有炎症、溃疡,咽后壁有脓肿时,多在哺乳或进食时哭闹,甚至拒绝饮食。

⑥其他疾病的哭声。新生儿的哭声嘶哑,要想到喉炎、喉头水肿;新生儿出现尖

叫样哭声要警惕是否为颅内出血；哭闹时伴有点头样抽搐，可能是婴儿痉挛症；啼哭却无泪时，则是脱水的表现；而持续性哭闹、呻吟、烦躁不安，可能是心力衰竭所致。

101.新生儿为啥会打嗝

打嗝是由于受到某种刺激而使气逆上冲，喉间呃呃作声为特征的一种症状。新生儿的脏腑娇嫩，胸部的膈肌发育尚不完善，一旦受到刺激，容易导致难以自控的打嗝现象。

新生儿打嗝的原因：一是由于护理不当，外感风寒，寒热之气逆而不顺，也就是我们俗话说的"进了凉气"，从而诱发打嗝；二是由于喂养不当，若吃奶不节制，或过食生冷奶水，脾胃功能减弱，胃气上逆动膈，从而诱发打嗝；三是由于进食过急或惊哭之后进食，一时哽噎也可以诱发打嗝。

新生儿打嗝时的处理方法：若是由于受凉所致，一般嗝声高亢有力而连续，这时可给新生儿喝点热水，同时胸腹部盖上衣被，即可不治而愈。若发作时间较长，或发作频繁，可以在开水中泡少量橘皮，因为橘皮有疏畅气机、化胃浊理脾气的作用，待水温适宜时喂新生儿，几次过后则嗝自止。若是由于乳食停滞不化，打嗝时可闻到酸腐异味，这时候可以用消食导滞的方法，如父母可以在新生儿的胸腹部轻柔按摩以引气下行，或饮服山楂水通气通便，食消气顺则嗝自止。

新生儿打嗝多为良性自限性打嗝。所以，父母对新生儿打嗝应该以预防为主。如新生儿在啼哭后不宜立即进食；吃奶时要有正确的姿势体位；吃奶时避免急、快、凉、烫；吸吮时要少吞慢咽。另外，新生儿在打嗝时，父母可以用玩具引逗或放些轻柔的音乐来转移其注意力，以减少打嗝的频率。

102.怎样为宝宝选玩具

玩具是宝宝生活中不可缺少的东西，对宝宝的身心发展起着非常重要的作用，它能促进宝宝感知觉、语言、动作技能和技巧的发展，培养观察力、注意力、想象力和思维能力，开阔视野，激发欢乐情绪，培养良好品德。

选择玩具并不是越高档越精致越好，而要根据宝宝的年龄特点来选择。各个年龄有其不同的生理心理特点，宝宝对玩具需要也不同，给新生儿准备的玩具主要是为了促进视听觉的发育，因此可选择一些外形优美、色彩鲜艳的玩具，以引起宝宝的兴趣和注意。

新生儿喜欢看红颜色，喜欢看人的脸，容易注视图形复杂的区域、曲线和同心圆式的图案。新生儿不仅能听到声音，而且对声音频率很敏感，喜欢听和谐的音乐，并表示愉快。可给新生儿准备一个直径为15厘米的红色绒线球、印有黑白脸谱、黑白的条纹及同心圆图形的硬纸卡片，彩色气球、小摇铃、能发出悦耳声音的音乐盒、彩色旋转玩具等。

103.婴儿吮手指的纠正方法

您留心一下就会发现许多婴儿都喜欢吮吸大拇指。老年人说:"宝宝在吸手中的糖。"

在刚出世的几个月里婴儿偶尔把小手放在嘴里吮吸,这时吮吸手指不是一种习惯,而是婴儿吮吸天性需要。如果坚持母乳喂养,随着宝宝长大是不会留下吮吸手指的习惯的。因为母乳喂养的宝宝有足够的吮吸时间。同时哺乳时也注入了母亲对宝宝深深的爱,而母爱恰恰是对宝宝生命和需要的无条件肯定,使宝宝从生命的最初就开始感受被爱。

用奶瓶喂养的宝宝吮吸手指或其他东西的现象大大超过母乳喂养的宝宝。因为一吃完宝宝就停止了吮吸,而天性尚未得到满足,吮吸奶瓶毕竟无法与吃母乳的感受相比,宝宝在心理上也没有获得充分的爱抚。久而久之这种遗憾就会促使宝宝通过吮吸手指或其他东西来获得身心两方面的补偿,于是养成了吮吸手指的习惯。时间长就难以纠正。

如果宝宝有这种不好的习惯也不要硬性加以纠正,这样会给宝宝带来痛苦。当宝宝吮吸手指时不妨给他一个好玩的玩具或带他到室外去散步等方式转移他的注意力,要是宝宝在不高兴时吮吸手指安慰自己,那么最好想办法哄他高兴,然后帮他忘记吮吸手指。有关专家指出,宝宝吮吸手指是宝宝探索欲的萌芽。

104.婴儿吮手指不利健康

"吮拇癖"长期持续下去对宝宝的生长发育影响很大。①宝宝吸吮手指时容易将病菌带入口中会引起消化道感染或肠道寄生虫病。②长期吸吮手指会变形。③长期吸吮手指可能会影响下颌发育,造成牙齿排列不齐或上下牙咬合不良的畸形。④经常吸吮手指可影响手指肌肉发育和精细动作的发展,对以后的工作、学习及生活有不良影响。

105.改变喂养方式帮婴儿戒吮指

母亲改变喂养方式,才能帮助宝宝戒吮手指的习惯。母乳喂养的宝宝,妈妈适当将喂奶时间延长一些,一次吃饱。妈妈用奶瓶喂奶时可将奶嘴孔刺小一点以延长吸吮时间,满足吸吮本能的需要。但孔不宜过小避免使宝宝没吃饱就疲倦了。另外,宝宝哭闹时不要给其叼安抚奶嘴。尽量不让宝宝把手指放入口中,如发现宝宝爱吮手指,家长要采取积极的措施加以纠正,不要用强硬的方法将宝宝的手从口中拉出来,也不要在宝宝手指上涂苦、辣等怪味东西。爸爸妈妈应该多和宝宝玩耍、交谈使宝宝情绪稳定。家长注意宝宝的个人卫生及周围环境的卫生,爸爸妈妈应常给宝宝洗手,宝宝的玩具及用品要经常清洗消毒。

我的宝宝已经10个月了。他什么东西都爱往嘴里放,怎么说他也不听。请问我该怎么办?

儿科医生教您带婴儿

8个月的婴儿总喜欢把抓到手的东西放进口里吮一吮、舔一舔、咬一咬。这是宝宝在这个时期重要的一种探索方式。宝宝学会坐后，视野比躺着的时候开阔了许多，小手也开始活跃起来，到处抓东西。这时正值宝宝探索事物的萌芽期，当他抓到物品后除了看看和敲敲，还要放入口中通过吮、舔、咬等方式来尝试、探索，从质感上获得对物品的进一步认识。所以，奉劝年轻的父母们不要太阻挠宝宝的这一探索活动。宝宝的玩具应经常清洗，以免因不卫生引起肠道疾病；有毒的或危险的玩具不要让宝宝咬，如上了漆和有锐边的玩具等。

106.婴儿为何不能控制排尿

小一些的宝宝，膀胱排空是一个自动的过程。宝宝经常排尿是因为尿液不能在膀胱长期储存的结果。如果膀胱内装有尿液，膀胱壁受牵拉就会刺激膀胱产生排空反射，这是正常现象。在膀胱还没有发育到能容纳尿液之前不要对宝宝抱过高的期望。宝宝15个月后才能达到自己控制的程度。

107.解答婴儿的大便次数

婴儿出生后24小时将会排出黏稠、黑色的物质，称作胎粪。胎粪为胎儿在子宫中的肠内容物，必须在开始正常的消化之前排出体外。以后宝宝排便渐渐形成了规律，粪便也变得硬了一些。只要婴儿健康、幸福、增重就没有必要注意宝宝的大便，不必为宝宝的大便担心。不同的宝宝每日大便次数也不相同，但随着宝宝的发育大便的次数会越来越少。开始时宝宝每天的大便次数为3~4次，过几周后大便的次数可能会减少到每2天一次，这都是正常现象。另外，以下现象也属正常情况：稀薄、不均匀的粪便；绿色的粪便；吃过就有大便；有时每天大便次数达6次。

108.婴儿排便的颜色各有不同

(1)吃母乳婴儿的大便：宝宝出生后会排出颜色为绿黑色、光滑、黏稠的胎粪。以后正常吃母乳的婴儿排出淡黄色的粪便。宝宝的排便次数并不重要，多的每天几次，少的每几天一次。婴儿的粪便一般为糊状或是比冰淇淋黏稠一些，没有气味。吃母乳的宝宝很少便秘，宝宝几乎能吸收所有的东西，废物很少，这也说明为什么宝宝有时3天才排出一次粪便。请记住母亲所吃食物影响着婴儿，辛辣的食品会引起宝宝消化不良。

(2)喝牛奶婴儿的粪便：在宝宝消化功能稳定下来以后，吃配方牛奶的宝宝排便的次数会减少，粪便比较硬、发黄、有异味。

109.婴儿大便过硬的处理

有时你会发现婴儿的粪便过硬，像软皮鸡蛋一样，但是正常宝宝的粪便应该是稍软的，解决的办法是多给宝宝饮水：即在平常的配方牛奶中多加一些水。在宝宝喂奶中间可以给宝宝多喝一些凉开水。在宝宝几个月后可以在饮水中加一些干梅汁或滤过的水果汁,预防粪便干燥。

110.婴儿大便偶尔的变化不用担心

只要宝宝正常就不必关心宝宝的粪便有无变化。颜色的深浅变化并没有什么严重的问题;质地略干略稀并不能说明宝宝有什么毛病。如果不放心请向医生咨询,他们一定非常愿意为你服务。粪便偶尔变稀不能说明宝宝有什么异常或是有什么感染,但是如果粪便水样,伴有突然的颜色变化、气味的变化和排便次数增加,一定要与医生联系,特别是在怀疑宝宝有病的情况下。总的说来,排便次数和颜色的变化不能表示出什么问题,但是气味和粪便中的含水量则说明很多问题。

111.引起婴儿大便变化的原因

随着宝宝的生长,宝宝吃了不同的食物,如某种水果或者蔬菜都会引起粪便的变化。如果宝宝吃到某种食物后大便变稀,应在几天之内不给宝宝吃这种食物,过一段时间再给宝宝加少量的这种食物。

注意:甜菜根会使粪便的颜色发生变化,而且粪便接触空气后会变成褐色或绿色。

粪便中出现血丝是不正常的现象,原因可能不严重,如肛门周围的血管破裂,但还应该去看医生。粪便中出现大量的血液、脓液、黏液,说明可能有肠道感染,家长需要带宝宝去医院就诊。

112.帮婴儿养成定时排便的好习惯

婴儿出生第一个月,大小便次数多,无须培养排便习惯。2～6个月时就可以逐步进行培养。2～3个月时母亲可观察婴儿每天排尿及排便的次数和时间,以便掌握排尿和排便的规律,及时更换尿布,清洁臀部。当母亲掌握了婴儿的排尿和排便的规律,记录下每天排尿及排便的次数和时间,从4个月左右就可以开始用固定的"嘘嘘"声刺激排尿,用"嗯嗯"声刺激排便,并抱以排尿或排便的固定姿势,建立条件反射,逐步养成听音排尿或排便的好习惯,进一步养成定时大便的习惯。

固定地点排两便,让宝宝形成条件反射,刺激肠蠕动排便。其实20天始就可以"把尿""把屎",现在"纸尿布"使婴儿没有强烈的刺激及神经反射,久而久之形成随时拉大小便而导致遗尿、脱肛;两便最好定点,在厕所或痰盂,不要随地大小便;两便的时候不要让宝宝玩或喂宝宝食物。

母亲们非常希望自己的宝宝能按时排尿,因此在宝宝很小时就给他"把尿",想让宝宝少尿床、少尿裤子。愿望虽好,但宝宝的发育却有客观规律。小儿膀胱的位置较高,随着年龄的增长才降到盆腔内。出生后的头几个月膀胱黏膜柔弱,肌层及弹力纤维发育不足,故排尿纯属反射性。出生后5～6个月才慢慢形成最初的条件反射。随着大脑皮质的发育条件反射逐渐成熟了,大部分婴儿过周岁就能控制排尿了。这时的宝宝刚会迈步,父母可解下尿布让宝宝轻松学步。此外,主动控制排尿的早晚与训

练也有关系。

113.怎样训练婴儿定时大便

训练婴儿定时大便应按照宝宝自己的排便习惯。婴儿刚出生大便次数比较多而且较难掌握规律,尤其是母乳喂养的婴儿。大多宝宝满月后大便次数会减少,到3～4个月大便次数基本上每天1～2次,而且时间基本固定。

4～6个月的婴儿可以按照宝宝自己的排便习惯。先摸清宝宝排便的大约时间,发现婴儿有脸红、瞪眼、凝视等神态时,便可抱到便盆前,用嘴发出"嗯、嗯"的声音对婴儿形成条件反射,每天应固定一个时间进行,久而久之婴儿就会形成条件反射,到时间就会大便。便后用温水轻轻洗洗,保持卫生。

114.婴儿为什么会晕车

其实婴儿和大人一样也会晕车,医学上称为"晕动病"。晕车与耳朵中司管平衡功能的前庭器官兴奋性高有很大关系。一般来说,小孩的症状比大人重也更为普遍。小孩在4岁以前,前庭功能正处在发育阶段,4岁后才不断完善,直到16岁时才完全发育成熟,随着前庭功能的逐步完善,宝宝晕车的症状会越来越轻,甚至消失。

由于婴儿无法表达自己的感觉,因此发生晕车时往往会被家长忽视。其实宝宝晕车有一些很明显的症状。例如在车上手舞足蹈、哭闹、烦躁不安、流汗、吐奶、面色苍白、害怕、紧紧拉住家长、呕吐等,下车后又有好转。

115.预防婴儿晕车的措施

要想预防婴儿晕车平时可加强锻炼,父母可抱着婴儿慢慢地旋转、摇动脑袋,多荡秋千、跳绳、做广播体操,以加强前庭功能的锻炼,增强平衡能力。也可以采取一些措施来预防晕车,具体方法是:

(1)上车后父母可尽量选择靠前颠簸小的位置,可以减轻宝宝晕车的症状。

(2)打开车窗,让空气流通。

(3)尽量让宝宝闭目休息。

(4)分散宝宝的注意力,给他讲故事、笑话。

(5)上车前可以在宝宝的肚脐处贴块生姜或伤湿止痛膏,以缓解晕车的症状。另外,尽量不要让宝宝在饥饿、过饱、疲劳、情绪低落时坐车。

(6)给车厢透透气,因晕车的宝宝对汽油味、烟味、新车异味特别敏感,车子的颠簸晃动足以让宝宝心里不舒服了,如果再有一些异味绝对会加剧宝宝的症状。所以无论是炎炎烈日还是数九寒冬,只要有晕车的宝宝在车里就应将车窗打开,让吹进车里的风冲淡引擎散发出的汽油味,以便宝宝能呼吸到比较新鲜的空气。不过要是赶上塞车,上百辆车竞相排放废气,妈妈最好还是先把窗子关上,因为此时外面的空气比车里的空气更糟。当然,吸烟的爸爸得忍着点,如果出租车司机吸烟也要客气地请他暂时戒掉。

安全叮咛:风大时可将窗子开一条小缝,并给宝宝穿上有帽子的衣服或戴上帽子以防宝宝受凉感冒。

(7)按压内关穴。宝宝有晕车症状时爸爸妈妈可用大拇指按压内关穴缓解。按的时候要用力,让宝宝有隐隐作痛的感觉,但不要让宝宝承受不了,同时教宝宝吐气,连续按几次宝宝会好受些。内关穴的位置:从掌面与手腕关节处的横纹算起,约本人三指宽的位置就是内关穴。

安全叮咛:不要把"按"变成"掐",宝宝的皮肤很嫩,稍不留神就会弄破,妈妈的指甲过长也要注意。

(8)巧用鲜姜风油精。在行驶的车中妈妈手里拿鲜姜片随时放在宝宝鼻孔下面让宝宝吸气,辛辣味吸入鼻中能起到缓解作用,把姜片贴在宝宝肚脐上用伤湿止痛膏固定好也是不错的方法。也可将风油精搽于太阳穴或风池穴,或在肚脐眼上滴两滴风油精,用伤湿止痛膏敷盖,效果不错。

安全叮咛:使用风油精时不要让宝宝摸,以防沾了风油精的手再去揉眼睛。

(9)睡觉或闭目养神。上车后让宝宝躺在妈妈怀里睡觉或闭目养神能减轻宝宝晕车的感觉。因为内耳感觉到的动感与视觉所接收的感觉不一致时就容易晕。如果宝宝睡着了或闭上眼睛,不存在视觉与内耳感觉的错位,晕车的问题就迎刃而解了。

安全叮咛:如果宝宝睡着了最好关上车窗,或用围巾、帽子遮住宝宝的头和前额,防止着凉。

(10)首选车厢前部。让宝宝坐在车厢前座,身体靠在椅背上相对固定,提示宝宝往正前方看,此时视觉与内耳接收的信息一致,宝宝不容易晕车。如果宝宝有不适反应可让他做深呼吸。

安全叮咛:宝宝应让爸爸或妈妈抱着坐在前座。3岁以上的宝宝独自坐时必须系好安全带。

116.超前杜绝晕眩的策略

(1)让婴儿习惯坐车:晕车的婴儿乘车经历越少坐车时晕的可能性就越大。如果爸爸妈妈舍得频繁在车里"摔打"宝宝,过不了多久就能百炼成钢。所以,爸爸妈妈最好能每周带宝宝坐一两次车,时间从10分钟、20分钟一点点延长,直到宝宝连续乘车2~3小时不晕为止。

安全叮咛:宝宝训练过程中遇到不适最好尽快下车,不使宝宝对车产生恐惧心理,否则以后的锻炼将受到影响。

(2)多做运动:乘车时,除了水平移动还有上下震动造成身体平衡系统紊乱,就会感到不舒服。假如平时多做各种运动,操练身体的平衡系统,乘车时宝宝自然会觉得轻松。比较有效的运动包括上下运动、弯腰、反复下蹲站起、折返跑、倒着走路、多带宝宝坐转椅或让他自己转圈,持之以恒都会有明显的效果。

安全叮咛:做这些运动应循序渐进,宝宝运动时不要太剧烈以免造成伤害。

(3)药物预防:上述的做法是长线行为,因此如果进行了短时间练习的宝宝晕车现象仍很严重,在出门前最好能采取些预防措施,比如吃茶苯海明(乘晕宁)或其他有效药。除非特别注明,一般的晕车药2岁以上的宝宝可以服用,在出发前30分钟吃下。

安全叮咛:给宝宝吃药剂量严格按照说明进行,不能家长觉得宝宝晕得厉害就多吃。另外,宝宝不宜使用成年人的晕车贴片。

(4)控制食量:乘车前少给宝宝吃东西,尤其是甜食和高热量、高蛋白、高脂肪的油腻食物,尽量少喝水。食量控制在平时的1/4左右或更少一点。爸爸妈妈随身带一点宝宝喜欢吃的东西,到了目的地再让宝宝吃。乘车前一定要让宝宝休息好。如有晕车迹象也可给宝宝吃一点咸菜,往下压一压。

安全叮咛:因为吃得少宝宝刚上车时可能会有饿的感觉,吵着要吃东西,这时爸爸妈妈最好用一些方法转移其注意力,如做游戏、讲故事、摆弄玩具,但不要提宝宝有可能晕车的事,那样会给宝宝一些心理暗示,无形中使宝宝产生心理压力,脑子里越怕晕车过不了多久就真的晕车了。另外,给宝宝吃的咸菜不能太咸,吃一点点即可,否则会增加宝宝肾脏的负担。

117.婴儿使用学步车要注意的问题

宝宝八九个月开始蹒跚学步。走路使宝宝变为一个好动、活泼、不知疲倦的人。宝宝可以不求助别人走进自己感兴趣的陌生之地看个究竟,获得许多经验。

(1)学步车自身要安全

①卫生。宝宝双手能触摸到的地方必须保持干净,防止"病从口入"。

②牢固。学步车的各部位要坚牢,以防在碰撞过程中发生车体损坏、车轮脱落等事故。

③高度要适中。

④车轮不要过滑。

(2)环境要安全

①要为宝宝创造一个练习走路的空间,宝宝不应该去的地方应有障碍物阻挡。

②地面不要过滑,不要有坡度。因为宝宝的腿已很有劲,速度一快,学步车碰到物体上会伤着宝宝。

③要把四周带棱的东西拿开,避免学步空间内家具凹进凸出。宝宝的手能接触的小物品要拿走,以防宝宝将异物放入嘴里。

(3)家长要注意的问题

①不要把学步车当成宝宝的"临时保姆",宝宝学步期间家长切不可掉以轻心,要随时保护。宝宝学步的时间不宜过长,这是因为宝宝骨骼中含钙少,胶质多,故骨骼

较软,承受力弱,易变形。此外,由于宝宝足弓的小肌肉群发育尚未完善,练步时间长易开成高平足。

②宝宝的穿着不宜过多。

③宝宝排尿后再练习,可撤掉尿布,减轻下身负担。

118.婴儿也需要做体操

运动是重要的生理刺激之一,是系统地刺激活动感受分析器的有效方法。大脑支配人的各种复杂活动,又使大脑产生相应的条件反射。因此,让婴儿早期进行适当运动,不仅可锻炼机体,也能促使智力的迅速发育。

从婴儿出生开始,除给正常进食外,经常洗温水澡是宝宝人生的第一堂运动课。

婴儿满月后,家长即可抱宝宝到室外活动散步,每天5~10分钟。婴儿散步可改善机体的气体交换状况,使体内血氧含量增多,有助于其健康发育。

2~4个月,使婴儿习惯于四肢运动。婴儿平卧,先将其两上肢交叉伸屈,再将两下肢交叉伸屈。腿尽量弯曲,尔后伸直,最后两下肢同时伸屈。每一动作重复2~3次,以锻炼肩部及腿部的肌肉。

4~6个月,除四肢外,开始身体的运动。握住婴儿双脚,将其身体左右各翻转一次,刚开始婴儿翻身尚不自如时可一手持其脚,另一手扶宝宝上身帮他翻身。

6~8个月,为爬行、站立做准备运动。婴儿仰卧,家长握住婴儿两手,然后缓慢抬起上身,使之坐起、躺下。重复2~3次以锻炼颈肌和腹肌。

8~10个月,独自站立的准备运动。婴儿俯卧,家长手持宝宝的脚脖子,待宝宝两手撑地后将两脚提起再慢慢地放下。这样重复2~3次以锻炼上身及腕部力量。

10~14个月,步行的准备运动。婴儿蹲着或跪着,拉双手使宝宝立起,这样蹲下、跪下重复2~3次,以锻炼其下肢肌肉。可强迫进行但防止损伤婴儿筋骨;每日1~2次,每次体操时间以婴儿不疲倦为原则,一般不超过2~3分钟;除患疾病等特殊情况,不要间断锻炼。坚持才能取得效果。

婴儿已初步能行走时,家长可扶两腋让宝宝跳动即锻炼各部器官的生理功能,又能增加婴儿的欢快心理。吊挂游动彩球或彩纸条束,锻炼颈部和眼睛,同时可用"花铃棒"的响声训练宝宝的反应能力。

值得强调的是,婴儿运动应根据不同生长时期的特点而进行,运动发展循序渐进,不可超前。

119.婴儿尽量少喝纯净水

现在许多婴儿日常的进水主要来自纯净水,这样对于婴儿的健康成长十分不利。

(1)纯净水不合格,卫生状况远不如合格的自来水,据有关报纸报道:中国消费者协会对北京、石家庄、重庆、广州、青岛、武汉等城市的桶装饮用纯净水进行了检测,虽然绝大部分样本的理化指标符合要求,但卫生指标却令人担忧,72个样本中有20个

样本卫生指标未达到《瓶装饮用纯净水卫生标准》的要求。

（2）纯净水在制作过程中，把原水中含有的人体所需的矿物质去掉了。所谓饮用纯净水亦称纯水，是以符合生活饮用卫生标准的水为水源，用蒸馏法、去离子法或离子交换法、反渗透法及其他适当的方法加工而成的。加工过程中，在去除水中悬浮物细菌等有害物质的同时，也将水中含有的人体所需要的矿物质一并去除了。

（3）经常并大量饮用纯净水，人体内矿物质的供求就会失去平衡，对宝宝的健康成长不利。据国外有关研究机构的报道，青年人长期饮用纯净水会造成其骨质变软。

为了宝宝的健康成长要少喝纯净水！

120.带婴儿去嬉水和游泳

露天嬉水和游泳可使日光、空气和水同时作用于宝宝的身体，并与水中的游戏活动和游泳动作相结合，宝宝身体可获得全面锻炼。

开始时应选择气温不低于 25℃，水温不低于 23℃的无风天气，时间安排在饭前 1 小时或饭后 1 小时。下水前可在成年人帮助下用干毛巾摩擦全身皮肤或进行些全身活动，下水后引导宝宝追逐漂浮玩具、拍水、踹水、双手划水、向前迈步等，然后逐渐学习游泳动作。第一次在水中活动 1～2 分钟，如果天气炎热水温稍高，可根据宝宝的兴趣适当延长，以后可逐渐延长至 30 分钟左右，离水后立即擦干身体，穿好衣服，用浴巾包裹全身。要注意观察宝宝在水中的反应，如出现脸色苍白、寒战等现象应立即离水，及时采取保暖措施。一般 6 月龄至 1 岁的宝宝可先在澡盆里玩，满 1 岁后可去符合条件的戏水池或游泳池，据报道，有些国家已开展了 1 周岁以前婴儿游泳的研究，并取得了较好的成果。

121.精心保护婴儿的大脑

目前，有些家长往往注重给婴儿购买各种健脑营养品，而忽略了如何在日常生活中精心保护宝宝大脑的问题。现实生活中，一些看似小事的行为会使宝宝的智力遭受到不应有的损害，诸如以下种种。

（1）缺氧：人的脑细胞怕缺氧，宝宝更是如此。据测定，每分钟脑的氧耗量达 45 毫升，占全身氧耗量的 3%左右。如果供氧不足轻者脑细胞受损，重者脑细胞死亡，从而给宝宝的智力带来消极影响。这种脑缺氧主要发生在胎儿期，如孕妇煤气中毒或常到人多的地方去；产妇分娩时难产或胎儿脐带绕颈等。因此，保护宝宝大脑应从胎儿期做起，给孕妇创设一个空气清新的生活环境有益于胎儿的脑发育。

（2）孕妇滥用药物：孕妇服用了某些孕期不宜的药物，如三甲双酮、大仑丁等抗癫痫药，硫氧嘧啶等抗甲亢药，抗精神病药，三环类抗抑郁药，阿司匹林、丙米嗪等兴奋药，或者孕妇吸烟、嗜酒都可能造成胎儿大脑缺氧，使其出生后智商降低。

（3）过度摇晃婴儿：有些父母喜欢将小宝宝放在摇篮中用力摇晃催眠，或当宝宝啼哭时将其抱在怀中使劲摇晃。这种摇晃可能造成婴儿颅内小血管破裂，损伤其脑组织,即患脑轻微震伤综合征。患儿表现为精神萎靡、目光呆滞、食欲缺乏等,对智力发育产生不良影响。

(4)宝宝跌伤:宝宝的脑组织十分娇嫩,若家长疏忽,一旦宝宝出现意外,大脑就可能受损。轻者影响智力,降低智商;重者则可遗留下外伤性癫痫等疾病。因此,要防止宝宝头部跌伤。

(5)宝宝穿鞋不当:在日常生活中特别是在运动时,宝宝不宜穿皮鞋、硬底塑料鞋,否则容易受到地面的反冲作用而损伤大脑。宝宝宜穿运动鞋,因为运动鞋鞋底有一定的弹性,能减轻地面对人体的反冲作用从而防止脑部遭受震荡。

(6)拍打宝宝头部:家长不能打宝宝,尤其不能拍打宝宝的头部。因为许多维持生命的重要中枢,如呼吸、血管、吞咽、排尿等中枢都集中于此,尤其是拍打宝宝后脑勺很容易损伤这些中枢神经,严重时可危及其生命。日常生活中,不少家长或亲朋好友戏弄宝宝玩耍的方法不当。例如逗宝宝过分大笑,可引发宝宝瞬间窒息,甚至导致缺氧、暂时性脑贫血易损伤其大脑;再如高抛婴儿取乐,易使宝宝头部震动,发生惊厥而降低其智力。这些做法均应禁止。

(七)关于婴儿的睡眠

122.婴儿的睡前准备

(1)安抚宝宝睡前情绪:睡前不要让宝宝太兴奋,如果宝宝在睡觉前有一个习惯性的哭闹前奏就不要立刻把宝宝脱光。父母应该平时留心掌握宝宝的睡眠习惯,帮助宝宝建立起一个良好的睡眠反射习惯。在哭闹开始之前就可以做准备,逗他笑使他心情愉快,然后再帮宝宝脱衣服。

(2)清洁宝宝的身体:宝宝情绪平稳后就可以开始为宝宝清洗身体。将宝宝的身体打湿,用掌心轻轻揉搓至全身直至身体微微发红,力度不能太重也不能太轻,沐浴露可以隔天用一次,用清水冲干净后涂上润肤露,取一块大毛巾将宝宝全身包住,擦干后放进睡袋里面。整个过程要快,动作干脆,室温调节在25℃左右。

(3)宝宝睡着后家长再离开:宝宝躺下后家长不要立刻走开,你可以看着他的眼睛跟他说话,轻轻哼歌或者拍拍他的身体,各种温和的适合宝宝的活动都可以,直到他睡着。有些妈妈在宝宝闭上眼睛后就马上起身去做其他事情,其实这个时候很有可能宝宝并没有真正睡着,你走开他就醒,这样的过程有过几次后你就发现宝宝变得不容易睡着了。正确的做法是,看见宝宝闭上眼睛后妈妈将刚才的活动延续一会儿。然后坐在宝宝身边找本书看会儿后再离去,这样做的目的是和宝宝之间建立起信任感。

123.婴儿裸睡需要注意的问题

(1)如果你打算让宝宝尝试裸睡,夏天不能让宝宝全裸,可在他肚子上绑块毛巾

以防着凉腹泻。待天气慢慢变凉需要盖被子的时候便可让宝宝裸睡了。

（2）卧具一定要选择全棉制品，睡袋的选择要注意安全性，注意拉链的设计是否合理，纽扣是否容易被宝宝吞到口里等都是需要注意的地方。

（3）小月龄的宝宝体温调控能力差，要等1岁左右再尝试裸睡。

（4）其实不同类型的宝宝有不同的睡眠习惯，即使同一个宝宝在不同的阶段也有不同的睡眠习惯，父母要根据自己宝宝的特点来制订一个既合适又灵活性的作息方式，不要强迫宝宝用他不喜欢的方式睡觉，强迫的结果很可能是父母筋疲力尽，宝宝的心理也被伤害。

124.从婴儿睡眠看妈妈乳汁是否足量

如果奶量足够，婴儿多在10～15分钟就能吃饱，吃饱后的婴儿就不哭不闹地玩或安静地入睡。如果宝宝吃完奶仍久久不能入睡或入睡后不久又哭闹起来，或仍烦躁不安、不高兴，或不到3个小时又要吃奶了，这些情况都说明奶量不够。有的宝宝吃奶时间较长，若用20多分钟仍吃不饱就说明奶不足。即使在吃奶时入睡了也不说明是吃饱入睡，而是由于吃奶时间过长导致婴儿疲乏入睡。这样宝宝睡眠中易于醒来，每次醒来都有强烈吃奶欲望，常常是急促地大口大口地吸吮起来。小宝宝不会说话，乳量够不够要靠细心的妈妈观察婴儿的睡眠情况获得答案。

125.训练婴儿的睡眠习惯

婴儿睡眠时以侧卧为宜，两侧应经常更换以免面部和头部变形。晚餐不要给婴儿吃得过饱或过少，以免因胃肠不适或饥饿而影响睡眠。晚饭后父母引导婴儿做安静的游戏、看书、讲愉快轻松的故事，保持睡前情绪安定，防止疲劳和过度兴奋。睡衣宜宽松肥大，入睡前应沐浴、如厕，使婴儿感觉身体舒适与松弛。上床后应将玩具拿走，以免婴儿因贪玩而不肯入睡。

训练1岁以内婴儿自己躺下睡，不要养成父母抱着入睡的习惯。培养2岁婴儿自动按时去睡，不需父母陪伴或拍着入睡。3岁后能自己上床盖被，醒后下床穿上拖鞋。

使婴儿养成定时上床，按时起床，早起早睡的良好习惯。父母不要以上床为惩罚手段，以免婴儿把卧床睡眠与不愉快联系起来而不愿入睡。

126.婴儿鼻塞影响睡眠

病例：宝宝刚满月，能吃也能玩，身体胖乎乎得很可爱。但妈妈始终觉得宝宝有鼻塞，厉害时连呼吸都不太顺畅，烦躁不安，有时呼吸声音很浊，尤其在吃奶时或吃奶后更严重，但是这种情况在宝宝刚出生时并没有发现。

妈妈不放心，带宝宝去看小儿科医生，经医生诊断后认为是感冒的症状，开了一些药嘱咐给宝宝吃，但是吃了几天药后宝宝鼻塞及呼吸的杂音仍然存在，宝宝妈妈不知如何是好了。

这种情形几乎所有的婴儿都会经历，多见于1～2个月大的宝宝，只是轻重程度有别而已。一旦宝宝的鼻孔因感冒而塞住不通或变窄,鼻子难以呼吸,只好退而求其次,张口来维持呼吸。但由口呼吸终究比由鼻子呼吸要费力,所以宝宝会出现呼吸困难、烦躁不安、睡不熟的情形。有时因口腔及咽喉部位的自然分泌物增多,加上快速进出咽喉的气流搅拌作用,就会产生像水烧开了般的稀里呼噜的杂音。此种声音有时很大,我们以手指轻触宝宝的颈部喉头附近就可以感受到振动幅度的大小。

新生儿及婴儿,由于上呼吸道(包括鼻腔、口腔及咽喉)的管腔比较狭窄,其相对的结构关系与成年人不同,鼻孔后的通道直接对着气管的开口,用鼻子呼吸要较用口腔呼吸来得顺畅且不费力,所以婴儿大部分都是闭着嘴由鼻孔呼吸。

刚出生的婴儿从母体得来的抗体量足够有效地抵抗环境中的传染病,而且未接触不清洁的环境,所以不容易感冒。随着婴儿长大,抗体逐渐减少,对外界的抵抗力逐渐消退,因此很容易患病,尤其是呼吸道的疾病。

127.婴儿打鼾的原因

有时父母会发现婴儿睡眠时也会打鼾,而且声音还不小。那么,究竟是什么原因引起婴儿打鼾呢?

(1)仰睡(面向上)时易打鼾,因面部朝上而使舌头根部因重力关系而向后倒,半阻塞了咽喉处的呼吸通道。

(2)婴儿本身的呼吸通道,如鼻孔、鼻腔、口咽部比较狭窄,故稍有分泌物或黏膜肿胀就易阻塞。故6个月之内的婴儿时常有鼻音、鼻塞或喉咙有杂音就是这个原因导致的。

(3)当感冒造成喉咙部位肿胀、扁桃体发炎、分泌物增多时更易造成气流不顺而鼾声加重。

(4)脸头形状异常者,如肥胖或扁桃体肿大的婴儿,因口咽部的软肉较肥厚,睡觉时口咽部的呼吸道更易阻塞,所以鼾声也非常大。更严重者甚至会有呼吸困难及呼吸暂停的现象。

128.改善婴儿打鼾的方法

改善打鼾的情形可从下列几点着手。

(1)改变睡觉姿势:试着将婴儿头侧着睡或趴着睡(即一侧脸贴床面,但不要遮口鼻),此姿势可使舌头不致过度向后垂而阻挡呼吸通道,可减低打鼾的程度。

(2)详细身体检查:请儿科医师仔细检查鼻腔、咽喉、下巴骨部位有无异常或长肿瘤或宝宝的神经、肌肉的功能有无异常。

(3)肥胖的宝宝可以减肥:如果打鼾的宝宝肥胖,先要想办法减肥,让口咽部的软肉变瘦些,呼吸管径变宽;变瘦的身体对氧气的消耗可减少,呼吸也会变得较顺畅。

(4)手术治疗:如果鼻口咽腔处的腺状体、扁桃体或多余软肉确实肥大到阻挡呼吸通道,严重影响正常呼吸时可考虑手术割除。

129.婴儿半夜哭闹不安的原因

不少婴儿白天好好的,可是一到晚上就烦躁不安,哭闹不止,人们习惯上将这些宝宝称为"夜啼郎"。这是婴儿时期常见的睡眠障碍,一般不外乎以下几种情况。

(1)生理性哭闹:婴儿的尿布湿了或者裹得太紧、饥饿、口渴、室内温度不合适、被褥太厚等都会使婴儿感觉不舒服而哭闹。对于这种情况父母只要及时消除不良刺激,婴儿很快就会安静入睡。此外,有的婴儿每到夜间要睡觉时就会哭闹不止,这时父母若能耐心哄其睡觉,宝宝很快就会安然入睡。

(2)环境不适应:有些婴儿对自然环境不适应,黑夜白天颠倒。父母白天上班他睡觉,父母晚上休息他"工作"。若将宝宝抱起和他玩,哭闹即止。对于这类婴儿可用些镇静药把休息睡眠时间调整过来,必要时需请儿童保健医生作指导。

(3)白天运动不足:有的婴儿白天运动不足,夜间不肯入睡,哭闹不止。这些婴儿白天应增加活动量,他累了,晚上就能安静入睡。

(4)午睡时间安排不当:有的婴儿早晨起不来,到了午后2～3点才睡午觉,或者午睡时间过早,以至晚上提前入睡,半夜睡醒,没有人陪着玩就哭闹。这些宝宝早晨可以早些唤醒,午睡时间做适当调整,晚上有了睡意就能安安稳稳地睡到天明。

(5)疾病影响:某些疾病也会影响宝宝夜间的睡眠,对此要从原发疾病入手,积极防治。

患佝偻病的婴儿夜间常常烦躁不安,家长哄也无用。有的婴儿半夜三更会突然惊醒,哭闹不安,表情异常紧张,这大多是白天过于兴奋或受到刺激,日有所思夜有所梦。

此外,患蛲虫病的宝宝,夜晚蛲虫会爬到肛门口产卵引起皮肤奇痒,宝宝也会烦躁不安,啼哭不停。

(八)婴儿个人卫生

130.婴儿也要勤剪指甲

很多婴儿都不喜欢剪指甲,有的妈妈甚至还因为害怕伤害到宝宝,竟然认为婴儿可以"百天不剪指甲"。其实,宝宝应该勤剪指甲,最好有自己专用的指甲钳。

这是因为婴儿的小手整天东摸西摸闲不住,容易沾细菌。指甲缝就是细菌、微生物和病毒藏身的大本营,而宝宝往往又爱吮吸手指,这样细菌就很容易被吃到肚子里,引起腹泻或肠道寄生虫。宝宝指甲太长,还容易抓伤自己娇嫩的皮肤,引起炎症。因此,父母一定要经常给宝宝剪指甲,不能以百天为界。宝宝的手指甲最好是每周剪一次,脚趾甲每2周剪一次。但是,由于指甲的生长速度和季节有关,夏天比冬天快,手指甲又比脚趾甲快。因此,也不是一成不变的,应该随时观察,及时修剪。

给宝宝剪指甲的最好时机是在他熟睡时。父母可以先给宝宝洗个热水澡,软化指甲,使得指甲更加容易修剪。而且等到宝宝熟睡后,剪指甲就更从容了。同时父母也要多表扬、鼓励宝宝,使宝宝自己"爱"上剪指甲。给宝宝剪指甲最好使用专门为婴儿设计的指甲钳,即有塑料保护架的那种,可以防止剪伤宝宝,既方便又安全。另外,宝宝和成年人不能共用一个指甲钳防止细菌传染。

131.怎样去除婴儿乳痂

有些婴儿头顶上有一层厚厚的乳痂,看上去很不舒服。年轻的妈妈们想替宝宝去除乳痂,又怕因此碰到囟门,伤及宝宝。那么,长了乳痂应如何去除,乳痂能不能预防呢?

其实,乳痂的形成与父母不敢给宝宝洗头、视囟门为"禁区"有极大关系。婴儿头皮的皮脂腺分泌很旺盛,分泌物若不及时清除,就会和头皮上的脏物积聚在一起,时间长了就形成厚厚的一层痂,如果经常为宝宝清洗头皮,乳痂也就不会形成。洗头时触到宝宝的囟门并不会伤及宝宝的大脑,囟门并不是"禁区"。

去除乳痂方法很简单,只要用植物油浸软乳痂,然后用梳子轻轻梳去就可以了。如果乳痂很厚,一次浸油可能去不掉,也可以每天涂1~2次植物油,直到乳痂浸透后再梳去。千万不可用手或梳子硬梳乳痂,以免头皮破损继发感染。

乳痂去掉后,要用温水将婴儿头皮洗净,然后用毛巾盖住婴儿头部到头发干透,以免受凉。

132.婴儿户外活动的要点

一般习惯都是把宝宝带到户外去活动,称为晒太阳。宝宝在户外活动时,除阳光外,还可呼吸到新鲜空气及开展游戏等锻炼。晒太阳并不是一年四季都要在阳光下曝晒,要根据季节和宝宝的年龄,选择合适的时间、场所和方式。

夏季天气热、阳光强,可以在通风凉爽的树荫下、房檐下做些安静的活动,这些地方有折射的紫外线,其量为直接阳光照射的40%,同样能使体内产生抗佝偻病的维生素D。天气暖和时多到户外活动,维生素D能储存在体内,补充冬季的需要。

冬季户外活动,除天气特别恶劣外,较大的宝宝应保证在2小时左右,可以在阳光下做些活动量较大的游戏,衣服不要穿得过多,以免妨碍活动。室内温度不要过高,室内外温度悬殊太大,宝宝从较热的室内外出活动,容易着凉。较小的宝宝可以在背风处晒晒太阳,戴个有沿的帽子,以免阳光刺激眼睛;洗干净脸,擦点婴儿护肤品,以保护脸部皮肤;保持鼻子通气,以免张口呼吸。据报道,冬季户外活动时,即使仅是面部和手暴露在阳光下,也有抗佝偻病的作用。

户外活动要选择空气新鲜、宽广平坦的场所,不能把逛商店、溜马路认为是带宝宝户外活动,这些地方空气污浊,对健康不利。

（九）关于婴儿的服装

133.婴儿的衣服要宽松

婴儿身体娇嫩,生长发育较快,大部分时间在床上、摇篮里或母亲的怀抱里度过。为了防止皮肤摩擦,宜选用质地柔软、吸湿性强、透气性好、不含有刺激性物质的面料来为宝宝做服装,棉质布料或棉质绒布料都不错。婴儿的衬衣以斜襟衣比较合适,不要领子,不用扣子,用带子系在身侧,冬天的棉衣也可采用同样式样。套衫穿脱不便,毛线衣沾了奶发硬,都不适合婴儿使用。

衣服大小以稍大些为好。如果太小,特别是上衣的胸部太小,会让宝宝不舒服而哭闹。另外,衣服太小,穿、脱不方便,在气温稍低的天气换衣服时宝宝容易着凉。

当宝宝会表达排便要求的时候,就不要穿开裆裤了。穿开裆裤容易碰破、擦伤皮肤,也容易感染细菌,从而引起蛔虫病、蛲虫病等,危害宝宝的健康。长期穿用橡皮筋做裤带的裤子也不好。宝宝正处在生长发育的旺盛时期,腰、胸的骨骼发育若受到束缚,会使肌肉发育、血液循环等受到阻碍。因此,背带裤最适合宝宝穿。

另外,随着年龄的增长,宝宝的活动量也随之加大,喇叭裤、牛仔裤、鸡腿裤之类的紧身裤影响行走、奔跑、跳跃等活动,不适宜宝宝穿着。

简单地说,婴儿的衣服要舒适、柔软、宽松、平整、方便、无毒和耐烫。

134.婴儿的衣服以纯棉为好

婴儿皮肤娇嫩易受刺激,抵抗力低,容易感染,生长发育快不能受约束。同时婴儿的睡眠时间长,衣服受压部位多,又易被粪便弄脏。因此,选用的小衣服要实用,穿上要舒适,冬天保暖、夏天凉爽透气;质地要柔软、不磨损婴儿皮肤;大小要宽松利于生长和穿脱;布料要平整、受压部位不能有棱,避免蹭坏皮肤;面料最好不含化纤物,防止有机物中毒;面料要能烫、能煮,便于灭菌消毒。

能达到这几点要求的只有纯棉布和纯棉针织品的衣服。冬天可用单面绒里布,手感柔软暖和;夏天要用普通的薄布,不宜用"泡泡纱"。做小衣服之前先把浆粉泡掉,再用开水烫一下,晒干(经过缩水和消毒)。衣服袖子要长、宽,便于穿脱又能盖住手,避免婴儿自己用手把脸划伤。婴儿脖子短,衣服不要领子,要开身的,开口在侧面的"小和尚"服是实用性强的宝宝装。

至少要准备3～4套衣服,便于洗换。最好不要把接触过樟脑球的布料直接给婴儿用,以免皮肤吸收中毒引起溶血。

135.为婴儿穿衣的技巧

穿衣、脱衣时抚摸婴儿柔软的皮肤,是让婴儿认识自己身体的极好机会。婴儿可能不喜欢被人穿上衣服,但是母亲可以用鼻子擦弄他,搂抱他,吻他,与他闲聊,使穿衣变成愉快的事。动作要特别温柔,把所要的衣服放在一起,解开所有开口处,让宝

宝躺在床上。

（1）穿内衣的技巧

①内衣的上部面向你，将内衣皱起来拉开，衣脚放在婴儿头上。

②迅速地、轻轻地将衣服领口套到婴儿下巴处。衣服尽量收在一起捏住，并且尽量拉开。不要让衣服碰到他的脸，以免不快。

③轻轻抬起婴儿的头及其上半身，把衣脚拉下，使衣服在婴儿的肩膀后绕着他的颈部。把他放回床上，注意放下时不要震动到他的头。

④如果婴儿的内衣有袖，把你一只手的手指放入第一只袖子，把袖子撑开，然后用另一只手把婴儿的拳头带到你袖中的那只手上。

⑤用你原来在袖口中的那只手抓住婴儿的手，用另一只手在他的手臂上松开袖子。把衣服往下拉至手臂以下。用同样的方法穿上另一只袖子。注意是拉衣服而不是拉婴儿。

⑥把衣服拉至其肚子处。抓住婴儿的双踝抬起下半身，把衣服的背面往下拉。在大腿根处扣好开裆口。

（2）穿连衣裤的技巧

①当你把干净的连衣裤在床上展开平放时，抱起婴儿。连衣裤的前面向上，所有开口松开。让婴儿躺在上面，他的颈部与连衣裤齐平。

②把连衣裤的一条裤腿用手收折至脚底部位，轻松地把婴儿的脚放入，让他的脚趾正好对着连衣裤的脚趾部分，拉上裤腿。用同样方法穿上另一条裤腿。

③一只手从婴儿袖口伸入袖子，让这只袖子缩在你这只手上，尽量撑开开口处。用另一只手把婴儿的拳头带到你袖中的手上。

④把婴儿的手握在你的掌中，在他的手臂上松开你手上的袖子，往上拉至其肩膀处。这种方法使婴儿的手及指甲不会钩住衣服。

⑤如果连衣裤较大，袖口反折，这样婴儿能用手探索了解他自己的身体。

⑥扣上所有开口处。从大腿及大腿根处的开口扣起，一直往上扣至颈部。

136.为婴儿脱衣的技巧

准备一条毛巾，脱完衣服后用毛巾把他包住放在床上。

（1）脱掉连衣裤的技巧

①解开连衣裤之开口处。抓住裤腿内婴儿的足踝。用同样方法脱下另一侧裤腿。

②解开婴儿内衣上的开口处。抓住他两踝，抬起他下半身，在他下面尽量把内衣与外面的连衣裤往上推。

③把你的一只手放入袖内抓住婴儿的肘部。另一只手抓住袖口，拉出袖子；然后用同样方法脱去另一侧袖子。

④把你的手轻轻放在婴儿的头、颈部下面,抬高他的上半身,这样你就可以拿掉他的连衣裤了。

(2)脱内衣的技巧

①用一只手在内衣里面抓住婴儿的肘部,灵活地将衣服移出其手臂及拳头。另一侧做法相同。

②把内衣收折在你两手之中,避免脱下时碰到婴儿脸上。

③把颈部开口处尽量撑大,然后迅速往上使内衣经其面部退到他头部。

④把你的手轻轻放在婴儿头颈部下面,抬高他的上半身,这样你就完全脱下内衣了。

137.不要为婴儿穿盖太厚

婴儿对寒暖调节能力差,衣着起着辅助调节作用。许多父母担心婴儿受凉感冒,就过分地加衣保暖,其不知衣着太厚照样会引起感冒。

这里关键是对受凉感冒的认识问题。风寒入侵肌表致病的先决条件是肌腠开、汗孔张、卫表不固,除先天禀赋薄弱之外,正常儿衣着过厚会造成汗孔开张,给风寒入侵创造了条件。而衣被适当薄些,汗孔相对闭合,风寒之邪则不易侵入,这就是衣着越厚反而越易受凉的原因。小儿"稚阳稚阴"且为"纯阳之体",易寒易热,故应按气温增减衣被,力求冷暖适宜。

老观点认为小孩怕冷,其实小孩新陈代谢旺盛,比成年人怕热。2个月内的婴儿适当多穿一点是可以的,但也要有度。一般健康婴儿应该是2个月内跟成年人穿一样,如果穿太多出汗了,那么受风就很容易感冒了。就算没出汗,捂习惯了,从小就成了温室里的花朵,体质就弱了。有时婴儿打喷嚏不一定说明冷,有时就是因为出汗见风了,如果这时再继续加衣服就错上加错了。要摸宝宝后脖子判断冷热,如果那里出汗就穿太多了。手脚稍微冷点是正常的,如果很凉再加点衣服就好了。天不冷的时候经常光着脚也可以增强抵抗力,天冷的时候袜子就认真穿好。肚子由于有肚脐眼,要始终保护一下。夏天裸睡的时候,纸尿裤大一点就可以顺便保护肚脐。

就算同样天气成年人也有穿多穿少的。这也跟体质有关,或者有的人就是从小捂惯了吧。一般来说,老年人怕冷些,所以容易给宝宝捂,不知道宝宝要冻不能捂。

"要使小儿安,七分饱,三分寒。"其实成年人也有"常保三分饥和寒"的说法。说来说去一回事,婴儿不需要区别对待。除非是早产儿的前几个月或其他比较瘦弱婴儿,身上实在没有脂肪来保护的情况下才要特别保暖。

四、婴儿的保健与防病

（一）婴儿牙齿的相关知识

1. 婴儿牙齿萌出时注意事项

婴儿乳牙萌出的时间迟早不同，早的出生后 4 个月已见，一般 4~10 个月萌出，如晚至 12 个月尚未出牙可视为异常。乳牙萌出过晚多见于呆小病和重症佝偻病患儿，较重的见于营养不良、克汀病、先天愚型患儿。

婴儿出牙为生理现象，大多数是在不知不觉中自然萌出牙齿的，但个别婴儿可有低热、唾液增多、发生流涎及睡眠不安、烦躁等症状，一般不必处理，牙齿长出后上述症状也就自然消失。

母乳喂养的婴儿在萌出牙齿前期会出现咬奶头现象，母亲从疼痛中应能感觉到萌出牙齿的先兆，这就是人们常说的磨牙。这个时期的婴儿喜欢咬玩具或其他东西，甚至咬自己的小手，这是由于牙齿萌出时刺激牙床充血、牙龈发痒的缘故。所以这时应及时处理流出的口水，流口水较多时应尽量避免穿化纤衣服，以防下巴皮肤摩擦、潮湿而出疹、发炎，有可能的话在下巴处垫上干净的棉布手巾并经常更换。

这个时期也应注意手和玩具的卫生，防止"病从口入"出现胃肠道的疾病。同时，要给婴儿一些较硬的食物，如馒头片、饼干使牙龈得到适当刺激，利于牙齿破龈而出。

这一时期婴儿易养成吸吮东西的口腔不良习惯。时间长了易导致牙齿排列不齐，咬合关系错乱，下颌前突，俗称"地包天"。总之，萌出牙齿期间要注意防治慢性消耗性疾病，要供给各种必需的营养，尤其供给与骨骼发育有关的维生素 D、钙、磷，并养成良好口腔习惯。

2. 婴儿长牙时的正常反应

婴儿长牙时会出现一些反应。下面让我们来看一下婴儿的两种正常反应。

（1）咬东西：牙齿萌出是正常的生理现象，无任何不适，但在乳牙萌出时婴儿喜欢咬东西，如哺乳时咬奶头或将手指放入口内等。这时可给婴儿一个能咬的玩具，让他咬玩具以便刺激牙龈，使牙齿穿透龈黏膜顺利萌出。

（2）流涎：牙齿萌出时刺激三叉神经，引起唾液分泌量增加。由于婴儿还没有吞咽大量唾液的习惯，口腔又浅，唾液往往流到口外，形成所谓的"生理性流涎"。这种现象一般随年龄增长而自然消失。

3.婴儿长牙时可能出现的异常反应

婴儿长牙时可能会出现四种异常情况。

(1)乳牙早萌:婴儿出生时就有牙齿萌出,称为"诞生牙"。出生后1个月内就有乳牙萌出称为"新生牙"。诞生牙和新生牙多见于下颌乳中切牙。这些牙齿多数没有牙根或牙根短小,有的极度松动。由于诞生牙和新生牙妨碍婴儿哺乳甚至有脱落后被婴儿吸入气管的危险,所以常常被拔除。如果诞生牙和新生牙不松动或松动不明显,吮乳时下切牙对舌系带有摩擦,常造成舌系带的创伤性溃疡。这种情况下可以改变喂养方式,用汤匙喂养或拔除患病牙齿。

早萌乳牙应与上皮珠鉴别。上皮珠是新生儿牙槽黏膜上出现的角质珠,是类似牙齿的白色球状物,米粒大小,可出现一个、数个至数十个。上皮珠是牙板上皮剩余所形成的角化物,并非真正的牙齿,可自行脱落,不是牙齿的过早萌出。

(2)乳牙萌出过迟:婴儿出生后1年内萌出第一颗乳牙属正常范围。如果超过1周岁甚至1岁半后仍未见第一颗乳牙萌出,超过3周岁乳牙尚未全部萌出为乳牙迟萌。此时需查找原因,检查是否有无"牙畸形"。单个乳牙萌出过迟较少见,全口或多数乳牙萌出过迟或萌出困难与全身因素有关。如佝偻病、甲状腺功能低下以及营养缺乏等,佝偻病患儿的乳牙能迟至出生后14~15个月才开始萌出,并往往伴有牙齿发育缺陷。这种情况应进行临床咨询。

(3)萌出性龈炎:这是乳牙萌出时常见的暂时性牙龈炎。沿牙冠的牙龈组织充血,但无明显的自觉症状,随着牙齿的萌出而渐渐自愈。萌出性龈炎多是由于牙齿萌出时牙龈有异样感,婴儿用手指、玩具等触摸或咬嚼,使牙龈黏膜擦伤而导致的。

(4)萌出性囊肿:乳牙萌出前有时可见覆盖牙的黏膜局部肿胀,呈青紫色,内含组织液和血液,称为萌出性囊肿。一般不会影响牙齿的萌出。若萌出受阻则需去除部分组织,使牙冠外露。

婴儿乳牙萌出过程中如果出现了异常情况,家长应进行临床专科咨询。

4.保护婴儿的牙齿

保护宝宝的牙齿很重要,这里有几个关于护牙的建议。

(1)口腔清洁:有些学者建议在乳牙萌出之前清洁和按摩牙龈,认为这将有助于建立一个健康的口腔生态环境且有助于牙齿萌出。口腔专家公认清除菌斑应从第一颗乳牙萌出开始,而这一早期的清洁工作要完全靠宝宝的父母来完成。即父母手指缠上湿润的纱布轻轻按摩宝宝的牙龈组织和清洁宝宝的牙齿,每日1次。

其实只要父母感觉使用牙刷安全,那么选择一个软毛且适宜宝宝大小尺寸的牙刷,湿润后使用也是可以的。1岁以后提倡开始刷牙去除菌斑,3岁左右时可以开始使用牙膏,建议使用儿童牙膏。因为这一年龄组的宝宝不能咳出且有潜在的氟化物吞咽,所以每次刷牙只用小豌豆大小的牙膏就足够了。

(2)咬玩具:乳牙萌出时婴儿喜欢咬东西,如哺乳时咬奶头或将手指放入口内,这时可给婴儿一个能咬的玩具,让宝宝咬玩具以便刺激牙龈,使牙齿穿透龈黏膜顺利萌出。有时也可给宝宝用磨牙棒,一是利于牙齿萌出,二是可以训练宝宝的咀嚼功能。有的家长喜欢给宝宝用安慰奶嘴,建议使用时间不要超过 10 个月的宝宝。

(3)口腔检查:乳牙开始萌出时是进行第一次口腔检查的时间,检查最迟不要超过宝宝 12 个月。因为龋齿(蛀牙)是由细菌导致的,而主要的致病菌是变形链球菌。随着牙齿的萌出这些致病菌开始在口腔内定植。除了开始进行口腔清洁,另一个重要方面就是养成良好的喂养习惯。因此第一次口腔检查时,保健人员会帮助你进行上述两个方面的保健措施。不良的喂养习惯对牙齿的危害是极大的。

5.婴儿乳牙有何作用

有的家长认为,宝宝的乳牙迟早要换掉,没有什么用处,这种观点是错误的。让我们一起看看宝宝的乳牙有什么作用吧!

(1)为恒牙萌出做准备:乳牙的存在为长出的恒牙留下间隙,若乳牙发生龋坏或早期丧失可使邻牙移位、恒牙萌出的间隙不足而排列不整齐,还可使恒牙过早萌出或推迟萌出。

(2)发挥咀嚼功能:口腔是消化的第一道关卡,宝宝大约 6 个月开始添加辅食,乳牙的增加可以帮助宝宝摄取更多食物。如果宝宝有了蛀牙,进食时牙齿不舒服使宝宝不愿吃某些食物,或没有咀嚼动作而直接吞咽造成消化不良。如果蛀牙使乳牙缺损或残破不堪需要拔除,造成宝宝无法利用牙齿进食,像某些老人家全口都没有牙齿一样,只能吃软软的食物或只能喝汤粥就可怜了。

(3)辅助发音功能:帮助宝宝发音的身体构造主要有口腔、鼻腔与咽喉部分,牙齿紧接着嘴唇,也是重要的发音器官,少了几颗门牙讲话会"漏风"。宝宝发音不标准会成为别人嘲笑的对象。婴儿期也是学习语言的关键时期,宝宝发音不标准不可掉以轻心!

(4)影响脸型及外表:一口端正的牙齿,开口就能给别人好印象;满嘴蛀牙或牙齿东倒西歪,外貌就大打折扣了。爸爸妈妈不妨稍稍注意,细数中外名人明星,有哪一位笑容之中缺了一颗牙?宝宝的明眸皓齿是闪亮动人的无价之宝。宝宝的脸型就得配上帝的礼物——乳牙才是最自然可爱。

(5)帮助生长发育:上、下颌骨是脸部发育的重点,牙齿的发育能使容貌更为端正,而且牙齿的咬合运动也会影响脸部肌肉的发育,如果长期不使用某一边牙齿,脸部线条就会受到影响。

家长可不要以为乳牙掉了没事,以后还会长出新牙齿。如果从小没有保护好乳牙会影响恒牙的发育。少了乳牙的协助,长出来的恒牙可能会移位、倾斜。"明眸皓齿"就可望不可即了。

6.什么是早期龋齿

早期龋和龋齿都俗称为虫牙,但因其发生在婴幼儿时期多是乳牙生龋,所以被称为早期龋。其实质就是指牙齿在多种因素的作用下硬组织中的无机物脱钙,有机物分解,牙齿逐渐被破坏形成缺损的一种疾病。

表现特点:在发病早期,牙齿龋坏部位的颜色和透明度发生变化,外观呈不透明的白色,颜色有点像白色的粉笔;当有色素沉着后会变成黄褐色或黑褐色。此时人体可以没有任何的自觉症状,常常不引起人们重视,如再加上不认真刷牙,食物残渣遮盖牙齿就可能发现不了早期龋。

7.母亲烂牙最好别吻宝宝

早期龋的致病因素非常多,其中有一类途径几乎是所有家长的认识"盲区"。爸爸妈妈想和宝宝亲密是天经地义的事情,但可能不被家长们知道的是如果父母满口烂牙,口腔中的各种细菌很容易直接传递给婴儿,不但是亲吻,有些母亲还会将食物嚼碎喂给宝宝,如果口腔有疾病最好别这样做。

据了解,变形链球菌等致龋菌由母亲传播到婴儿的平均年龄是 19 到 31 个月,医学上称这段时期为"感染窗口期"。而变形链球菌在婴儿口腔定植、繁殖得越早,宝宝将来患龋齿的程度就越严重。因此,延缓"感染窗口期"对减轻宝宝将来患龋齿的严重性具有重要的意义。

8.保护婴儿的牙齿要阻断母子传播

保护宝宝的牙齿可以从以下几方面入手:

(1)用奶瓶进行喂养,测试牛奶的温度时母亲可在手背滴上一滴牛奶而不要直接吸吮奶嘴;同理,母亲用小勺喂养食物时也应放在手背上测试食物温度,避免母亲用嘴接触小勺或食物。

(2)母亲不要用嚼过的食物喂养婴儿。

(3)母亲尽量避免亲吻婴儿的嘴。

降低母子之间的传播,清洁母亲的口腔具有抑制口腔变形链球菌的作用。

建议母亲在产后 3 个月开始直到婴儿两岁时每天饭后漱口刷牙,这样能有效减少母亲口腔里的变形链球菌数量和黏附力,从而降低母子之间变形链球菌的传播。

9.防早期龋齿有妙招

(1)乳牙萌出前定时喂宝宝凉白开水以清洁口腔。

(2)宝宝满九个月不要夜间哺乳。不少父母都喜欢半夜起来喂一两次牛奶或母乳直接哺乳,但这样使宝宝很容易患龋齿。婴儿满九个月就不用夜间哺乳了,因为医学证明宝宝发育已经基本不需要依赖夜间喂养了,只要白天喝好吃好就行。

要帮宝宝戒除边睡边吃奶的习惯,家长可在宝宝睡前抱抱他、说故事等来让宝宝入睡,或是将喝牛奶时间提前,喝完奶刷牙之后才就寝。

(3)凉茶加蜂蜜不要时刻喂。现在天气热,不少父母怕宝宝上火就给宝宝喂凉茶,怕苦还在茶里面加入蜂蜜或白糖。喝凉茶对宝宝没有坏处,但有的做法却不大合适,如隔一会儿喝一口,宝宝在很长时间内口腔不断接触糖类。这时的口腔正是培养致龋细菌生存的良好环境。

(4)喂牛奶后须喝凉白开水。

(5)第一颗乳牙萌出后直到3岁前,母亲都要帮助宝宝刷牙。开始时可以用无菌纱布蘸生理盐水或凉白开水擦洗牙齿,或用指套式牙刷刷牙,以后逐渐选用婴儿保健牙刷帮宝宝刷牙,早晚各1次。

(6)尽早培养婴儿刷牙的兴趣并养成早晚刷牙的好习惯。

(7)切忌以糖果作为奖励。口腔里有很多细菌,所以让宝宝养成刷牙等良好习惯的同时必须减少其吃零食、糖果的时间,选用蔬果类作为宝宝的餐间点心,少吃含糖易粘牙的食物并在食后立刻刷牙,切勿以给糖果作为爱宝宝的表现或作为奖励宝宝的礼物。

10.乳牙龋的危害

从乳牙萌出至第2颗恒牙萌出前的这段时期称为乳牙期。一般是6个月至6岁的婴幼儿。乳牙期龋齿的发病率较高,危害也比较大,如果保护不当,乳牙萌出后不久就会患龋齿,而且发展速度很快。

由于乳牙龋症状不如恒牙明显,症状轻微时宝宝不大会诉说,家长也易忽视。往往在宝宝疼痛难忍,发展成牙髓病或根尖周病,影响进食、睡眠时才来就诊。这不仅给宝宝造成了痛苦,还使治疗效果受影响。

所以母亲应在宝宝乳牙期注意观察,加强护理,发现问题及早就医。

11.宝宝得了乳牙龋怎么办

我们知道了乳牙龋危害不小。现在给出几条建议:

(1)由于宝宝年龄小,不能很好地刷牙,故食物残渣、软垢常常滞留在牙面上,父母应该经常检查宝宝的口腔卫生情况并协助宝宝清洁牙齿。宝宝1岁以后可以开始学刷牙,4岁后最好使用氟化物牙膏。睡前一定要清洁牙齿。

(2)少吃黏稠、含糖量高的食品,如巧克力、饼干及面包等,少吃零食。

(3)父母要定期检查宝宝的牙齿,发现牙齿变黑或有小孔洞就要看牙医,以便早发现、早治疗,避免龋齿继续发展成为牙髓病或根尖周病。等宝宝说牙痛时已经晚了。

(4)合理营养不偏食,注意补足蛋白质、钙及各种微量元素,均衡营养以保证恒牙胚发育的需要,使恒牙能正常、健康地萌出。

乳牙是否健康对恒牙的萌出有重要影响。不注意保护乳牙会直接影响恒牙的生

长发育。

12.宝宝坏牙的危害

（1）坏牙的主要表现是牙痛、牙根肿痛。牙痛影响宝宝吃饭,夜间疼痛会影响全家人休息。

（2）坏牙引起的局部炎症能影响恒牙胚的生长发育。生长发育中的恒牙胚受炎症的刺激可使恒牙发育异常,如各种牙齿畸形。

（3）坏牙根反复发炎能引起恒牙牙列不齐或反颌畸形。

因为宝宝年龄小,不懂得如何保护牙齿和如何养成良好的口腔卫生习惯,所以父母应该言传身教、严格督促宝宝自幼养成口腔卫生习惯并坚持下去。

13.保持宝宝的口腔卫生

（1）培养宝宝的刷牙习惯:因为口腔细菌从婴幼儿时期就在口腔内生长繁殖。其做法是,用消毒的纱布蘸淡盐水,轻擦宝宝的口腔牙床。宝宝从 3 岁开始就应该刷牙,不过宝宝年龄小,还不能很好地掌握刷牙技巧,需要父母的帮助。从 5～6 岁开始宝宝逐渐懂得保护牙齿的重要性,此时应该养成刷牙的习惯。

（2）教会宝宝正确的刷牙方法:正确的刷牙方法是垂直刷牙法。垂直刷牙的好处是:对牙齿损伤小,对牙龈有按摩作用,可促进牙龈的血液循环。

14.出牙晚不一定就是缺钙

要想了解宝宝出牙晚的原因,首先应明白牙齿的发育过程。牙齿是由牙胚形成,牙胚从胚胎 2 个月开始发育,因此牙齿的发育和生长有一个长的、复杂的过程。每个牙齿的发育大体分为 3 个时期,就是生长期、钙化期和萌出期。这种复杂的发育过程是身体其他器官所没有的。如内脏只有生长期,骨骼系统有生长和钙化期;而牙齿不但要钙化,而且要萌出才能行使功能。

牙齿发育的过程和机体内外环境有密切关系。在牙胚形成阶段,机体本身的影响,特别是物种演化、遗传因素、母体孕期严重代谢障碍和其他目前尚不清楚的因素,都可能影响牙胚的形成。

有不少家长见到宝宝长到 8 个月尚未出牙就着急,擅自给宝宝增加鱼肝油和钙的剂量。用心虽好,但这种做法对宝宝的健康有害无益。宝宝出牙时间的早晚主要由于遗传因素决定的,出牙早的宝宝生后 4 个月就有乳牙萌出,而出牙晚的却要到 10 个月时才萌出。如果宝宝超过 10 个月尚未长出第一个乳牙,应考虑有无全身性疾病,如佝偻病,呆小病,极度营养缺乏,或先天性梅毒。长期不长第一颗乳牙是否有无牙畸形的可能,可借 X 线拍片查明。家长发现婴儿出牙延迟时应到医院全面查体而不是盲目地增加鱼肝油和钙片的剂量,以免事与愿违。

15.宝宝牙齿地包天的预防

宝宝反咬合畸形不仅影响面部美观,而且可造成咀嚼障碍、口齿不清,在宝宝的

生理和心理上造成很大影响。

(1)造成反咬合的常见因素

①人工喂养的宝宝,仰面用奶瓶吃奶时奶瓶压迫上唇部,下颌向前用力吸,长此以往易引起前牙反咬合。

②有口腔不良习惯,如下颌前伸咬上唇等。

③遗传因素。

(2)宝宝牙齿地包天的预防

①鼓励母乳喂养。只能人工喂养的宝宝吃奶的姿势应为侧卧,不要养成仰面吃奶的习惯。

②帮助宝宝纠正口腔不良习惯。

③找口腔医生检查,指导早期进行矫治。

16.牙齿地包天的矫治

一般的牙列畸形最佳矫治期在十二、三岁,也就是乳牙基本上替换完的时候。但乳牙反𬌗应早期干预。因为长期反𬌗将限制上颌骨的发育,严重者将造成骨性下颌前突,影响外观。早期矫治可收到良好的效果,并可防止畸形向严重发展。所以家长应注意观察婴儿的牙齿排列,如发现有反𬌗畸形应及时就诊。婴儿常常不能配合治疗,所以一般选择在儿童4～6岁时进行治疗。

矫治是一劳永逸吗?

这种治疗并不是一劳永逸的。乳牙反𬌗治疗好转后,有一部分会在恒牙萌出后复发(多数为有遗传因素者)。家长应继续观察宝宝在换牙后的牙齿咬合情况,必要时到医院请医生进行检查。

17.为什么宝宝睡觉时磨牙

宝宝出现磨牙,一般认为与以下因素有关。

(1)消化系统因素:最常见为肠道寄生虫。寄生虫在肠道内产生的毒素及其代谢产物可刺激肠壁,通过神经反射,不断刺激熟睡宝宝的大脑相应部位,使咀嚼肌发生痉挛而引起磨牙。另外,饮食不当、消化不良也会引起婴儿夜间磨牙。

(2)精神因素:宝宝白天玩得太兴奋,过度紧张或疲劳,受惊吓或睡前过度兴奋使大脑皮质功能失调。由于大脑皮质的兴奋和抑制过程失调,使咀嚼肌运动发生一时性的不规则痉挛、收缩而产生磨牙。

(3)其他因素:慢性牙周疾病、癫痫、癔症或做梦吃东西也可造成磨牙。

18.宝宝磨牙的危害

宝宝如果只是偶尔发生一两次夜间磨牙,我们不必大惊小怪,因为这不会影响宝宝的健康。可是要是宝宝天天晚上都出现磨牙的现象就危害不小了。

首先是磨牙会直接损伤牙齿。天天晚上磨牙不但会过早磨损牙齿,露出牙髓,还

会引起牙本质过敏。这时宝宝的牙齿在遇到冷、热、酸、甜的刺激时就会感到疼痛;另外,因为牙周组织受到了损害,所以宝宝还会得牙周病。除此之外,夜间磨牙还会影响宝宝面容:当宝宝磨牙时,他的面部肌肉特别是咀嚼肌一直不停地收缩。长时间的咀嚼肌收缩紧张会使咀嚼肌纤维增粗,从而导致宝宝的脸形变方,影响面容的健美。如果牙体组织磨损比较严重的话还会使牙齿的高度下降。面部的肌肉过度疲劳时会发生颞颌关节紊乱综合征,使宝宝在说话、歌唱或吃饭时下颌关节及局部肌肉酸痛,甚至张口困难。这时的宝宝在张口时下颌关节会发出丝丝的杂音,有的甚至发生下颌关节脱位。此外,还会引起头面部痛、失眠、记忆力减退等症状。

19.宝宝夜磨牙的防治

(1)对于有蛔虫或蛲虫病的宝宝应该及时驱虫。爸爸妈妈们应该在医生的建议下让宝宝吃驱虫药。另外,2～14岁的宝宝应该每年都吃2～4次驱虫药。

(2)对于有偏食、挑食习惯的宝宝,爸爸妈妈们应该合理安排宝宝的膳食。一般要粗细粮、荤素菜搭配,防止宝宝营养不良。对于宝宝的偏食、挑食等不良习惯要给予及时的教育。另外,应记住晚餐吃少,睡前不吃难消化食物,避免引起胃肠不适。

(3)对于紧张情绪引起的宝宝夜磨牙,爸爸妈妈们应该以心理交流为主,找到宝宝紧张的原因,如害怕父母责罚、晚上睡前看紧张刺激的电视、幼儿园中被老师批评等,然后有针对性地进行沟通,消除宝宝心中的紧张。

希望大家一起努力,为宝宝创造一个安心休息的氛围。

20.让婴儿有一副好牙齿的做法

婴儿的乳牙在出生时虽然没有长出来,但所有乳牙的齿冠(露出牙龈的部分)在胎儿时期就已在牙床内形成了。所以要想让婴儿有一副健康的牙齿,母亲必须在妊娠时期就注意营养物质的摄取。

临床早已证明四环素类药物能引起婴儿牙齿变色,所以婴儿慎用四环素类药物。要及时给婴儿添加既能补充营养,又能帮助乳牙发育的辅食,如添加饼干、烤馒头片等,以锻炼乳牙的咀嚼能力。在婴儿4个月左右适当添加些蔬菜、水果。

要保持雪白的牙齿就要纠正婴儿不良的卫生习惯。婴儿有吮手指的习惯,长时间能够引起牙位不正;婴儿常吸空奶头也有可能引起前牙发育畸形等。家长平时要多注意观察孩子的牙齿,如发现颜色、形态等方面有异常变化时,应及时请医生诊治。

(二)婴儿补钙的相关知识

21.婴儿缺钙要早发现

宝宝老出汗,睡觉时总打战,夜里还哭闹。出现这种情况父母千万不要掉以轻心,因为这可能是缺钙的表现。

有些轻度缺钙的宝宝,经常表现为烦躁、好哭、睡眠不安、易醒、易惊跳、多汗、枕部脱发圈、出牙落后等症状。缺钙严重的宝宝可引起佝偻病,甚至引起各种骨骼畸形,如方颅、乒乓头、手镯或脚镯、肋骨外翻、鸡胸或漏斗胸、O 型腿或 X 型腿等。若发现宝宝出现这些症状了,应该怀疑缺钙,及时去医院检查,尽快加以纠正。另外,胖宝宝比瘦宝宝更容易缺钙,所以,父母在照料胖宝宝时更要细心观察。

22.婴儿缺钙的危害

新生儿缺钙不仅影响正常的生长发育,尤其是身高的增长,还会引发一些其他问题,如肌张力低下、运动功能发育落后以及大脑皮质功能异常、表情淡漠、语言发育迟缓、免疫力低下等。

那么是什么原因导致新生儿缺钙呢?一般的,母亲在怀孕期间钙量摄取不足,会频繁出现小腿抽筋,并且还会影响胎儿对钙的吸收,导致钙缺乏。所以,母亲及时补钙是预防胎儿和新生儿缺钙的最好方法。

另外,要判断宝宝缺钙与否,首先要分析宝宝的膳食,从宝宝的膳食质量中获取钙的量看是否充足。其次要了解宝宝的表现。在日常膳食中,应多给宝宝提供含钙丰富的食品。

23.婴儿何时开始补钙

近期社会上掀起了一股补钙热,就连新生儿也不放过。钙确实是婴儿正常发育所必需的,然而是不是每个婴儿都需要补充钙?新生儿何时补钙才科学?

儿科专家研究发现,只要新生儿吃奶好,维生素 D 在医生的指导下按要求供给,一般不需要补钙。如果盲目补充过多的钙,不但影响新生儿的食欲,大量的钙在肠道内形成钙锌磷酸盐化合物,反而使钙锌得不到吸收,还会干扰蛋白质及脂肪的正常吸收,直接影响新生儿的正常生长发育。

如果在母乳期新生儿有"抽筋"史,应在 3～4 个月后开始补钙;早产儿一般 2～3 个月开始补钙,以上是指在母乳喂养的前提下的补钙。人工喂养的可提前一个月给宝宝补钙。

24.什么是佝偻病

佝偻病亦称"软骨病",是婴幼儿期常见一种营养缺乏病。因体内维生素 D 不足而引起的全身钙、磷代谢障碍和骨骼改变。

佝偻病患儿早期出现神经症状,如易激动,夜眠不安、惊叫哭闹和多汗等。骨骼改变可见颅骨软化、囟门加大或闭合延迟,继之出现方颅,鞍形颅,肋串珠,腕部膨大呈"佝偻病手镯"。严重的出现鸡胸、脊柱弯曲、学步落后。由于骨质软化,使下肢变形,出现"O"形腿或"X"形腿,并可留下永久性后遗症。

25.佝偻病的临床表现

宝宝在发生佝偻病后,早期表现为多汗、好哭、睡眠不沉、易惊,由于头部的多汗

而使头部发痒,常摇头而致头枕部秃发。以上的表现只能提示家长宝宝有佝偻病的可能,需带到医院进一步检查,切不可随便补充大量维生素 D,以防维生素 D 中毒。如病情进一步发展,可见宝宝的肌肉松弛无力,特别是腹壁及肠壁肌肉的松弛,可引起肠胀气,而致腹部膨隆犹如蛙腹。

佝偻病患儿最主要的变化是由于骨骼病变所出现的症状,这是佝偻病的特征表现。6 个月以下的宝宝,用手指轻压其枕骨或顶骨,犹如乒乓球有弹性感;8～9 个月的宝宝头颅呈方形,前囟门也偏大,至 18 个月前囟门尚不能闭合。在 1 岁左右的宝宝,胸部则可见到肋骨与肋软骨交界处膨大如珠,称为肋串珠;并可出现胸廓畸形如胸骨前突呈"鸡胸"和肋缘的外翻。由于四肢和背部肌肉的无力,宝宝的坐、立和走路都晚于健康的孩子,且容易跌跤。到了 1 岁以后会走路可出现两下肢向内或向外弯曲的畸形呈"O"形腿或"X"形腿。此外,宝宝的出牙也延迟,且容易发生蛀牙。

婴儿缺钙,实际上主要是缺乏维生素 D,也叫佝偻病。婴儿缺钙通常出现神经、骨骼和肌肉 3 方面的表现。

轻微缺钙或者缺钙的早期,主要表现出精神神经方面的症状,如烦躁磨人,不听话爱哭闹,脾气怪;睡眠不安宁,如不易入睡、夜惊、早醒,醒后哭闹;出汗多,与气候无关,即天气不热,穿衣不多,不该出汗时也出汗;因为汗多而头痒,所以婴儿躺着时喜欢摇头磨头,时间久了,后脑勺处的头发被磨光了,形成枕秃。这些现象或多或少都存在时,才考虑缺钙。如果仅有出汗就不能诊断是缺钙。

严重缺钙时,精神神经症状加重,会出现抽搐,同时还会出现骨骼及肌肉的表现,如囟门闭合迟,出牙迟,会站走时间迟,还会出现鸡胸驼背、罗圈腿、肌肉松软无力等。

缺钙对婴儿的危害不仅如此,还会影响智力以及引起免疫力、抵抗力下降,致使婴儿容易感冒、发热、拉肚子。因此,在婴儿生长期预防和治疗佝偻病很重要。

26.得了佝偻病怎么办

维生素 D 是治疗佝偻病的有效药物,一般患儿给予口服维生素 D 丸就可以了,对不能口服或是有腹泻的婴儿可在医生指导下注射维生素 D,并加用钙剂。同时,让婴儿多晒太阳,继续母乳喂养,及时添加辅食,合理喂养;为防止畸形,不要让婴儿久站久坐,不让婴儿过早行走。

27.什么是婴儿性手足搐搦症

发病原因与佝偻病相同,但临床表现和血液生化改变不同,主要是由于维生素 D 缺乏,以致血清钙低下,神经肌肉兴奋性增强,当血清总钙量降至一定水平之下时出现惊厥和手足搐搦等症状。绝大多数见于婴儿期,6 个月内较多见,人工喂养儿、早产儿多见,冬末初春发生较多。多伴有轻度佝偻病。

(1)临床表现

①惊厥。其特点是突然发生的无热性惊厥。多见于较小婴儿,大多有多次发作,

每次数秒至数十分钟,发作次数不等,可数日1次或1日多次。发作时大都暂时丧失神志,手足发生节律性抽动。面肌痉挛,双眼上翻。有时面肌痉挛即是本病的最初症状。发作缓解时,哺乳及神情可以正常。

手足搐搦为本病的特殊症状,往往见于较大婴儿和儿童,6个月以内的婴儿很少发生此症状。表现为腕部弯曲,手指伸直并拢,拇指贴近掌心,似鸡爪状;足趾强直而足底弯曲呈弓状。发作时神志始终清楚。

②喉痉挛。主要见于2岁以下的婴幼儿。喉痉挛使呼吸困难,吸气拖长发生喉鸣,如不及时处理,可因窒息而猝死。应当注意,为严重的手足搐搦症患儿进行肌内注射或检查咽部时偶可诱发喉痉挛。

(2)理化检验:血清钙降低,当血清总钙降至1.8～1.9毫摩/升,或钙离子降至1.0毫摩/升以下时即可出现抽搐症状。血磷大都正常,碱性磷酸酶增高。

(3)治疗

①急救措施。发生惊厥时可针刺人中、合谷、少商、印堂等穴位,并立即肌内注射地西泮0.2～0.3毫克/千克/次,或苯巴比妥钠5毫克/千克/次。喉痉挛者除止惊外,先将舌尖拉出,进行人工呼吸,并即刻将患儿送往医院迅速解除喉痉挛,必要时可行气管插管。

②钙疗法。补钙是止惊的根本措施,必须迅速。先用10%葡萄糖酸钙或5%氯化钙5～10毫升,加于10%或25%葡萄糖20毫升中缓慢静脉注射,每日1～2次。抽搐停止后可口服10%氯化钙5～10毫升,每日3次;一般1周后改服葡萄糖酸钙或乳酸钙0.5～1克,每日3次,连服1～2周。

③维生素D疗法。在开始钙疗法的同时只需口服较小量的维生素D,一周后应用足量,每日5000～10000国际单位,直至佝偻病恢复期,以后改服预防量,每日400～800国际单位。

④护理。让患儿平卧,头偏向一侧,避免呕吐物及黏液等吸入气管造成呼吸道阻塞,同时松解衣领裤带,并用多层纱布包裹压舌板或牙刷柄,放于上下齿之间防止舌咬伤。房间保持安静,避免突然刺激。惊厥与喉痉挛控制后口服钙剂时,不要将钙剂混在牛奶中或喂奶前后服用,以免产生奶块,影响吸收。

(4)预防:本病的预防与佝偻病相同。另外在应用维生素D治疗佝偻病的同时,需补充钙剂,以防止血钙降低出现手足搐搦症。同时应及时治疗婴儿腹泻。

28.婴儿为什么容易缺钙

(1)饮食单一:饮食以乳类为主。母乳易于吸收,但钙质少,如不注意添加辅食,钙摄入就会不足,易出现缺钙的症状。

(2)对钙的需要量大:婴儿时期是人一生中生长发育最快的时期。骨骼系统的发育需要大量的钙,如果每日摄入的钙量低于600毫克,就会使钙不能满足生长的需要

而出现各种缺钙的症状。

（3）钙储备不足：如果母亲孕期缺钙，可使婴儿在出生后储备的钙量少，尤其是早产儿，易出现夜惊、出汗等缺钙症状。

29.婴儿缺钙的常见症状

（1）多汗：常常听到年轻的妈妈诉说婴儿睡着以后枕部出汗，即使气温不高，也会出汗，并伴有夜间啼哭、惊叫，哭后出汗更明显，还可看到部分婴儿枕后头发稀少。可别小看这个不痛不痒的小毛病，这是婴儿缺钙警报。机体缺钙时可以引起系列神经、精神症状，如夜间多汗都与自主神经调节能力失调有关。首先应该考虑是体内缺钙引起的精神状况，要及早补钙。

（2）厌食偏食：宝宝不爱吃饭，这不知给父母增添了多少烦恼。据医学统计表明：现在婴儿厌食偏食发病率平均高达40％以上，且多发于正处于生长发育旺盛期的婴儿。据有关专家研究，钙控制着各种营养素穿透细胞膜的能力，因此也控制着吸收营养素的能力。人体消化液中含有大量钙，如果人体钙元素摄入不足，容易导致食欲缺乏、智力低下、免疫功能下降等。

（3）婴儿湿疹：多见于2岁前的婴幼儿，其湿疹多发于头顶、颜面、耳后，严重的可遍及全身。婴儿患病时，哭闹不安，患病部位出现红斑、丘疹，然后变成水疱、糜烂、结痂，同时在哭闹时枕后及背部多流汗。专家认为，钙参与神经递质的兴奋和释放，调节自主神经功能，有镇静、抗过敏的作用，在皮肤病治疗中，起到非特异性脱敏效果。

（4）出牙不齐：牙齿是人体高度钙化、硬度很高，能够抵抗咀嚼的磨损、咬硬脆食物的器官。如果缺钙，牙床内质没达到足够的坚硬程度，咀嚼较硬食物就困难了。此外，婴儿在牙齿发育过程缺钙，导致将来牙齿排列参差不齐或上下牙不对缝，咬合不正、牙齿松动，容易崩折，过早脱落。牙齿受损就不能再修复了。

30.婴儿每天钙的需要量

2000年出版的《中国居民膳食营养素参考摄入量》中所提供的数值见表。

婴儿每日钙的需要量

年龄组（岁）	钙摄入量（毫克／日）
0～0.5	300
0.5～1	400
1～4	600
4～7	800
7～成年人	800

31.婴儿膳食补钙保健康

0～3岁的宝宝正处于生长发育的高峰，钙的需要量较多。小于6个月的宝宝每日所需摄入的钙为300毫克，6个月到1岁的宝宝需要400毫克，1到3岁的宝宝需要600毫克。宝宝虽然对钙的需求量大，但是由于身体各种功能还没有发育完善，消化能力较低,所以妈妈们最好不要过多地给宝宝服用各种强化钙制剂。

俗话说,药补不如食补。宝宝所需要的钙最好从食物中获得。大家晓得,宝宝最主要、最好的钙源是奶制品。一般来说,如果采用母乳喂养,只要妈妈没有严重缺钙的情况,每 100 毫升母乳中含钙 30 毫克,按每天摄入约 900 毫升计算,宝宝通过母乳就已经可以得到比较充足的钙源。一般,宝宝从 5 个月大时开始添加辅食,这时从添加的辅食中也可以得到一部分钙源。

对于人工喂养的宝宝,婴儿配方奶粉中含有的钙是母乳中的 2～4 倍。虽然由于其中的磷含量可能较高,导致钙磷乘积较高以及含有较多的酪蛋白,会使之钙的吸收率相对较低。但是,如果宝宝没有消化方面的问题,通过配方奶粉获得的钙源也是充足的。

宝宝日常生活中大量摄入的奶类中蛋白质含量较高,如果过多地补钙,钙容易和奶制品所含蛋白质中的磷、酪蛋白结合,形成称为"钙皂"的硬块。钙皂大量形成就会导致宝宝大便干燥甚至便秘。这样就反而影响了钙的吸收率。

还有,由于高钙奶中钙磷乘积高,导致钙吸收率降低,大量不能被吸收的钙从肾脏排出,甚至会导致高钙尿症,对宝宝娇嫩的肾脏也是不小的负担。

钙和锌的吸收是呈竞争性的,即当钙太多时,会导致锌的吸收减少,锌的不足会导致宝宝味觉减退,食欲下降,蛋白质合成不足,甚至还可能导致婴儿生长发育障碍。您瞧,钙过多又增添了新的麻烦。

所以,普通乳制品一般可以满足宝宝对钙的需求。如果宝宝每天能摄入足够的奶制品,再辅以适量的维生素 D 及足够的户外活动,宝宝骨骼基本可以健康成长。至于家里那些高钙奶、钙片等,还是留给您自己吧。

32.选钙的建议

宝宝每天补钙量是 400 毫克,鱼肝油 400 单位,除奶量中所提供的钙外,可按实际情况为宝宝补钙,选适合婴儿吃的钙。

(1)目前市面上钙剂繁多,应选含纯钙量多,吸收好的制剂,每日补钙总量 300～500 毫克。

(2)目前市面上的鱼肝油有两种,一种是普通的,另一种是浓缩的,浓缩的剂量是普通的 4 倍,用时要注意;每日总量维生素 D、A 不超过 1000 单位就不会中毒。

33.单纯补钙不能防治佝偻病

为什么吃了钙片仍可能患佝偻病?

家长经常给宝宝吃钙片,可是宝宝仍然得佝偻病;而得了佝偻病的宝宝也吃了不少钙片,病情不见好转,这是怎么回事?钙是骨骼的主要成分,钙不足会影响骨骼的发育,造成佝偻病。因此,防治佝偻病要有足够的钙。但吃进去的钙,怎样才能被骨骼吸收和利用呢?这就得靠维生素 D 了。因为引起佝偻病的原因主要是维生素 D 缺

乏,而不在于吃的钙量多少。维生素 D 能促进肠道内钙的吸收,然后运送到血液里,再把血液里的钙沉积到骨端,从而满足骨骼生长发育。当维生素 D 缺乏时,吃进去的钙就会从大小便排出,而起不到应有的作用。因此,防治佝偻病时,一定要在吃钙片的同时加用维生素 D 制剂或鱼肝油(鱼肝油含有维生素 A 和维生素 D)。此外,应让婴儿多晒太阳,阳光中紫外线照射可以在体内合成维生素 D,从而达到吸收钙的效果。为什么单用钙剂不能防治佝偻病?我们知道佝偻病又叫软骨病,最终是由于钙、磷代谢紊乱所致。所以,单从钙、磷代谢来看,对于佝偻病患者,服用钙剂预防和治疗佝偻病应该有效。然而实际上单纯服用钙剂并不能防治佝偻病。其原因是影响钙、磷吸收利用的因素很多。

钙主要在上段小肠内吸收。我们食入的钙常为化合物,只有在酸性环境被溶解为游离的钙才能被肠道吸收。维生素 D 对钙在小肠内的吸收起着非常重要的调节作用,维生素 D 缺乏影响钙的吸收,单纯补钙得不到纠正,必须同时补维生素 D 才能纠正缺钙现象。血中钙和磷的比例为 2∶1 时,钙的吸收率最高,如二者比例增高则钙与磷形成不易吸收的磷酸盐。

维生素 D 能增加血清中钙磷的浓度,使血中过剩的钙磷向骨骼沉积,从而促进成骨作用。

甲状旁腺对血钙也起调节作用,血钙低时甲状旁腺功能增强,尿排磷增多,导致脱钙。

所以,对佝偻病患儿首要的是补维生素 D。维生素 D 不但有利钙的吸收而且有利于钙在骨骼的沉积,促进成骨作用。当钙吸收有了保证时,甲状旁腺代偿性亢进作用终止,不会导致脱钙,佝偻病得到防治。

34.婴儿补钙要讲究"分量"

人体对钙质的需求是随年龄、性别、生理状况的不同而有所差异的。我国营养学会的营养专家推荐每日膳食中钙的供给量是:1~6 个月,母乳喂养的婴儿 300 毫克/日,人工喂养的婴儿 400 毫克/日;6~12 月,400 毫克/日;1~4 岁,600 毫克/日;4~11 岁,800 毫克/日;11~18 岁,1 000 毫克/日。

人体吸收钙的主要来源是通过食补,即多摄取高钙食物,如牛奶及奶制品,大豆及大豆制品,虾皮、虾米、芝麻酱等。对宝宝而言,最好每天要食用奶类食品,因为奶类和奶制品含钙量丰富,而且易吸收。如 1 瓶牛奶(220 毫升)的含钙量 200 毫克左右,若每天能喝上 1~2 瓶鲜牛奶,就可得到 200~400 毫克的钙,再加上其他食物中的钙,合起来就能满足宝宝 1 天的需要量。

值得一提的是:奶酪含钙量也很高,父母可以自制蔬菜奶酪汉堡包,以增加钙的摄取。不爱喝奶的宝宝,可以改喝酸奶。另外,豆类及豆制品的含钙量也较高,最好能每天食用 25~50 克。

在补钙的同时,父母平时应该多带宝宝晒太阳,帮助钙的吸收。

35.婴儿不宜吃钙片

许多父母都知道要给宝宝补钙以防止出现佝偻病,随之市场上也出现了各种儿童钙片。儿童保健专家提醒父母,不要给正吃母乳的宝宝吃钙片来补钙,尤其是新生儿,这是因为很多钙片都是化学合成品。一般地来说,从食物中摄取钙是最安全的途径。而对于还在母乳喂养期的宝宝来说,母乳中的钙就足够了。如果给宝宝喂服钙片,反而会影响吃奶量,影响营养的吸收。

因此要保证宝宝不缺钙,母亲可以注意适量摄入些含钙丰富的食品,如牛奶、鸡蛋、瘦肉、干果等,都可以帮助母亲补充钙、锌等,而宝宝只要通过母乳喂养就可以得到足够的钙了。当然,还要注意多给宝宝晒太阳,以利于维生素 D 的合成,以促进钙的吸收。

36.婴儿期要加喂鱼肝油

佝偻病是一种常见的慢性营养不良性疾病,是由于身体内维生素 D 不足而造成钙磷代谢失常,使体内钙盐不能正常地沉着在骨骼的生长部位上,所以骨骼发生病变,出现畸形。同时,还影响神经系统、肌肉系统、造血系统、免疫系统的功能。佝偻病虽然很少直接危及生命,但因发病缓慢易被忽略,一旦发生明显症状时,机体的抵抗力已明显下降,容易得肺炎、腹泻。得病后表现病程长、病情重、病死率高。

体内维生素 D 主要依靠晒太阳的作用形成。因阳光中的紫外线能将皮肤中的 7-脱氢胆固醇变成胆骨醇,即维生素 D_3。其次,食物中也含少量维生素 D,特别是浓缩鱼肝油中含量较多。

一些在冬春季节妊娠的孕妇,如果在孕晚期没有补充维生素 D 及钙剂,出生的新生儿非常容易发生先天性佝偻病。新生儿期很少晒太阳,而母乳、牛奶含维生素 D 很少,不能满足每日的需要量,导致佝偻病加重,影响生长发育。为了防止新生儿患佝偻病,在新生儿出生半个月时,必须加服鱼肝油。

37.为婴儿做正确的骨钙检查

不少父母常常不知道如何判断自己的宝宝是否缺钙?在医院检测中,头发和血液两种检测方法,哪种更能真实反映宝宝的含钙水平?

有关专家介绍,取宝宝的头发来检测其缺钙与否是没有科学依据的,结论也不可信。比较可信的是检测耳朵、手指等末梢血来查骨钙,这才能真实反映宝宝的含钙水平。一般医院是做血生化(抽静脉血查血钙、血磷、碱性磷酸酶)和骨骼 X 线检查(腕部 X 线照片)来判断有无佝偻病。

38.什么是维生素 D 中毒

维生素 D 中毒大多由以下原因所致。

（1）短期内多次给予大剂量维生素 D 治疗佝偻病。

（2）维生素 D 预防剂量过大，每日摄入量过多。

（3）误将其他骨骼疾病诊断为佝偻病而长期予以大剂量维生素 D 治疗。一般婴儿每日服用 2 万～5 万单位或每日 2 000 单位/千克，连续数周或数月即可发生中毒，敏感婴儿每日仅服用 4 000 单位，连续 1～3 个月即可中毒。

当机体摄入大量维生素 D 时，钙盐沉积于肾脏可产生肾小管坏死和肾钙化，钙盐沉积于肺可损坏呼吸道上皮细胞，引起溃疡或形成钙化灶。

早期症状为厌食、恶心、倦怠、烦躁不安、低热、呕吐、顽固性便秘和体重下降；重症可出现惊厥、血压升高、心律失常、尿频、夜尿等。尿中出现蛋白、红细胞、管型等改变，随即发生慢性肾功能不全。血钙常升高＞3 毫摩/升（12 毫克/分升），X 线有干骺端钙化带增宽、骨致密、骨干皮质增厚，中毒严重时心、脑、肾、皮肤等有钙化灶。

疑为本病时立即停止服用维生素 D，如血钙过高应限制摄入钙盐，并加速其排泄。可用呋塞米静脉注射。口服泼尼松可抑制肠腔内钙的吸收，一般 1～2 周后血钙可降至正常。重者可用降钙素肌内注射。

39. 维生素 A 中毒的表现

维生素 A 中毒症可分为下列二型。

（1）急性型：由于患儿对维生素 A 的敏感性有个体差异，以及肝脏维生素 A 储存量不同，中毒剂量可有较大的差异。一般维生素 A 注射 30 万单位，可于数天内产生中毒症状。表现为食欲减退、烦躁或嗜睡、呕吐、前囟膨隆、头围增大、颅缝裂开、视盘水肿等。颅内压增高在急性型常见，似因脑脊液量增多或吸收障碍所致。患儿如无神经系统感染存在，突然出现颅内压增高症状，结合摄入大量维生素 A 病史，停用维生素 A 后症状迅速消失，诊断可以确立。

（2）慢性型：维生素 A 用量达每日数万单位，如婴儿每日摄入维生素 A 每千克体重 1 500 单位，可于数日后产生中毒症状。早期出现烦躁、食欲减退、低热、多汗、脱发，以后有典型的骨痛症状，呈转移性疼痛，可伴有软组织肿胀，有压痛点而无红、热征象，以长骨及四肢骨多见，由于长骨受累骨骺包埋，可导致身材矮小。部分病例有颞部、枕后部肿痛，可误诊为颅骨软化症。颅内压增高症状如头痛、呕吐、前囟宽而隆起、颅骨缝分离、两眼内斜视、眼球震颤、复视等为此病的另一特征，但较急性型少见。此外，尚有皮肤瘙痒、脱屑、皮疹、口唇皲裂、毛发枯干、肝脾大、腹痛、肌痛、出血、肾脏病变及再生低下性贫血伴白细胞减少等。血碱性磷酸酶多有增高。国外曾报道长期肝脾大可致肝硬化，门脉压增高，甚至死亡。

除上述病史、症状及体征外，X 线检查对本病确诊有特殊价值，表现为管状骨造型失常，骨质吸收，骨折；骺板改变及软组织肿胀；骨干处骨膜下新骨形成；颅缝增宽，前囟饱满扩大。

通过检查发现,脑脊液压力增高,可达 2.55 千帕(260 毫米汞柱),细胞和糖在正常范围,发现蛋白降低或正常偏低值。如检查血清维生素 A,常达 600 微克/升以上。

(3)治疗措施:维生素 A 中毒症一旦确诊,应立即停服,自觉症状常在 1～2 周内迅速消失,但血内维生素 A 可于数月内维持较高水平。头颅 X 线征象可在 6 周～2 个月内恢复正常,但长骨 X 线征象恢复较慢,常需半年左右,故应在数月内不再服维生素 A,以免症状复发。应用浓鱼肝油或维生素 A 制剂时,不可超过需要量。必须用大剂量时,应严格限制用药时间,避免产生中毒症。

有报道,孕妇在早期服用维生素 A 过多,可致流产和胎儿畸形,因此孕妇服用量每日不宜超过 5 000 单位。

(4)预防:北京市应用维生素 AD 强化牛奶喂养婴儿,有效地预防维生素 A 不足,同时未见维生素 A 过量的症状。

(三)婴儿吐奶与溢奶

40.婴儿吐奶、溢奶并发症

(1)碱中毒:人的胃里有许多胃酸,宝宝如果一直吐奶、溢奶就会把胃酸也吐了出来,这样就无法使食物顺利地进入消化道,从而吸收不好,进而导致碱中毒。

(2)电解质不平衡:宝宝吐奶、溢奶会导致电解质失衡,在电解质不平衡,钠、钾、氯不平衡的情况下宝宝容易出现抽筋现象。

(3)体重下降:如果宝宝总是吐奶、溢奶致使食物一直无法顺利提供体内所需的热量,会造成宝宝的体重下降、精神疲惫等情况。

宝宝吐奶、溢奶是父母非常头痛的问题。这里我们给出解决之道,相信对父母们会有极大帮助!

41.常见吐奶、溢奶的应对方法

(1)原因:胃肠道逆流。

(2)改善方法

①帮宝宝拍打嗝。如果帮宝宝打嗝有困难,那么爸爸妈妈就应该将宝宝直立抱起,让宝宝趴在自己的肩上至少 30 分钟,然后将枕头垫高,让宝宝右侧躺下。这样可以有效地增加胃部排空速度。

②改变奶粉的冲泡方式。给宝宝喝的牛奶中添加谷类食物,或是将牛奶冲得稍微浓稠一些就不太容易发生逆流现象。不过,太稠的牛奶容易造成肠胃阻塞或腹泻,会让宝宝感到身体不舒服,所以爸爸妈妈也应当注意。

③药物治疗。如果有严重的吐奶、溢奶现象,应请医生给予应用刺激肠胃蠕动的药物改善溢奶情况。不过,通常把药物治疗作为最后的考虑,还是应当以其他的解决方法为主。

42.病理性吐奶、溢奶的原因及处理

人的消化道从口腔、食管、胃、十二指肠、小肠、大肠到肛门,如果当中有某一段阻塞了,那么从阻塞的那一段开始会慢慢累积食物,到人体无法承受时就会吐出来。幽门是指胃与十二指肠相连的部分,是胃下端的口儿,幽门狭窄症就是因为上述的原因而出现的。

(1)幽门狭窄有几个特征

①比较常见于刚出生3周到2个月之间的宝宝,通常在1个月时症状开始明显。这种情况的宝宝往往是边喂边吐,可能吃两三餐就吐一次,吐完之后因饥饿又吵嚷着想要再吃,偏偏吃完后又会出现喷射状的呕吐,整个喂奶过程不知吐多少回。

②因为牛奶无法顺利进入消化道系统加以吸收,所以宝宝总呈现出干干扁扁、越来越瘦的样子,严重者还会出现营养不良或黄疸等状况。

(2)治疗方法:目前唯一的解决方式是尽早借助腹部超声波诊断,并施行幽门整形根治手术。

患儿幽门的厚度要比正常宝宝的厚一些,致使食物无法顺利地通过,所以必须用手术的方式来进行治疗。手术时只要将幽门过厚的肌肉划一刀,压力就会使空间膨出,然后食物就可以顺利通过了。而且通常手术4~6个小时后就可以给宝宝喂食了,所以爸爸妈妈不用担心手术的危险性。手术后爸爸妈妈会发现宝宝能顺利地喝奶了并且变得白胖起来。

另外,宝宝感冒时尤其是病毒性呼吸道感染时,包括呼吸道融合病毒、鼻病毒或是感冒病毒,咳嗽会使腹压升高,常常合并呕吐的症状。

(3)注意问题:此时喂食应特别小心。感冒咳嗽会致使呼吸频率加快,进而导致吐奶、溢奶现象,所以要注意呼吸和喂奶吞咽时的协调,并尽量"少量多餐"。

43.合理喂养避免婴儿吐奶、溢奶

通过合理的喂养可以轻松预防宝宝的吐奶、溢奶。

(1)适合喂奶的时间:一般来说,洗过澡和换过尿布后是适合喂奶的时间。

(2)喂奶时应注意事项:父母冲泡奶前必须洗净双手,在奶瓶中先加入适量、适温的开水(37℃~40℃),再加入正确数量平匙奶粉(每家奶粉厂品牌冲泡的浓度均不相同,须按照罐上的说明来冲调),套紧奶嘴盖,摇均匀。喂奶前先测试奶水的温度和奶洞的大小(将牛奶滴在手腕内侧,测试温度;将奶瓶倒立,牛奶是一滴一滴地滴下来)。

(3)喂奶的姿势:抱起婴儿,斜躺45°,以一只手臂支撑婴儿的头颈部,另一只手持奶瓶,将奶嘴放入婴儿的嘴内,须将奶嘴整个放在舌头上面,喂奶时要使奶瓶中的奶水充满奶嘴处才不会吸入太多空气。

(4)喂奶的分量及频率:每次喂奶量不可超过240毫升,一方面怕呕吐,一方面是怕引起消化不良。喂奶时婴儿停止吸吮,可以再试几次,假如仍然不吃就不要再强

喂,下一次宝宝自然会多吃的。

婴儿喂奶原则上最好有一定规律。喂奶的次数与年龄及体重有关。2个月以下的婴儿约每4小时喂1次,一天喂6次;2～4个月的婴儿也是每4小时喂1次,但因为大部分婴儿都会一觉到天亮,所以将半夜那一次省略,变成一天喂5次;4～6个月的婴儿每天喂4次就够了。有时体重特别小的婴儿需要每3小时喂1次。倘若牛奶泡得太稀,宝宝很快就饿,就无法按时喂奶了。

如何判断宝宝是不是吃饱了呢?观察宝宝吃奶后的反应,如果吃完后就睡着了或自己开始玩,就表示吃得很好。如果喂食情况良好宝宝体重会稳中有升。

44.婴儿流涎的原因

很多不满周岁的婴儿常有流涎的情况,但也有很多婴儿从来不流涎,看上去干干净净,这是什么原因?流涎是不是病态呢?

正常婴儿的唾液分泌比成年人要多,但唾液过多造成流涎现象就不一定都是正常的了,有些是生理现象,有些则是病态,应多加小心。

生理现象的流涎过多是暂时性的,一般不需治疗而自愈。一是婴儿刚生下时,因只吃奶,唾液腺功用不大,分泌唾液也少。到了3～4个月时,由于饮食中逐渐补充了含淀粉的食物,唾液分泌就逐渐加多,可出现流涎现象,但时间不会太长,一旦习惯后就不再流涎。二是婴儿在六七个月的时候,常由于牙齿萌发的缘故而有流涎现象。

病理现象的流涎则应引起家长注意,常见于:①口腔某一部分发炎(如口腔炎、舌炎或牙龈炎等),唾液就会增多,甚至流出的唾液还带有黄色或血色,唾液气味也很臭,此时常伴有其他症状,如发热、烦躁不安、不肯吃东西等,一旦发现这种情况应赶快请医生治疗。②很多婴儿的流涎是因为经常有东西刺激口腔,促使唾液分泌增多。譬如婴儿常吮手指或者经常吸吮实心橡皮奶头等,这些不良习惯都会造成流涎过多,应力戒之。③少数婴儿流涎是因为神经、精神或内分泌方面的疾病引起的,如白痴(智力发育不全)或克汀病(先天性甲状腺分泌不足)。这类婴儿常伴有其他智力发育不良或内分泌发育不足的病态。

综上所述,婴儿如有流涎现象,家长应留心观察,仔细分析原因,对症处理。特别是要帮助婴儿戒除吮手指或橡皮奶头的习惯。要知道流涎非但常弄湿衣服,影响整洁,而且常流到下颌引起皮肤发炎。

(四)婴儿微量元素的缺乏与补充

45.婴儿是否缺乏微量元素

(1)头发检测作用不大:目前许多医院的微量元素检测手段都是进行头发检测,但是由于头发中的微量元素的含量受头发清洁程度、发质、个体生长发育程度和环境污染等多种因素的影响,不能很好地反映婴儿微量元素状况。所以,不提倡给婴儿做

头发检测。

（2）血液检测比较可信：与头发检测比较而言，血液检测是一种比较科学的方法。通过在婴儿手指上取一滴血，可以检测出其中的铜、锌、钙等微量元素的准确含量。不过，有关专家也指出了其致命缺陷：目前，世界上还没有一个统一的微量元素正常值范围。因此，通常的血液检查结果也只能作为参考。

（3）婴儿缺啥关键看症状：判断儿童是否患有微量营养元素缺乏症的关键是要看婴儿症状。一般而言，婴儿如果出现厌食、挑食、生长发育迟缓、反复感冒、口腔溃疡、贫血等症状时，都可能与某种微量元素缺乏有关。

（4）专家提醒不能滥补：面对铺天盖地的营养品广告，家长们往往会手足无措。形形色色的补钙、补锌营养品对婴儿的健康到底有没有用？首先所有的微量元素在人体内都有一定的含量和比例。盲目给婴儿补微量元素可能会造成不良后果。比如儿童因盲目补铁造成体内含铁量过多，会使铁、锌、铜等微量元素代谢在体内失衡，从而降低机体免疫力，并可能使血清中铁离子浓度增高，有导致婴儿心肌受损的危险。因此，如果婴儿有微量元素缺乏症或营养不良应及时上医院，在医生的帮助下选择合适的治疗方式。

另外，有一点要特别强调的是，合理的膳食结构是保证婴儿健康成长的关键，想要婴儿健康成长，就要培养婴儿不挑食的饮食习惯。

46.婴儿微量元素缺乏的预防

了解富含微量元素的食品，以饮食补充为好。

（1）铁：动物性食物中，如肝脏、动物血、肉类和鱼类所含的铁为血红素铁，血红素铁也称亚铁，能直接被肠道吸收。植物性食品中的谷类、水果、蔬菜、豆类及动物性食品中的牛奶、鸡蛋所含的铁为非血红素铁，这种铁也叫高铁，以络合物形式存在，络合物的有机部分为蛋白质、氨基酸或有机酸，此种铁须先在胃酸作用下与有机酸部分分开，成为亚铁离子，才能被肠道吸收。所以，动物性食品中的铁比植物性食品中的铁容易吸收。为预防铁缺乏，应该首选动物性食品。

（2）锌：动物性食品中的牛肉、猪肉、羊肉、鱼类、牡蛎含锌量高。植物性食品中的蔬菜、面粉含锌量少，且难吸收。

（3）铜：含铜最多的食品是肝脏，大多数的海产食品，如虾、蟹含铜较多。豆类、果类、乳类含铜较少。

（4）碘：因海水含碘丰富，所以海产品都含有碘，特别是海带、紫菜含碘最多。

（5）硒：谷物、肉类、海产品含量高，除缺硒地区外，一般膳食不缺硒。

各种食品含微量元素多少不同，为预防微量元素缺乏，应吃多种食物做成的混合食物，不能偏食、挑食。

47.婴儿的微量元素以食补为主

0～4个月：母乳喂养的婴儿可以从母乳中获得生长发育所需要的微量元素。如

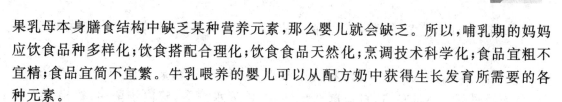

果乳母本身膳食结构中缺乏某种营养元素,那么婴儿就会缺乏。所以,哺乳期的妈妈应饮食品种多样化;饮食搭配合理化;饮食食品天然化;烹调技术科学化;食品宜粗不宜精;食品宜简不宜繁。牛乳喂养的婴儿可以从配方奶中获得生长发育所需要的各种元素。

4～12个月:无论是母乳喂养还是牛乳喂养的婴儿,4个月龄后都需要添加辅助食品以保证足够的营养物质摄入,尤其是保证各种微量元素的摄入。乳类是这一时期婴儿钠、钙、磷、钾、镁、锌、铜、碘的主要来源。谷物是这一时期婴儿铁、锰、硒的主要来源。蛋、绿叶蔬菜是这一时期婴儿铁的主要来源。水也是一些元素的主要来源,合格的矿泉水和白开水最好。儿科医生总是反复强调婴儿多饮水,很多妈妈都认为水没有任何"营养",只是解渴,所以水的摄入量远远不达标。

1～3岁:1～3岁开始从以乳类为主食转为以粮食、蔬菜、蛋肉为主食,但乳类食品是终生需要食用的。1岁以后的婴儿可以食用鲜奶、配方奶粉、酸奶、奶酪、奶片等多种奶制品,以补充婴儿生长发育所必需的元素。婴儿的饮食特点是较软烂,原料加工成较小的块,食量较小,已经能够摄入较多的食物种类,基本上是家庭制作。

4～6岁:可以与成年人进食同样的饭菜,饮食标准应该符合中国营养学会制订的膳食结构,即每天必须摄入乳类、豆类、淀粉类、蛋肉类、蔬果类四大类食物;四类食物的摄入比例均衡,每类食物摄入品种多样。较大婴儿随着摄入食品种类的增多,一般能够满足生长必需的微量及宏量元素的需要。大部分较大婴儿进入托幼机构,正规的托幼机构提供的幼儿伙食是受到相关机构审查的。妈妈应该注意的是节制零食,纠正偏食,做饭不要天天老一套,要在花色品种、色香味形上花点功夫。

推荐食谱。

(1)提供铁、钙、磷的蛋黄奶糕:整鸡蛋水中煮熟(约6分钟),取出蛋黄碾碎,用牛奶和成糕状或粥状。直接喂食。

(2)富含钾、镁、铁的绿叶菜泥(汁):芹菜、紫菜、菠菜、茼蒿等蔬菜洗净后用清水浸泡一小时,放入沸水中即刻捞出,在干净菜板上剁成菜泥,挤出菜汁。可直接喂食菜汁,也可和到面条或米粥中。如果婴儿吞咽能力很好,也可直接喂食菜泥。

(3)富含锌、铜、铬、硒的鲇鱼汤:鲇鱼洗净,放入冷水中,加入花椒5粒,葱白一段,煮沸至水变成乳白色(约20分钟),熄火后放少许食盐、香油,直接喂食鱼汤。

(4)含锌丰富的栗子粥:将栗子5个剥皮后切碎。锅置火上,加入水,放栗子煮开后,放入大米一把混合同煮至熟。即可喂食。

(5)含锌丰富的荠菜鸡肝米:将鸡肝150克洗净,切成米粒状,加入少许黄酒、食盐、蛋清、水淀粉搅和均匀,把荠菜洗净切成碎末。锅内放少许油,姜末爆香后下入切好的肝米翻炒十几下,把切好的荠菜倒入,略加一点水,煮沸,勾薄芡出锅即可食用。

(6)含铁丰富的蟹蓉烩苋菜:将蟹肉斩茸,盛入碗中,用少许牛奶调开,加入鸡蛋清搅匀成蟹茸。苋菜在沸水内焯一下捞出。锅内放入油烧热,烹入料酒,加入鸡汤、

食盐、胡椒粉,放入苋菜、蟹茸,待烧沸后用水淀粉勾芡,加入牛奶搅匀,熟后装碗,撒上火腿茸即可食用。

(7)含铜丰富的桃仁烩口蘑:将洗净的口蘑25克去根,放入碗内,加入鸡汤125克,放入蒸屉蒸1小时左右;将口蘑取出切片,用清水洗净,碗内汤留用;核桃仁用开水泡过,捞出去皮,切成小块。炒锅内放入鸡汤125克,再把蒸口蘑的水加上,烧沸,下入口蘑片,加入少许酱油、绍酒、食盐,撇去浮沫,水淀粉勾芡盛入碗内。原炒锅内放入鸡汤125克,把核桃仁放进去氽一下,捞出与口蘑放在一个碗中,撒上豌豆苗尖即成。

48.碘元素的重要性

碘是维持甲状腺功能,合成甲状腺素不可缺少的元素。甲状腺激素缺乏的主要危害是大脑发育障碍,导致蛋白合成障碍,使脑内蛋白质含量降低,细胞体积减小,脑重量减小,影响智力发育。碘缺乏与地域有很大的关系,居住在沿海一带的人几乎不会发生缺碘,因为海产品中含有大量的碘,我国为了防治碘缺乏性疾病,在食盐中加入碘,现在我们吃的食盐全部是含碘盐,所以缺碘性疾病大大降低了。孕妇缺碘胎儿发育会受影响,我国已经把克汀病(呆小病)筛查作为新生儿出生后疾病筛查中的一项。在配方奶中也保证了碘的含量,产妇在孕期就补充包括碘在内的各种微量元素,产后仍在继续补充,而且产妇饮食质量也大有提高,通过饮食可获取充足的碘,因此缺碘性疾病在婴幼儿中很少见了。但妈妈也不要掉以轻心,如果在孕期、哺乳期以及在喂养方面不够合理,仍有发生缺碘的可能。

49.婴儿为什么会缺锌

锌是人体内的微量元素,是人体内的必需元素之一。锌经由小肠吸收。作为多种酶的组成成分参与各种代谢活动。婴儿缺锌常有以下原因。

(1)摄入不足:锌摄入不足是婴儿锌缺乏的主要原因。大多数食物含锌量很低,营养不良,特别是长期缺少动物性食物者易致锌缺乏;长期应用全部肠外营养患儿,因所摄入溶液中缺乏锌,亦易发生本病;肠道吸收不良可见于脂肪泻、肠炎等疾病,以及长期进食含有过多植酸盐或纤维素食物,均可影响锌的吸收利用。

(2)丢失过多:常见于慢性失血、溶血(红细胞内有大量的锌,随红细胞破坏而丢失);长期多汗、组织损伤(创伤、烧伤的渗出液含锌);肝肾疾病、糖尿病以及使用利尿剂噻嗪类等(尿中锌排泄量增加);长期使用整合剂如乙二胺四乙酸(EDTA),青霉胺等药物(与锌形成不溶性复合物);单纯牛奶喂养者(牛奶内有干扰锌吸收的络合物)。

(3)需要量增加:婴儿生长发育迅速,尤其是婴儿对锌的需要量相对较多,易出现锌缺乏,如早产儿可因体内锌贮量不足,加之生长发育较快,而发生锌缺乏;此外,营养不良恢复期、外科术后与创伤后恢复期等锌的需要量亦增加,若未及时补充易致锌缺乏。

（4）先天性代谢障碍：见于肠病性肢端皮炎，为遗传性锌吸收障碍性疾病，临床主要特征为腹泻、皮炎和脱发，多于婴儿期起病。

50.婴儿缺锌的临床表现

多发生于6岁以下婴幼儿，起病缓慢。锌缺乏开始表现为食欲不振、厌食或拒食，常伴有味觉减退、异食癖及复发性口腔溃疡等。而后生长迟滞或停止，身材矮小，将来性发育延迟。视觉暗适应能力下降，重症者可出现角膜混浊。免疫力差、反复感染、伤口不易愈合。皮损呈特征性分布，主要分布于口、肛周围等处。亦可出现牙龈炎、舌炎、结膜炎等。

孕妇饮食中长期缺锌可影响胎儿生长发育。儿童严重缺锌可影响脑功能，表现为急躁、嗜睡、抑郁或学习能力差等。

51.婴儿缺锌的诊断

锌缺乏症目前尚无特异性诊断指标，主要根据锌缺乏病史、临床表现、低血锌，以及结合治疗效应等综合判断。

血锌能反映近期锌的动态平衡状况，若除外急、慢性感染与肝、肾等疾病，血锌低于11.48微摩/升（75微克/分升）有诊断价值，正常值13.94微摩/升（91.14微克/分升，上海，原子光谱吸收法）。

发锌能反映长期锌营养状况，但波动大，不易准确，可作为人群普查筛选的指标之一，正常婴儿发锌低限值为1692.60微摩/升。

尿锌能反映锌的代谢水平，缺锌时，尿锌测定降低。若同时测定血锌、发锌、尿锌三项指标，则诊断价值更大。

52.婴儿缺锌的预防与治疗

（1）预防：合理膳食，保证膳食中动物性食物占一定比例。建立良好饮食习惯，不挑食、偏食。提倡母乳喂养，母乳含锌丰富，且能促进锌的吸收，并及时添加辅食。

锌的生理需要量：婴儿为每日5～15毫克，成年人每日15毫克，孕妇每日20毫克，乳母每日25毫克。

（2）婴儿缺锌的治疗：首先应查明病因，治疗原发病，同时给予补锌治疗。一般补锌剂量按元素锌每日0.5～1.5毫克/千克。元素锌1毫克等于硫酸锌4.4毫克，葡萄糖酸锌7毫克。疗程可视病情及病种而定，一般疗程以2～3个月为宜。

婴儿可给予1％硫酸锌溶液分次口服。当严重缺锌、胃肠道疾病或静脉内营养者，可静脉注射锌剂，常用静脉制剂是氯化锌，元素锌1毫克等于氯化锌2.1毫克。锌治疗同时，应摄入足量动物蛋白质，使症状更快改善。

药物锌不宜过量，否则可致急性锌中毒，表现为腹泻、呕吐和嗜睡等。长期过量还可引起铜缺乏，需要家长注意。

53.婴儿缺锌不可补过量

假如婴儿不缺锌,家长却盲目地给予口服含锌的各类制品,不但不能助长,反而有害,过多的锌对肝造成损害,严重者会有黄疸性肝炎的表现,所以补锌要慎重。

预防婴儿缺锌症,婴儿最好是母乳喂养,因为母乳中含有丰富的锌,而且易吸收,动物性食物中的锌含量高,易吸收;所以对婴幼儿适量添加富含各种微量元素的动物肝、蛋黄、肉末、鱼泥等辅助食品是非常必要的。

(1)缺锌补充勿过量:权威调查报告指出,我国儿童有40%以上缺锌,补锌最大的误区是把锌当作钙一样长期补充。长期补锌的最大弊处是影响了铁的吸收。补锌别过量,适时补,有好处,没坏处。

(2)不能明确诊断是否缺锌时:如果医生认为您的婴儿缺锌,婴儿也有缺锌的症状,但没有化验血,不能明确诊断时,可试验性给予锌剂。6个月以下婴儿,每日补充锌3毫克,6个月以上婴儿,每日补充锌5毫克,也可按照千克体重计算,0.5毫克/千克体重。最大量不能超过10毫克。连续补充不能超过3个月。

(3)明确诊断缺锌时:如果确诊是锌缺乏症,可以补充到1.5毫克/千克体重/日。或6个月以下婴儿每日6毫克;6个月以上婴儿每日10毫克。最长疗程是3个月。补充锌后,要注意铁的缺乏。

(4)补锌有时间的限制:不能把锌认为是营养药,没有什么副作用,可以放心大胆的长期给婴儿吃。微量元素并非灵丹妙药,多多益善。营养药补多了照样会中毒。维生素不可缺少,补多了也会中毒,如维生素D中毒,维生素A中毒等。矿物质过量补充也同样会引起中毒。补充一种元素时,会影响另一种元素的吸收和利用。长期补充锌元素,不但会引起锌中毒,还会因为影响铁的吸收而导致婴儿缺铁性贫血。铁过量也会引起脑部神经损伤;钙过量会导致内脏钙化等。

54.药物不宜与牛奶、果汁同服

为了能让婴儿顺利服药,父母往往把药掺进牛奶、果汁中。这样做是很不科学的,它不仅降低了药物的疗效,还会引起许多不良反应。

牛奶食入后在胃黏膜表面形成一层薄膜,而牛奶和药接触后又在药物表面形成一层薄膜。这两层薄膜阻碍了药物的药性释放和胃黏膜对药物的吸收。待到这两层薄膜被破坏,药物吸收的最佳时期已经错过,这样便大大影响了药物的疗效。果汁口味甜并含有多种维生素及微量元素,是婴儿极好的饮料,但它不宜与健胃药、止咳药及一些磺胺药物同用。某些健胃药是通过药物的苦性来刺激食欲帮助消化的,与果汁同用达不到这个目的。止咳的药物也是一样,二者掺和,使止咳药的疗效降低。还有儿科常用的磺胺结晶从尿中排出。

因此,婴儿在吃药时,不要把药加在牛奶、果汁中,可加少量的糖水或将药放在米饭馒头中吃掉。

五、婴儿的早期教育

(一)观察了解婴儿

1.新生儿的六种状态

新生儿在不同状态有不同的行为表现，这虽然和成人相似，但每种状态持续时间又和成年人不相同。一般情况下，新生儿经常处于以下六种状态。

(1)深睡：眼闭合，身体平静，呼吸规则。

(2)浅睡：眼虽闭合，但面部表情丰富，有微笑、皱眉、噘嘴等，身体有少量自然活动，呼吸不规则。

(3)瞌睡：眼可半张半闭，眼睑闪动，有不同程度的躯体运动。

(4)安静觉醒：眼睁开，显得机敏，活动少，对视、听刺激有反应。

(5)活动觉醒：眼睁开、活动多，不易集中注意力。

(6)哭：对感性刺激不易引出反应。

2.新生儿如何开展早期教育

我们总是说“教育要从小抓起”，儿科专家指出，从出生到 2 岁是大脑生长发育最快的时期，良好的刺激对新生儿促进大脑结构和功能的发育极为重要。

研究证明，从新生儿期开始早期教育可以促进智力发育。那么，如何从新生儿期开始进行早期教育呢？

(1)当宝宝觉醒时，可以和他面对面地说话，当宝宝注视你的脸后再慢慢移动你的头的位置，设法吸引宝宝的视线追随你移动的方向。

(2)在宝宝耳边(距离 10 厘米左右)轻轻地呼唤宝宝的名字，使宝宝听到你的声音后转过头来看你，还可以利用一些能发出柔和声音的小塑料玩具或颜色鲜艳的小球等吸引宝宝听和看的兴趣。

(3)在宝宝床头上方挂一些能晃动的小玩具、小花布头等，品种多样，经常更换，可锻炼宝宝看的能力。

(4)平时无论喂奶还是护理时，都要随时随地和宝宝说话，使宝宝既能看到你又能听到你的声音。

(5)可以播放一些优美、柔和的音乐给宝宝听，经常爱抚宝宝，使宝宝情绪愉快，四肢舞动。

其实早期教育新生儿的方法有很多，这里只是说了一些容易做到的很平常的方

法。如果父母还有其他一些方法,只要科学合理,有助于新生儿智力的开发,都可以采用。

3.新生儿怎样和成年人交流

新生儿和成年人交流的重要形式就是哭。正常新生儿的哭有很多原因,如饥饿、口渴、尿布潮湿等,还有在睡前或刚醒时不明原因的哭闹,一般在哭后都会安静入睡或进入觉醒状态。年轻父母经过2～3周的摸索就能理解新生儿哭的原因,并给予适当护理。

新生儿还用表情,如微笑或皱眉及运动等使父母领会他们的意愿。过去都认为,在父母和新生儿交往中,父母起主导作用,实际上是新生儿在支配父母的行为。

4.新生儿具有运动能力

胎儿在子宫内就有运动,即胎动。出生后的新生儿已有一定活动能力,如新生儿会将手放到口边甚至伸进口内吸吮。四肢会做伸屈运动,当母亲和他说话时,他会随音节有节奏地运动,表现为转头、手上举、伸腿类似舞蹈动作,还会对谈话者皱眉、凝视、微笑。这些运动和语言的韵律是协调的,有时宝宝用手试图去碰母亲说话的嘴,实际上是在用运动方式和成年人交往。

如果你将新生儿扶着竖起来,使足底接触床面,有的新生儿会两腿交替迈步走路;当竖抱新生儿时悬垂的足背碰到桌子边缘,新生儿会自动迈步踏到桌面上,很像上台阶的动作;当你把新生儿俯卧时,有些新生儿竟能稍微抬一下头或左右移动,以免堵住鼻孔;当新生儿扶坐位时头可竖立1～2秒或以上,俯卧位有爬的动作,口有觅食的活动,手有抓握动作,并有抓住成年人的两个手指使自己悬空的能力。

5.新生儿大脑发育特点

研究发现,新生儿的大脑发育有先有后,大脑中控制视觉和运动的区域最先发育,而负责抽象思维的区域却远远落后。

有关专家在新生儿出生后的头几个月内给他们进行高清晰度磁共振成像扫描。扫描结果表明,新生儿出生后几个月内大脑后部控制视觉和其他感官信息的区域处于"疯狂发育期",而这一阶段大脑中额叶前部负责抽象思维的区域没怎么发育。新生儿大脑灰质的发育也比白质要快得多,在头几个月内,灰质会增加40%,而白质增加极少。灰质和白质是大脑中重要的两类组织,灰质包含了大部分神经元,而白质则包含不同大脑区域神经元之间的纤维连接。

扫描还发现,新生男婴比女婴的大脑平均大10%左右,这一点与成年男女大脑相一致。但是大脑的不对称性在新生儿期和成年人期却恰恰相反,成年人大脑的右侧一般稍大于左侧,而新生儿大脑却是左侧平均比右侧大4.3%。这表明,成年人大脑的不对称性是在出生后的发育过程中逐渐形成的。

新生婴儿大脑发育除上述特征外还有以下特点。

(1)大脑的重量迅速增加。一般来说,新生儿出生时脑重为 360 克左右,在良好的哺育下,大脑几乎每天增加约 1 克。

(2)大脑组织结构不断变化。

(3)神经突起,树状突和神经纤维的数量也都迅速增加。

(4)神经传导通路的发展非常迅速。神经纤维成束状区域已经能够发生兴奋。

(5)神经纤维本身的结构也有变化,大脑的某些区域已经能够发生兴奋。

(6)适当的刺激可以使神经纤维更快地鞘化,加快神经联系的形成和巩固,这是新生儿能够学习的保证。

6.新生儿到底有多聪明

新生儿到底有多聪明?这是许多父母关心的事。在出生时,聪明的新生儿可能要比其他宝宝更机警。有些新生儿从一开始就能独自把头抬高一会儿,仿佛在环顾四周,对生活有强烈的好奇心;并且在抱他时,你会感觉到这一点。这也就是心理活动的开始。

新生儿脑细胞的数量已接近成年人,如果父母不关心的话,那么这些脑细胞就会很快死亡。一个总是看白色天花板的新生儿,表情就迟钝;如果给他们看些各种各样、颜色不同的玩具、鲜花,就会引起新生儿的注意力和好奇心,大脑细胞就不会死亡,相反则会变得更聪明。

新生儿笑得越早,聪明的可能性就越大。尽管这不是完全可靠的迹象,但它是个象征。很早就开始笑的新生儿常常会成为聪明活泼的儿童。

新生儿身上不同能力的发展速度是不同的。尽管这些能力之间有某些关联,但是,根据一两种已测出的能力的发展来判断其他能力的发展是难以做到的。新生儿的某些技能与其身体发育状况有关,有些与经验有关,而有些与两者都相关。在设法判断新生儿聪明的早期迹象时,要把婴儿作为一个完整的人来看。

7.对出生时较重新生儿的评估

有些家长认为胖胖的新生儿会很聪明,其实,随着年龄的增长不全是这样的。理由是:胖胖的、健康的新生儿,大都是由孕期得到良好营养和关照的母亲生的。这些母亲也更可能在家中给予她们的宝宝最好的教育帮助,这在智力测验中会表现出来。

较重的新生儿也可能在生活中有心理上的优势,有较好的身体素质,因而有理由比其他新生儿更快活。例如,胖婴儿每次可以吃更多的食物,因而不需要父母频繁地喂养,可以把精力转向更多的智力活动方面。另外,父母不必忙于给新生儿喂食和清洗,可以提供给他们更多有益的刺激,有更多的时间与他们交流。因此,从一出生起,与较轻的新生儿相比,较重的新生儿可能会发现他们处在一个愉快的、情感上得到支持的世界里,就会以许多方式利用这种最初的好运气。所以,就会感觉胖婴儿聪明。

8.新生儿哭声越丰富,将来越聪明

有关研究人员发现,新生儿在刚出生一周内啼哭的声调越丰富,表明他长大以后语言能力越强。反之,旋律单一的哭声预示着他以后学说话难度会大些。这个研究小组目前已经对36名宝宝进行了相关分析。刚出生第一周,新生儿的声调曲线只是简单地起伏变化,到了第二周,曲调就变得复杂了。

研究人员认为,宝宝发出丰富多变的曲调时间越早,以后学说话时就能越多地学会各种词语甚至语言。这项研究的科学意义在于,对于那些啼哭声单一的宝宝,可针对性地尝试进行音乐方面的训练,以帮助其提高语言能力。

9.新生儿的心理特点是什么

许多人认为"新生儿什么都不知道,是不会有心理活动的"。那么,刚出生的新生儿到底有没有心理活动呢? 研究证实,新生儿心理活动确实存在。

新生儿出生后,除一般神经学或反射性行为(如觅食反射、拥抱反射、吸吮反射等)外,还有适应周围环境的能力。自出生后,即有对客观发生视觉固定的能力,特别对人脸感兴趣。

新生儿对环境变化所产生的某些行为,称为"适应反应"。当一种新的刺激抵达听、视及其他感觉系统时,新生儿会变得较为警觉,此时头可向刺激方向转动,并伴心率加快等生理方面的改变。当对这种刺激逐渐适应时,则心率减慢。

婴儿的心理最大特点是:心理现象的发生与发展都极为迅速。新生儿在出生后1个月只有两种反应,一种是获得满足与舒适感后的愉快情绪;另一种是饥饿、寒冷、尿布潮湿等所引起的不愉快情绪。3个月后即可有欲求、喜悦、厌恶、愤怒、惊恐、烦闷6种情绪反应。

因此,父母可以根据婴儿的心理特点,更好地与宝宝沟通,更好地培养宝宝的反应能力,并融洽亲子关系。

10.什么是新生儿行为神经测定

1960年以前人们普遍认为新生儿出生后,只会吃、睡、哭。但是随着医学专家的不断研究,我们知道,新生儿在视觉、听觉、嗅觉、味觉和触觉方面都有一定感受的能力,并具有记忆与习惯形式、模仿能力和手上协调的运动能力。

目前,我国对新生儿行为神经测定,主要采用儿科专家鲍秀兰教授根据我国实际情况,从美国新生儿行为评分法和法国新生儿神经检查法中筛选出部分项目,并经过研究,制定了中国20项新生儿行为神经测定(NBNA)评分法,该测定是能全面评定新生儿行为能力的一种方法。

11.新生儿行为神经测定的目的

新生儿行为神经测定(NBNA)是了解新生儿行为能力的一种检查方法,其作用:

(1)可作为正常新生儿行为神经评估的正常值。

(2)有利于优育和智力开发,增进父母与新生儿感情交流,促进智力发育。

(3)发现脑损伤引起的新生儿行为神经异常,充分利用神经系统可塑性强的时机进行干预。

(4)可作为围产高危因素对新生儿影响的检测方法。

12.新生儿神经行为检查内容

我国结合实际情况而制定的新生儿行为神经20项量表,是一个简便易行有效的测查新生儿神经行为功能的量表。该量表分为。

(1)行为能力:6项。

(2)被动肌张力:4项。

(3)主动肌张力:4项。

(4)原始反射:3项。

(5)一般反射:3项。

以上每项评分有 3 个分度(0 分、1 分、2 分),20 个项目满分为 40 分。一般说来,小于 35 分提示新生儿行为神经可能有问题。此方法较为全面,评价简单又省时,能为新生儿尤其是脑损伤的新生儿的行为神经的发育进行评估,为干预提供依据,以减少脑损伤后遗症的发生率。

13.新生儿神经系统的发展

刚刚出生的新生儿,主要是依靠由皮下中枢实现的无条件反射来保证内部器官和外部条件的最初适应。这些条件反射有觅食、吸吮、吞咽、恶心、呕吐、拥抱、握持等。同时,新生儿大部分时间是处于睡眠状态,这是由于新生儿大脑皮质还不能适应外界刺激物的强度。虽然对于一般人说来,是一些普通的刺激,而对新生儿来说,则是一些超强刺激,这种超强刺激就引起保护性抑制,即睡眠。

虽然新生儿脑体积相对较大,其重量占出生体重的 10%～12%;结构上已初具成年人脑的规模,但它的功能方面还远远发展得不够。如大脑上主要的沟还不深,神经细胞的体积还小,神经纤维还很短很少,而且大部分没有髓鞘化。因此,就不容易在大脑皮质上形成比较稳定的优势兴奋中心,对下级中枢的抑制能力较弱,表现为不自主或不协调的动作。

14.新生儿条件反射形成特点

根据研究材料表明,新生儿明显的条件反射的产生是在出生后两周左右形成的。当新生儿醒着和舒适的时候,自发的整体性的动作就活跃起来。同时,由于新生儿的大脑皮质和分析器有了一定的成熟度,因而开始有可能在外界刺激影响下,在无条件反射的基础上形成条件反射。

新生儿最初的条件反射,常常是由母亲的喂奶姿势所引起的、由皮肤感受器迷路

刺激而产生的食物性的条件反射。在这种条件反射形成以后,每当母亲把宝宝抱在怀里的时候,宝宝就积极去寻找母乳,于是母亲高兴地说:宝宝"知道"要吃奶了。另外,条件反射还有些特点:

第一,形成的速度慢,要求条件刺激和非条件刺激的多次结合。根据研究资料表明,在某些情况下需要 100 次以上的结合。

第二,形成以后,不很稳定,如不继续练习,就容易消失。

第三,不易分化。例如,对母亲各种抱的姿势都产生条件反应。

按照心理的科学意义来说,心理是脑对客观现实的能动反映。根据这种理解,可以说条件反射的产生是新生儿心理发生的标志,标志着作为个体的人的心理、意识的最原始的形态。

15.解读婴儿的肢体语言

婴儿不会用语言表达自己的意愿,除了哭之外,还有许多细微的肢体动作,我们可以透过这些肢体动作来了解婴儿想传达的信息。如果你能理解这些细微之处,便能与宝宝建立起有效的沟通渠道,这非常有利于宝宝的智力开发和母子感情的加深。

(1)"我饿了,要吃奶":宝宝这时会把脸转向妈妈,嘴巴有吸吮动作,小手紧抓不放,妈妈用手轻触宝宝嘴角,宝宝会寻找食物或吸吮妈妈的手指。

(2)"我吃饱了":宝宝则会把奶头推开,并把头转开,四肢呈松弛、舒服的样子。

(3)"我想玩会":宝宝面带笑容,头转向妈妈,眼睛睁开,脸部以及身体的活动比较多。妈妈可与宝宝面对面,适当给宝宝一些视觉、听觉刺激。如和宝宝说说话,抚摸,或是给宝宝一些东西吸吮。

(4)"我要休息了":如果宝宝累了,想睡觉,便会把头转向另一侧,不注视妈妈、打呵欠等,在这时就要把宝宝安置在舒适的位置,让宝宝好好休息。

在新生儿期,如果你细心观察,你一定会捕捉到宝宝一生中的第一次微笑,听到第一个笑声,这是多么令人高兴、多么有意义的事情啊!同时,还可以掌握一些宝宝的肢体语言,更好地照顾宝宝,使宝宝可以得到较多的安全感和满足感。

16.婴儿的气质是怎么回事

有的婴儿总是攥着小拳头静静地躺着,有的却总是不安分地动来动去。

不仅如此,以后爸爸妈妈还会慢慢地发现,有的宝宝很爱哭,尤其是当外界有某些刺激的时候,一哭起来脸就涨得通红,甚至上气不接下气;有的则很少哭,即使受到外界惊吓哭一声,就会很快平息下来;有的总喜欢静静地躺着,有的却手舞足蹈,施展自己的十八般武艺;有的宝宝吃奶速度很快,有的却很慢。这些看似无关联的动作特征其实已经反映出了宝宝与生俱来的一种特点,即气质。

气质指人典型的心理活动特点,主要指心理过程的强度、速度、稳定性、灵活性及指向性等,也就是宝宝在日常生活中对不同情形的行为反应方式,是与生俱来的。每个婴儿都有自己独特的气质,刚一出生最先表现出来的差异就是气质差异。

由于婴儿在很长一段时间里不会用语言表达自己的要求和愿望,所以父母主要通过对其观察来了解气质类型、性格特点等,同时给予相应照料。

17.婴儿气质的基本类型

气质是天生的,可以根据节律性、适应性、活动水平、坚持性、注意分散度、情绪本质、反应强度、反应阈等九个维度来划分,有四种基本类型:容易型、困难型、迟缓型以及中间型。

(1)容易型:此型的婴儿在吃、喝、睡、大小便等生理活动上非常有规律,可以按时吃饭睡觉;容易适应新环境,对陌生人和新奇刺激反应积极,会主动接近,较少产生不安情绪,例如能一下子接受从未吃过的食物;情绪反应温和,睡醒后常开心,情绪很愉快。

(2)困难型:此型的婴儿在饮食、睡眠上较难养成习惯;对新事物接受困难且较慢,对环境的改变也很难适应。同时对于自身和外界的刺激反应很强烈,经常会大声哭闹、烦躁易怒,而且要让婴儿安静下来也很不容易。

(3)迟缓型:此型的婴儿生活规律需要较长一段时间才能养成;情绪比较消极,不太愉快,但也不像困难型的那样大声哭闹,而往往是安静地退缩。对新事物和环境变化的适应缓慢,但是最终也能适应得很好。但是随着年龄的增长和经验的积累,婴儿在没有压力的情况下,会对新刺激缓慢地发生兴趣,在新环境中逐渐活跃起来。

(4)中间型:这类婴儿介于三者之间,大多数婴儿都属于这一类。

某种气质的特点在整个儿童时期是比较稳定的,但是也不是不变的。人的高级神经活动的特点就是有高度的可塑性,婴儿的神经系统正处于发育过程中,他们的气质也受环境的影响而变化。

18.如何测定婴儿的气质

婴幼儿气质测定主要是利用气质问卷来完成的,针对不同年龄段的婴幼儿需分出三份问卷,0~4个月,5~11个月,12~36个月。问卷所列题目,由最了解婴儿的抚养者填写,然后由电脑估评。儿科医生进行分析后,为家长提供有针对性的育儿建议以及与婴儿交流的最佳方式。

在国外,有专门的婴儿气质心理量表,如"凯里婴儿气质量表",主要是针对4~8个月的婴儿,由父母根据婴儿平时的表现回答70个问题。根据得分来确定婴儿属于的气质类型。

19.正确对待婴儿的气质

气质无所谓好坏,各有其优点和缺点。因而不能以自己的喜欢来塑造婴儿。如有一位母亲喜欢稳重文静的婴儿,而女儿却活泼好动,结果经常以粗暴的态度来改造女儿,却伤害了女儿。弱型的婴儿需格外细心地照料;易兴奋的婴儿,客观上采取给

予自制的机会;执拗、任性的婴儿需要耐心。

此外,对待活泼好动的婴儿,成年人讲话时要格外地恬静、安详,以抑制婴儿的急躁情绪,更要着重培养婴儿的注意力,对婴儿的活动提出更高一点的要求。而对于安静型的婴儿要多引导他交往,给予创造表达、表现自己的机会。

与生俱来的气质难以改变,但是处于生长发育阶段的婴儿,其发展倾向与结果是取决于后天的教育、培养、环境因素影响和自我锻炼等,是具有可塑性的。父母在教育过程中,也会自觉或不自觉地塑造婴儿行为的模式,在一定程度上改变着婴儿的气质特点或气质的表现形式。作为家长,要了解婴儿的气质特点,科学地采用适当的教育方式来陶冶婴儿的情趣、气质。

20.容易型气质的婴儿怎样养护

容易型的婴儿生活有规律、情绪愉悦、容易接受新事物、适应新环境,因而护理起来比较容易。爸爸妈妈更愿意对这种类型的婴儿提供关怀和爱抚,对待婴儿的态度也更积极。这些都会对亲子关系产生积极的影响,增进父母与婴儿之间的感情。但是爸爸妈妈要特别注意以下几方面。

(1)容易型婴儿生活比较有规律,但是爸爸妈妈千万不能太相信宝宝的生活规律。婴儿毕竟不是机器,有规律是相对而言的。否则,婴儿即使尿尿了也不声响,等到家长以"规律的时间"再去换尿布,时间长了,就出现尿布疹了。

(2)由于容易型婴儿的忍耐力比较好,有时候即使生病了也不会大哭大闹,所以爸爸妈妈容易忽视宝宝的病情,医生诊断时也容易产生错觉,贻误治疗时机。

总的来说,对于容易型婴儿,爸爸妈妈更应该敏感一些,才能随时掌握宝宝的真实情况。不能因为宝宝随和、好带就漫不经心,否则会对宝宝带来不利影响。

21.困难型气质的婴儿怎样养护

困难型婴儿护理起来比较困难,因为生活没有规律,情绪比较消极,很难对环境和父母感到满意。因此,往往让爸爸妈妈感到束手无策,甚至对宝宝产生讨厌等消极情绪。

如何对待困难型婴儿,爸爸妈妈除了耐心还要仔细。

(1)让宝宝感到舒服这是最主要的。宝宝并非和爸爸妈妈存心做对,而是气质就是如此。如果让宝宝能满意,宝宝也能安静下来。

(2)千万不能和宝宝站到对立面。困难型的婴儿很敏感,能感觉到父母的不耐烦,因而产生困惑甚至敌意。这样就会形成一个恶性循环,对宝宝护理起来也就更"困难"。对于困难型婴儿,不够耐心的妈妈往往容易使用警告和禁令,态度生硬,导致的直接后果就是:宝宝的反抗增多。

(3)如果爸爸妈妈能够花费更多的精力在宝宝身上,宝宝会因为其敏感而学习更快。

22.迟缓型气质的婴儿怎样养护

与困难型婴儿有些相似,迟缓型宝宝同样对洗澡、新事物和陌生人反应消极,但是由于这些消极反应不如困难型婴儿那样强烈,因而父母对宝宝也比较有耐心。

但是,如果宝宝在父母认为很重要的方面仍然反应迟钝甚至退缩回避时,父母的宽容和耐心就很难再持久了。父母会认为宝宝"无能""胆怯",因而往往会采取强迫手段,但这种强迫往往只能加重宝宝的逃避反应。

对于这种类型宝宝,爸爸妈妈还是要耐心。这些宝宝对新异事物和环境变化的适应缓慢,但是随着年龄和经验的增长,在没有压力的情况下,会对新刺激慢慢地发生兴趣,在新环境中逐渐活跃起来,最终也能适应得很好。

迟缓型最不能容忍的就是,爸爸妈妈给他们过多的压力。压力和强迫只能让宝宝更逃避。迟缓型气质的婴儿,更需要的是爸爸妈妈的经常性鼓励。

(二)如何给婴儿做抚触

23.抚触对婴儿的益处

抚触是一种"爱的传递",是皮肤与皮肤亲密的接触、眼神与眼神亲密的接触。慢慢哼着一首柔美的歌曲,这是爱的释放、也是爱的接受。在每天为宝宝做抚触的时间内,母亲把心中对宝宝无尽的爱,尽可通过温暖柔软的触摸传递给宝宝,由此使宝宝内心有了安全归属感。同时,也使宝宝深切地感到妈妈对自己的高度关注,几乎每一位给宝宝做抚触的妈妈,在做了一段时间后都惊喜地发现:

(1)婴儿出生后能较快地形成进食、排泄和睡眠的生物规律,或有些很难带的状况也大有改观。

(2)入睡前变得安静,而且能很快入睡,睡眠踏实,不易惊醒,很少出现惊跳。

(3)变得容易满足,不再总是纠缠妈妈,变得听话了,莫名其妙的哭闹减少了。

(4)显得更机灵,眼睛也更有神。当受到外来刺激时,如逗弄宝宝,婴儿会报以积极的反应。

(5)胃口大开,吃奶量逐渐增多,排便排尿也很好,体重增加明显,改善了经常出现胀气及便秘的不适感。

(6)可缓解婴儿的不适,如长牙齿给身体带来的不舒服、经常鼻塞而影响呼吸等情况。

(7)抵抗疾病的能力增强了使宝宝很少生病。

(8)皮肤变得光滑、有弹性、不易感染。

(9)促进了婴儿感觉系统(听、视、触等)和运动系统(微笑、肢体活动)的发育和协调。在做抚触时,妈妈愉快的情绪及身体得到的舒适感,会使宝宝很高兴。

在婴儿出生后最佳的时机,抚触以最好的方式促进宝宝的成长与发育,是对婴儿

健康最有意义的一种医疗技术。婴儿抚触是经过科学指导的、有技巧的抚触,通过抚触者双手对宝宝的皮肤和部位进行有次序、有手法、有技巧的抚摩,让大量温和良好的刺激,通过皮肤的感受器传到中枢神经系统,产生生理效应。

24.抚触对早产儿的益处

有报道称,早产儿出生后 24 小时即开始抚触疗法,经过一定时间,可以使宝宝的摄入奶量明显增加,头围、身长、血红蛋白、体重均明显增高。

儿科专家认为,抚触对早产儿生长能带来诸多益处,可作为早产儿时期综合干预的措施之一。原因是抚触有助于调节早产儿的神经、内分泌及免疫系统,增加迷走神经紧张性,使胃泌素、胰岛素分泌增加,摄取奶量增加。同时,抚触还能减少早产儿的焦虑情绪,增加睡眠时间,有利于体重的增加。另外,抚触也有利于促进早产儿肾上腺皮质激素、血清素等的分泌,从而增加免疫功能,提高健康水平,促进生长发育。

25.婴儿为什么喜欢抚触

据有关专家介绍,在自然分娩过程中,胎儿受到了母亲产道收缩所带来的特殊按摩,可是当新生儿出生后,婴儿会感到原先所熟悉的那个温暖而有限的空间突然消失,十分陌生的环境让婴儿一时无所适从。这时如果能给予新生儿抚触,就会使婴儿感到无比幸福和安全。

美国的一项研究表明,对早产儿出生后连续 10 天进行按摩,8～12 个月后这些宝宝的体重增长及精神发育等都有明显优势。国内的研究也证实,抚触有利于婴儿的生长发育,如增强免疫力、增加进食、增加睡眠、促进成长等,而且能增进父母与宝宝的情感交流。

26.抚触前的准备

给新生儿抚触前,最好营造一个健康温馨的气氛,还要注意一些情况。

(1)抚触最好选择在新生儿沐浴后,给婴儿穿衣时进行,房间温度应控制在 24℃ ～ 25℃,且房间要保持一定湿度。

(2)确保抚触时不受打扰,可播放一些轻柔婉转的音乐。

(3)妈妈和宝宝都应采用舒适的体位。宝宝可以仰卧,也可以俯卧,但时间都不宜太长,随时更换宝宝的位置。

(4)在做抚触前妈妈应先温暖双手,倒一些婴儿润肤油于掌心或将油置于开口容器中,这样妈妈很容易用手蘸取,另一只手无须停止抚触,勿将油直接倒在宝宝皮肤上。

(5)要预备好毛巾、尿布及替换的衣服。

(6)选择时机应适当,新生儿疲劳、饥渴以及太饱时不适宜进行抚触。

27.抚触的基本手法

抚触没有固定的模式,母亲可以根据宝宝的情况不断调整,以适应宝宝的需要。

对新生儿,每次按摩 15 分钟即可,稍大一点的宝宝需要 20 分钟左右,最多不超过 30 分钟。一旦宝宝觉得足够了,应立即停止,一般每天进行 3 次为宜。

(1)头部按摩:轻轻按摩宝宝头部,并用拇指在宝宝上唇画一个笑容,再用同一方法按摩下唇。

(2)胸部按摩:双手放在宝宝两侧肋线,右手向上滑向宝宝右肩,再复原。左手以同样方法进行。

(3)腹部按摩:按顺时针方向按摩宝宝腹部,在脐痂未脱落前不要按摩该区域。

(4)背部按摩:双手平放在宝宝背部,从颈向下按摩,然后用指尖轻轻按摩脊柱两边的肌肉,再次从颈部向底部迂回运动。

(5)上肢按摩:将宝宝双手下垂,用一只手捏住其胳膊,从上臂到手腕轻轻扭捏,然后用手指按摩手腕。用同样方法按摩另一只手。

(6)下肢按摩:按摩宝宝的大腿、膝部、小腿,从大腿至踝部轻轻挤捏,然后按摩脚踝及足部。在确保脚踝不受伤害的前提下,用拇指从脚后跟按摩至脚趾。

28.抚触的注意事项

(1)抚触时,要把宝宝放在安全的地方,如果觉得在地板上进行不舒服,可以把宝宝放在床上或椅子上,但也一定要小心,不能让宝宝滚落下来。

(2)家长在给宝宝抚触时要为自己选择一个舒适的、能长时间保持的体位。跪姿,特别是跪坐在脚跟上,可能会损害膝盖韧带。如果开始是这个姿势,最好在帮宝宝翻身按摩背部时变换一下姿势。保持良好的姿势,对宝宝的抚触更加有利。

(3)抚触时,家长把手的位置放好后,脊柱前倾,就可以轻松自如地控制抚触手法了。这对宝宝和家长都有好处,因为采用这种姿势按摩,可以缓解家长局部肌肉的紧张。

(4)宝宝的抚触手法与成年人按摩有较大的不同。首先,宝宝的抚触力度一定要轻,以免伤害其幼嫩的血管和淋巴管。其次,为成年人按摩,手法要有力,从四肢向心脏方向按摩。而在宝宝的抚触中,要轻柔地沿着身体向下,从心脏向四肢的方向按摩。

29.婴儿抚触油的选择

新生儿抚触时只能用基础油,除非有特殊情况得到允许才可以用精油。等到宝宝会坐了,可以轻松活动时,可采用 20 毫升的基础油加入 1 滴柔和的精油抚触。

等宝宝大点以后,身体抚触可以采用 30 毫升基础油加 3 滴精油。注意:不要把油擦到宝宝脸上。还有在给宝宝使用精油时,要遵循一条原则:过犹不及。

30.婴儿头部抚触方法

(1)用你的手轻轻捧起宝宝的脸,同时以平静、轻柔的声音和宝宝说话。说话时,眼睛看着宝宝,用双手从两侧向下抚摩宝宝的脸。这会使你和宝宝获得一种亲密无

间的感觉。

(2)手向宝宝的脸两侧滑动,滑向后脑。用手腕托起头部的同时,双手指尖轻轻划小圈按摩头部,包括囟门。

(3)用拇指抚摩宝宝的耳朵。用拇指和食指轻轻按压耳朵,从最上面按到耳垂。

(4)用其余四个手指从颈部抚摩到肩部。从小指开始,用四个手指尖依次按摩。

(5)手向下抚摩到宝宝肩膀上面。休息片刻。

注意:在头部按摩的整个过程中,双手捧起宝宝头部时,要注意宝宝的脊柱和颈部的安全。如果宝宝太小,头部必须得到全方位的支撑。

31.婴儿脸部抚触方法

(1)宝宝仰卧,让小脸对着你,用拇指肚轻柔地抚摩宝宝的前额。按摩时要避开眼部,不要让按摩油进入宝宝的眼睛。

(2)摸摸宝宝的鼻子,在嘴巴周围轻抚几下,然后抚摩双颊,再沿颚骨周围轻揉。

32.婴儿手臂抚触方法

(1)如果可能,用你的双手从宝宝的肩膀抚摩到指尖。

(2)抚触宝宝的左臂。交替使用双手抚触,先捏一下宝宝的肩膀,然后沿胳膊划到指尖。划动的时候手指要松开。

(3)如果宝宝喜欢你的抚摩,就重复一次。否则就轻抚整个胳膊。抚触时有句口头禅:"如果不知道怎样抚触,就轻轻抚摸。"在抚触中,使用抚摸动作对任何部位都是合适的。

(4)在抚触过程中,要时刻注意宝宝的反应。把手移回宝宝的肩上,结束左手臂的抚触。然后再转向右手臂,重复整个步骤。

抚触时要密切注意,不要触到使宝宝感到疼痛的地方。自如地转动宝宝的手腕、肘部和肩部的关节。不要在关节部位施加压力。允许宝宝自由地活动,同时加上你的动作,使二者相协调。通过这种方式,每一步的抚触都会让你直接感受到宝宝的发育情况。

33.婴儿手部抚触方法

(1)用手指划小圈抚触宝宝的腕。用你的拇指抚摸宝宝的手掌,使宝宝的小手张开。

(2)移动宝宝的手臂,和宝宝做游戏。慢慢松开手,抚摸宝宝的每个手指。用一只手托住宝宝的手,另一只手的拇指和食指轻轻捏住宝宝的手指,从小指开始依次转动、拉伸每个手指,保持动作流畅。

(3)重复上述步骤,抚触宝宝的整只手,直到每个手指。

(4)让宝宝抓住你的手指,用其他四个手指,抚触宝宝的手背。

随着你和宝宝的身体持续地接触,抚触的质量会逐渐提高。按摩时,要保持动作的连贯和均匀。

34.婴儿胸部抚触方法

（1）从宝宝的肩膀，沿宝宝身体的正面向下一直抚触到脚趾，为宝宝做全身抚触。抚触时可以用一只手，也可以两只手都用，这取决于宝宝的感受。如果两只手交替使用，要保持动作的连贯，没有另一只手接替，手就不能放开。这样，宝宝就不会感到手的变换了。

（2）用你的指尖，在宝宝的胸部划圈，不要碰到乳头。在手滑动时，要注意肋骨部位的抚触手法。要用小指的指尖轻轻沿每根肋骨滑动，然后沿两条肋骨之间的部位滑回来，轻轻伸展这个部位的肌肉。把手移到宝宝的脖颈后面，手指聚拢，胸部抚触就结束了。

35.婴儿躯体抚触方法

（1）从宝宝的脖颈，沿肩膀外侧抚触，轻轻伸展宝宝肩部的肌肉。

（2）在宝宝肩部画圆圈，然后把手指滑向腋窝，再沿肋骨之间的肌肉滑向身体的中央。肋间肌肉对呼吸很重要。

（3）在宝宝的腋窝到大腿之间来回抚触，动作是缓慢、流畅，还是有力，要取决于你希望达到的效果。把手固定在宝宝肋骨的下方，结束躯体抚触。

36.婴儿腹部抚触方法

由于新生儿刚出生前几天脐带尚未脱落，暂时不要按摩其腹部。如果脐部正常后，妈妈可以用手指或手掌沿顺时针方向抚触宝宝腹部。

（1）腹部抚触总是沿顺时针方向进行，和肠的蠕动方向保持一致。在划圈的同时，要尽可能放平手掌，轻轻抚触宝宝的腹部，同时注视着宝宝的脸。做腹部抚触时尤其要和宝宝交流，要观察宝宝是否有不舒服的反应，是否感到疼痛。抚触小腹部时动作要特别轻柔，因为膀胱就在这个部位，压力过大会使宝宝感到不适。

（2）用你的手指肚沿宝宝肚脐周围划圈。左右手交叉，右手放在左手上方，为避免两只手碰撞，右手在适当的位置手指成拱形状。注意，不要在离肚脐太近的地方抚触，不要引起宝宝不舒服。

37.婴儿腿部抚触方法

（1）轻轻沿宝宝左腿向下抚触，然后手轻柔、平稳地滑回大腿部。

（2）从宝宝的腿部向下捏到脚。可用两只手同时捏，或用一只手握住宝宝的脚后跟，另一只手沿腿部向下捏压、滑动。宝宝这时可能会踢脚，"帮助"你抚触。鼓励宝宝协调自由地运动是抚触的目的之一，所以不要限制宝宝的这种反应。这种体验对妈妈和宝宝来说都是一种愉悦和享受。

（3）用同样的方法，抚触宝宝的右腿。

抚触时不要引起宝宝颈部的不适。同时,定时让宝宝的脸侧向不同的方向。否则,总朝一个方向对宝宝大脑的神经中枢不利。

38.婴儿脚部抚触方法

(1)用拇指以外的四个手指的指肚绕着宝宝的脚踝抚触。一只手托住脚后跟,另一只手的拇指向下抚触脚底。然后,把四个手指聚拢放在宝宝的脚尖,用大拇指肚抚触脚底。

大拇指抚触脚底时可以稍微加一点力,其他手指不能用力。

(2)用拇指以外的四个手指的指肚,沿脚跟向脚趾方向,在脚底抚触。抚触时,要稍稍用力,并且保持手法的平稳。每次抚触到脚趾时,手指迅速回到脚跟,根据上述步骤继续下一次抚触。

(3)从小趾开始,依次轻轻转动并拉伸每个脚趾。

(4)重复上述步骤,抚触宝宝的另一只脚。

腿和脚的抚触结束后,让宝宝翻身俯卧。

39.婴儿背部抚触方法

(1)双手捧住宝宝的头,向肩膀和背部抚触。两只手在宝宝的背部来回抚触。抚触时,要五指并拢,使掌根到手指成为一个整体,把注意力集中在手上,保持力度的均匀。

对于新生儿,只用双手交替从脖颈滑动到臀部就可以了。然后,把这个温柔的抚触重复几次。

(2)双手来回抚触过宝宝的背部后,在臀部停住。把拇指放在宝宝脊柱的两侧,双手其他手指并在一起,按住宝宝身体两侧,拇指带动其他手指上下滑动几次。

抚触时,注意感受两拇指之间的脊椎骨,不要用力按压脊椎。

40.婴儿臀部抚触方法

(1)抚触宝宝的臀部。注意在抚触时避开皮肤发炎的部位。用"轻捏、拉伸、放松"这三个动作揉按臀部的肌肉,整个过程只用五个手指就可以了。臀部肌肉在我们的身体中是最厚的。抚触时要避开宝宝的肛门。

(2)用拇指、食指和中指,揉捏宝宝大腿的肌肉,一直抚触到骶骨(脊柱的下端)。沿着臀部的底部,成扇形向两侧抚触,直到骨盆。

最后,从宝宝的头部轻轻向下抚触到脚趾,完成这个部分的抚触。

抚触时每个动作的重复次数取决于宝宝的反应。如果宝宝喜欢,可以让宝宝多享受几次,如果不情愿,就不必勉为其难。

（三）如何给婴儿做感知训练

41.何谓婴儿感知训练

新生儿时期是感官迅速发育时期，如果能进行及时恰当的训练，会促进感觉器官的完善、大脑发育和智力的提高。

（1）视觉刺激

①新生儿出生15天就能识别颜色，可在小床上方距离宝宝脸部15～20厘米处悬挂各种颜色鲜艳、有声响的彩球、摇铃等，给宝宝观看。

②在新生儿的小床附近贴一些清晰的亲人画像，如爸爸、妈妈，让宝宝看亲人的画像。或者妈妈在给宝宝喂奶时，亲切地望着宝宝，让宝宝也看着妈妈的脸。

③宝宝出生10天时，用一张较大的白纸，将半边涂黑，宝宝仰卧时，在距宝宝30厘米处让宝宝看明暗图，宝宝的眼球会在黑白两个画面上移来移去。

（2）听觉刺激

①用各种发声玩具，如摇铃、拨浪鼓，引导宝宝听声转头。

②选择一些短小、悦耳的轻音乐，在宝宝吃奶或睡觉醒来时，放给宝宝听，或者妈妈在给宝宝喂奶时，唱一些抒情、优美的歌曲给宝宝听。

（3）触觉刺激

①妈妈给宝宝喂奶时，用手指轻轻触宝宝的脸颊，当触宝宝的右脸颊时，宝宝的头会往右侧转过来；当触宝宝的左脸颊时，宝宝的头会往左侧转过来。或者妈妈把着宝宝的小手让宝宝摸摸妈妈的脸、鼻和宝宝自己的脸、鼻等。

②让宝宝抓握妈妈的手指，或者试着让宝宝抓握一下小玩具，如拨浪鼓、小摇铃等。

（4）嗅觉刺激

①烧饭或吃饭时，让宝宝闻闻饭菜的香味。

②天气好时，把宝宝抱到花园里，让宝宝闻闻花香。

42.婴儿的视觉规律

你知道刚出生的婴儿视觉有什么和成年人不一样的地方吗？你了解新生儿的视觉规律吗？许多父母可能对此一无所知，从而在照料新生儿时犯下了错误。

新生儿视觉的五大规律有：

（1）新生儿在清醒时，只要光不太强，都会睁开眼睛。

（2）在黑暗中，新生儿也保持对环境有控制的、仔细的搜索。

（3）在光适度的环境中，面对无形状的情景时，新生儿会对相当广泛的范围进行扫视，搜索物体的边缘。

（4）新生儿一旦发现物体的边缘，就会停止扫视活动，视觉停留在物体边缘附近，

并试图用视觉跨越边缘。如边缘离中心太远,视觉不可能达到时,宝宝就会继续搜索其他边缘。

(5)当新生儿的视线落在物体边缘附近时,便会去注意物体的整体轮廓。如新生儿在观看白色背景上的黑色长方形时,其视线会跳到黑色轮廓上,在它附近徘徊,而不是在整个视野游荡,这表明新生儿偏爱注意对比鲜明的图案,而且偏爱注意轮廓或形状的边缘,而不是图案的内容。

43.婴儿的视觉训练

在婴儿的所有感官中,眼睛是一个最主动、最活跃、最重要的感觉器官,大部分信息都是通过眼睛向大脑传递的。很多家长认为宝宝只要能看见物体便是正常的,殊不知,"对眼""斜眼"等视觉障碍,均是由于家长后天不注意对婴儿视觉培养造成的。

那么,怎样才能正确训练宝宝的视觉呢?

(1)新生儿天生最爱看人脸,在宝宝觉醒时,要多和他们面对面地交流。父母应以慈祥的目光注视宝宝,经常用笑脸吸引他们的视线,这对促进宝宝视觉及脑功能的发展至关重要。

(2)为新生儿创造一个良好的视觉环境。室内的光线要柔和,过亮会使宝宝睁不开眼,过暗又看不清东西,均不利于视觉刺激。要给新生儿看不同形状、不同颜色和不同大小的物体。

(3)父母可以在小床上方挂2～3种颜色鲜艳的玩具,颜色要纯正,如红、绿、蓝色的气球、吹塑小动物或其他能转动的玩具,甚至塑料花、小花手绢均可。注意:每隔几天要换换玩具,挂的方位不要固定。通过不停地变换玩具位置,训练宝宝改变视觉方位,协调左、右眼的灵活运转,以免引起斜视。

(4)为了丰富内容,吸引宝宝的注意力,爸爸妈妈还可将玩具系在绳上,在宝宝眼前先做有规律的水平方向移动和垂直方向移动,然后逐步过渡到水平与垂直方向交替进行,速度先慢后快,训练宝宝眼睛追逐左右、上下变化物体的能力。

(5)可以给新生儿看红光,方法是准备一个手电筒,外面包一块红布,距新生儿20厘米左右给新生儿看红光,父母要上下左右慢慢移动电筒,速度以每秒移动3厘米左右,大约1分钟摇动12次,每次距离为30～40厘米,让新生儿的目光追随和捕捉红光,从而训练新生儿目光固定以及眼球的协调能力。这些训练可每日一次,每次1分钟。

(6)在距离新生儿15～20厘米处,放置印有黑白脸谱、条纹及同心圆图形的卡片,促进新生儿的视觉分辨能力。父母在这时要观察新生儿注视每个图形的时间,以了解新生儿比较喜欢看哪一种图形。

(7)新生儿卧室窗帘可用彩色花布,墙上可贴几张图画。由于新生儿视觉通路不成熟,图画内容最好有一个主题,大小适当,如画得逼真的小动物、人物像、卡通画或

水果等。

温馨提示:在训练宝宝视觉的时候,给予的视觉刺激要适度,过度刺激会使新生儿疲劳,甚至产生厌烦感。

44.婴儿的听觉训练

听见声音是宝宝认识世界和学会说话的一个基础的能力。出生时宝宝就能听见声音了。父母可以用简单的方法来检查新生儿有否听觉:当摇铃时,宝宝能安静下来,这就说明宝宝是听得到的。反之,则说明听觉不灵,应到医院仔细检查。

那么,怎样训练宝宝的听觉呢?

(1)出生2周左右时,可以让新生儿听不同的声音,最好是柔和的轻音乐,以训练其对声音的条件反射,培养听音控制动作的能力。

(2)训练听觉的玩具:音乐盒、摇铃、拨浪鼓等,宝宝清醒的时候,父母可以轻轻摇动玩具,发出声响,引导宝宝转头寻找声源。

(3)父母还可以拍拍手,学些小动物的声音等引逗宝宝,使宝宝做出向声音方向转头的动作。

(4)父母平时也要多给宝宝说说话,逗宝宝出声,促进听觉的发展。

(5)除了给新生儿丰富的听觉刺激外,还要接受视觉刺激,只有这样才有助于促进感知觉的发展。

注意:新生儿很容易疲劳,一般每次视听训练不要超过10分钟,以保证新生儿有充足的睡眠。

45.婴儿注意力的发展

注意是一种多面的、动态的、多层次的过程,并且受内在因素和外在因素的影响。大脑的额叶、脑干、丘脑在调节随意注意方面有重要作用。

3个月的婴儿,由于条件性定向反射的出现,开始能够较集中地注意一个新鲜事物;5~6个月时能够比较稳定地注视一个事物,但持续时间很短。

随着活动能力的增长,生活范围的扩大,宝宝从出生后的第二年起,对周围很多事物感兴趣,也能稍长时间地集中注意某一个事物,专心地玩弄一个玩具,留心注意周围人们的言语与行动。到了幼儿期,注意的稳定性不断增强,可以较长一段时间去做他们感兴趣的游戏或者听讲故事。

46.婴儿注意力的训练

视觉统合失调的宝宝对看图看书缺乏兴趣,常呈现疲劳状,模仿极其简单的线条图画也有困难。触觉统合失调的宝宝因触觉十分敏感,所以极力抗拒被抚触、打针、剃头等,表现为心神不安、易受惊,注意力难以集中。

注意力不集中的心理原因有:缺乏安全感、缺乏耐心、过分依赖或自信不足等。另外,一些不当的教育方式、不适宜的环境也可以造成注意力不集中。

训练宝宝的注意力主要是给宝宝设定一个目标,让宝宝自觉地将注意力集中到目标上,帮助形成有意注意的思维习惯。

下面介绍两种训练宝宝注意力的小游戏。

(1)拼图:让宝宝玩拼图,从最初的两三块起,逐渐增加拼图的块数。拼图要选宝宝熟悉的、喜欢的形象,比如小动物、卡通形象等,让宝宝完成后有惊喜、亲切的情感收获。如果宝宝入门困难,可以对照着完整图形进行拼搭。

拼图游戏需要高度集中注意力,喜欢拼图的宝宝,有时能达到十分入迷的程度,可在相当长的一段时间里持续研究、拼搭。注意,拼图的难度要逐渐加大,要让宝宝有成功感,才能保持他们对拼图的热情。

(2)小帮手:宝宝对妈妈的日常用品很关注,利用这个特点可设计一些游戏。比如,出门前让宝宝帮忙找妈妈的手袋。手袋要一直放在规定的地方,待宝宝熟悉后,悄悄挪动位置,但不要藏匿,让宝宝稍加寻找就可以看见。同样的游戏,可转换成找拖鞋、找衣服等。

寻找物件的游戏目标明确,容易集中起注意力,同时的收获是,宝宝耳濡目染养成井井有条的习惯,有益于宝宝形成理性思维和良好的注意力。

47.婴儿听音乐的好处

给新生儿听音乐有两方面作用。

(1)培养宝宝稳定愉快的情绪:儿科专家发现,当宝宝戴上耳机后,他们中的大部分就会进入梦乡或是保持安静,乖乖地躺着。因为音乐声可以刺激新生儿的神经传输系统,减轻宝宝适应新环境的压力。如果在宝宝睡前放几首催眠曲,或啼哭时放一些轻快柔和的乐曲等,这都利于宝宝平定情绪。

(2)进行听觉训练:研究证明,一个出生 24 小时的新生儿,当啼哭时在他们耳边摇几下响铃,就会马上停止哭声,并睁开眼睛;一周的新生儿就能分辨出妈妈的声音。对新生儿来说,听觉比视觉刺激大,生下来就能听到声音,而且会做出反应。不要以为新生儿有时会因响声而"惊吓",就在屋里禁止出声,这样听觉刺激减少,会影响新生儿听觉细胞的发育和功能的提高。

48.适宜婴儿听的音乐

新生儿的音乐感受性处于朦胧阶段,所以,在给宝宝选择音乐时,无须从音乐的内容多加考虑,要注意节奏缓慢、快捷,旋律的刚柔,音量的大小等方面,至于是西洋乐,还是民乐,还是有伴奏声乐都无关紧要。但是诸如迪斯科音乐、摇滚乐等,切不可滥用,因为这类音乐对新生儿身心健康无益,甚至会产生损伤听力,惊悸心脏,钝化听觉敏感等不良作用。

新生儿有 2/3 的时间是睡眠,父母就可以从摇篮曲开始放给宝宝听。年轻的爸爸、妈妈可以通过摇篮曲的音乐,用轻声哼,伴着轻轻拍或慢慢摇,让新生儿边睡觉、边逐渐感受缓慢、安静、力度较弱、音乐柔和的乐感。对新生儿音乐听觉能力的培养不是一朝一夕的事,它的过程是缓慢的,但是只要持之以恒,新生儿的音乐听觉能力一定会有所提高。

另外,新生儿有天生感受节奏的本能,因为在胎儿期就习惯了母亲心跳的节奏,因此播放乐曲最好相似于心跳的节奏,且比较明快、舒展。

注意:听音乐不能代替父母的声音,也不能一直放音乐,应该每天在固定的时间听几次,不间断的刺激就失去了刺激的意义。为了催眠放的音乐应该固定,可以形成条件反射。

49.婴儿的音乐早教

通常人们会认为音乐早教就是学习乐器,但是一些传统的乐器学习肯定不适合刚刚出生的宝宝,这时就需要找到既能够尊重天性,同时又能让宝宝快乐地学习、享受音乐的方法。通过这些让宝宝爱上音乐,在潜移默化中激发出多方面的潜能,这就是所谓的"音乐早教"。

音乐和声音相比具有不可替代性。人生来就能够辨别音符、音标和旋律,经常受熏陶的话这些能力会更加敏锐,不用则会废退。但普通声音中并不包含任何音乐元素,所以从一出生就"听音乐"对宝宝来说意义重大。

从胎教开始到出生后的 5~6 个月,儿科专家建议,父母最好选择一些悠扬、平和、没有歌词的音乐来听,使新生儿有仍在母体内的安全感,对于安抚情绪有相当好的功能。

温馨提示:有些好音乐,如"字母歌""来到火车站""山谷里的农夫""祝你早晨好""幸福歌""希克里·迪克里·多克""我是一个小雪人""星儿,星儿,闪着光""玛丽有只小羊羔""祝你生日快乐""松饼师""伦敦桥""我们常相聚""一,二,穿上我的鞋"等,都是比较经典的,非常值得让宝宝听听。

50.怎样逗引婴儿发音

新生儿生下来就有模仿能力,当妈妈对着宝宝张口说话时,宝宝会用口来模仿妈妈的动作,因此妈妈除了在生活上多关心宝宝外,也要多鼓励宝宝发音,这不仅与宝宝有情感的交流,还可促进宝宝语言的发展。

在宝宝醒着时,妈妈在给宝宝换尿布、喂奶时要用亲切的声调多与宝宝说话,如"乖乖,妈妈给你换干净尿布呀""宝宝不哭,妈妈给你喂奶",使宝宝一听到有人说话就能安静下来,好像在仔细听。

父母还可以对着宝宝发不同的单音,如"啊、噢、呜"等,并经常不断重复发这些音,当宝宝自动地发出这些音后,父母要给予适当的奖励,如带有表情的赞扬、抚摸、拥抱等,并要有同样的声音回答宝宝。所以,父母要多加引导,从发出声音、模仿发音、到正确发音,经常逗引宝宝,并与宝宝互相应答。训练了一段时间,妈妈会发现在

宝宝高兴时,或者看到妈妈时,能自动地发出这些音了。

51.笑是母婴情感的联结

刚出生的新生儿通常在睡眠或瞌睡状态时出现微笑,这是面部肌肉收缩无任何外部刺激的情况下发生的。在2～3周后,当母亲频频与宝宝说话,触摸宝宝面颊和胸部皮肤时,宝宝常会露出灿烂的微笑,这微笑令父母感到欣慰,更加抚爱自己的宝宝,并报之以微笑。父母对宝宝的微笑越多、越及时,宝宝也就笑得越多。

笑,增强了宝宝与父母的情感联结,有助于身心健康成长。有关人员观察发现,越早出现笑的宝宝越聪明,如果2个月还不会笑就有智力落后的可能性。因此不要忽略宝宝逗笑的训练,让宝宝在快乐的氛围中,在笑声中学会与人交往,为培养良好的性格和社会适应能力打下基础。

52.怎样使婴儿微笑起来

父母要轻轻抚摩或亲吻宝宝的鼻子或脸蛋,并笑着对宝宝说"宝宝笑一个",也可用语言或带响的玩具引逗宝宝,或轻轻挠宝宝的肚皮,引起宝宝挥手蹬脚,甚至咿咿呀呀发声,或发出"咯咯"笑声。注意观察哪一种动作最易引起宝宝大笑,经常有意重复这种动作,使宝宝高兴而大声地笑。这种条件反射是有益的学习,可以逐渐扩展,使宝宝对多种动作都大声快乐地笑。

婴儿的笑声成为家庭快乐的源泉,经常快乐的婴儿招人爱,也能合群,是具有良好性格的开端。

53.婴儿需要良性刺激

刺激是一种信息,它能作用于感觉器官产生神经信号传入大脑,经过分析综合产生感觉或做出反应。"良性刺激"可以促进感觉器官的发育和功能的完善,可以促进脑细胞的发育,加强脑细胞之间的联络,提高反应的灵敏程度,从而促进智能的发展。新生儿的各种感觉器官和神经系统已经发育得相当好,对外部的刺激有快的反应,如饥饿、寒冷、疲倦时宝宝就可能不安静或啼哭。

心理学家说,新生儿的条件反射出现得愈早、愈多、范围愈广,说明他们的心理发育和智力发展越好。所以,为了让新生儿建立更多的条件反射,就必须给宝宝提供充足的良性刺激来源。

54.适宜婴儿的刺激

有的父母认为,既然刺激能帮助新生儿建立条件反射,那就越多刺激越好了。这是不科学的,因为不是任何一种刺激都是有好处的,父母应该为新生儿提供适宜的刺激。那么,怎么样才能给新生儿适宜的刺激呢?

第一,注意在宝宝哺育、护理活动中为其提供更多更丰富的刺激。例如,喂奶时用轻松的姿势抱着新生儿,用手轻拍和抚摸他们,给他们以愉快、爱抚的感觉。在这一本能行为中,母亲脸和手的晃动、嘴里哼的小曲等,为宝宝提供视觉和听觉刺激;抱姿的变换为宝宝提供运动觉刺激;抚摸、轻拍、母子身体之间的接触提供触觉刺激;母亲身体的气味,乳汁的气味,乳汁的甜、咸等为宝宝提供嗅味觉刺激等。

第二,继续给予音乐刺激。在宝宝睡醒的时候播放一些欢快的乐曲;睡眠时也常播放一些"背景音乐",因为新生儿差不多有一半时间处在浅睡眠状态,音乐刺激仍是有效的。

第三,让宝宝适度啼哭和运动。细心观察宝宝的不同啼哭,对宝宝不饿、不冷、无病的一般啼哭常不予理睬。一般啼哭不仅有利于肺的发育和呼吸功能锻炼,也为宝宝提供了刺激;此外,为宝宝安排一些简单的运动,如肢体的轻度运动和头颈运动等。

第四,适当增加各种感觉器官的刺激内容。如光线的强弱变化、颜色的变换、画面的变更、玩具的变化等,提供丰富视觉刺激;朗读声、说话声、哭笑声、敲击声等各种声响提供听力刺激;时常变换体位提供平衡觉刺激;改变食物味道,提供酸、甜、苦、咸等味觉刺激;提供香味的嗅觉刺激。

55.为婴儿准备悬挂玩具

新生儿睡醒时会睁开眼睛到处看,所以应该为宝宝预备几幅挂图。一般宝宝最喜欢的是模拟母亲脸的黑白挂图,也喜欢看条纹、波纹、棋盘等图形。挂图可放在床栏杆右侧距宝宝眼睛 20 厘米处让宝宝观看,每隔 3～4 天应换一幅图。

家长可观察宝宝注视新画的时间,一般宝宝对新奇的东西注视时间比较长,对熟悉的图画注视的时间短。

父母可以在宝宝满月后换上彩图,另外在宝宝房间悬挂一些晃动的彩色气球、吹塑球、小灯笼以及能发出悦耳声音的彩色旋转玩具等,让宝宝看和听。悬挂的玩具品种可多样化,还应经常更换品种和位置,悬挂高度为 30 厘米左右。宝宝看到这些悬挂玩具后,会安静下来,不哭也不闹,显得很愉快。

另外,室内墙上也可挂一些彩画或色彩鲜艳的玩具。当宝宝醒来时,妈妈可把宝宝竖起来抱抱,看看墙上的画及玩具,同时可告诉宝宝这些画和玩具的名称。当宝宝看到这些玩具,听到妈妈的声音,就会很高兴。

56.婴儿智力的第一次飞跃

荷兰心理学专家经多年研究观察发现,婴儿智力发展有八次飞跃,每次飞跃发生时间大体相同,而且在开始出现变化时婴儿都有几天或几周表现得不安宁。如果父母对此十分关心,那么婴儿会更快、更容易地度过这些阶段。

婴儿智力的第一次飞跃时间是出生后第 5 周左右,这时所有的感官都开始工作,并且迅速成熟。变化最明显的是婴儿啼哭时第一次流泪,也更多地以微笑表示高兴;对气味和动静会做出较明显的反应。

57.婴儿的智力训练

(1)飘动的丝带:将几条不同颜色的彩带组成一束,挂在离宝宝眼睛30厘米的一侧,最好挂在窗户附近,让微风将丝带吹舞起来,或者在丝带旁用电风扇吹。当丝带迎风飘动时,宝宝的视觉欲得到了满足。当然,还可以利用其他物品挂置并使其摇动。

(2)铃铛:让宝宝握住铃铛等发出声音的小型玩具,起初父母需握住婴儿的手一起挥动,练习数次,宝宝就能自己挥动。然后适当增大玩具的体积、重量,使宝宝提高有意识抓握的灵活性,促进其大脑发育。

(3)走动:在宝宝高兴时,父母可以抱着,在家中四处走动,观察色彩鲜艳的气球和彩条、有声音的铃铛等。对宝宝来说,他们所看到的一切事物都十分新奇。

(4)传来传去:让宝宝在亲人之间抱来抱去,并伴随亲昵的爱语,使婴儿在父母、祖父母之间来来往往,增进亲情,体会愉悦。

58.动作发育与智力发育的关系

儿童运动的发展是以脑的形态、功能为基础的。现代科学研究发现,在新生儿期,脑细胞的功能尚未发育完善,甚至在2岁以前还有部分的增殖,说明发育中的大脑有很强的发展潜力。如果抓紧这个时期进行运动训练,则有利于大脑和小脑功能的发育,从而促进智力发育。

运动能力的发展是认知、语言等其他能力发展的基础和前提。这一方面是指其他能力的发展是在一定的运动能力水平上进行的;另一方面是指运动本身促进了大脑的发育,从而有利于其他能力的发展。由此可见,动作发育与智力发育有着密切的关系。

为了促进儿童的智力发育,从新生儿期就应该注意运动能力的训练,尤其是一些精细动作,如抓握玩具、摇小鼓等活动,使婴儿手的触觉和手眼协调能力不断提高。

59.婴儿需要心理依附

对于婴儿,尤其是新生儿和婴幼儿来说,心理依附是他们身心健康发展的必要条件。因为婴儿需要与父母沟通感情;在探索环境中遇到陌生东西时,他们需要父母提供安全的保障;他们害怕时,需要来自父母的保护。这就是我们所说的心理依附。

一般的,新生儿大多数时间都在睡觉,父母应该在他们醒来时,多和他们待在一起。研究表明,新生儿在出生后的头几天,母亲的身体接触、母亲的体味、母亲的声音对他们来说都是非常重要的。如果这种依附得以建立,并不断加强,母子之间就建立起了独特的、牢不可破的关系。

60.婴儿心理依附的建立

有关专家对缺乏父母照顾的婴幼儿进行了调查研究,结果表明,这些婴儿中有许多有明显的焦虑、紧张等情绪反应。他们易激动、过敏,睡觉时常会惊醒或者难以自然入睡,体重都明显低于正常标准。

可见,剥夺了婴儿依附的基础,即当婴儿得不到来自父母的爱与保护时,直接的后果就是他们无法应付环境的各种刺激。这种无法适应就意味着失调,就会影响婴儿的健康发育,甚至削弱他们机体的防病能力。

所以,尽早建立婴儿的心理依附是很重要的。那么,怎样建立新生儿的心理依附呢?

正常的情况下,无论母亲采用母乳还是牛奶喂养新生儿,母亲都应该在给新生儿喂食、换衣服或是抱他们时,与新生儿自动地建立起他们所需要的关系。如果由于某种原因,新生儿需要上医院观察或需要特殊护理,母亲应该尽可能与新生儿多接触。即使新生儿处于保育箱中,母亲也可以通过小窗孔触摸、爱抚他们,和他们讲话。如果可能的话,还要给新生儿喂奶。建立新生儿心理依附最重要的就是要母亲尽量缩短与他们的分开时间。

61.婴儿认知能力的训练

有关医学研究证明,高对比度的黑白图形对新生儿最有刺激性。父母可以在床栏的右侧挂上自画的黑白脸形,大小与本人脸相仿,先画母亲的脸形,让新生儿在觉醒时观看,父母可用钟表记录新生儿集中观看的时间。一般的,新的图形会引起新生儿注视7~13秒。当新生儿看熟了一幅图后,注视时间缩短到3~4秒就应该换另一幅图。

新生儿注视新图时间越长就越聪明,由于注视比逗笑出现较早,所以观察注视时间是新生儿第一个认知能力测验的方法。新生儿以时间反应来区分新图和旧图,表明新生儿具有分辨能力和记忆能力。所以可用墨笔画女孩和男孩的脸形、竖形条纹、斜形条纹、葡萄状、棋盘状、地图状等供新生儿观看,边说话边逗笑以缓解疲劳,使这种视力分辨与视力记忆训练成为快乐的活动。

62.婴儿生活自理能力训练

新生儿初到世间,一切都不适应,饿了要吃,大小便要处理,不如意就哭。等大约3周后,新生儿生活就会趋向规律化,父母可以试着把他们大小便了。估计新生儿快要排小便了,提前进行。拿过便盆,发出"嘘"的声音,让新生儿排小便,逐渐形成条件反射,一般等到满月时新生儿就懂得排大小便了。父母在把便时应注意新生儿的姿势要舒适,忌头胸贴在一起影响呼吸,应将双下臂紧贴他们的背部,身子略向后倾。一次把便时间不宜过长。培养有规律的大小便习惯,既锻炼了新生儿膀胱括约肌能力,又为妈妈解除了许多育儿烦恼。

63.婴儿天天早教10分钟

新生儿期的早期教育格外重要,父母应根据新生儿的情况每天进行10分钟教

育,具体如下:

视觉训练:父母可以把一个红球放在新生儿的眼前,引起他们的注视,并可慢慢移动,使两眼随红球方向转动。

听觉训练:用摇鼓或铃在新生儿耳边轻轻摇动,他们听到铃声可转向铃声方向。

触觉训练:母亲可以把乳头伸到新生儿的嘴边,他们会做吮吸的动作。

发音训练:要经常和新生儿讲话,虽然他们听不懂,但是会感到舒适和愉快。

抓握训练:父母可以把有柄的玩具塞在新生儿手中,让他们练习抓握。

动作训练:父母可以给新生儿做被动操,让他们的手足运动2～3分钟;有时也可训练他们俯卧,使其抬头,但时间只能在几秒钟之内。

(四)婴儿成长过程中的其他问题

64.婴儿游泳增强呼吸功能

新生儿游泳时,每次潜水都会练习憋气,经常的练习会加快呼吸的速度及加深呼吸的深度,又深又快的呼吸会使呼吸系统得到强大。

强大的呼吸系统会增加身体的氧气运送功能,从而会运送更多的氧气供大脑使用。大脑在氧气供应量高的时候,操作的功能、速度、质量都比氧气供应少时要好得多,所以,游泳是最有效的主动加氧的方法。

另外,游泳的新生儿深呼吸的机会很多,每次深呼吸时胸腔都随着肺脏扩张。时间久了,新生儿的肺脏会更早成熟,胸围也加速扩大,并且抵抗呼吸道病毒细菌的能力也加强了,因此,新生儿就会生病少,尤其是感冒也少。

65.婴儿游泳增强身体平衡性

人脑控制平衡智能的主要构造是属于中脑部分的小脑,小脑在新生儿游泳时,会不断地受到刺激和操练。

护理人员垂直地抱着新生儿,或水平位让新生儿在水上滑行,或是使新生儿对侧滚摇,甚至把新生儿头上脚下地抛在水中,新生儿在做这些动作时,便有各种姿势的变化,使用平衡智能,让小脑不停地接收刺激,有利于使其快速成长。

66.婴儿游泳利于早说话

语言智能的提升与新生儿呼吸系统及大脑的呼吸中枢有密切的关系。新生儿游泳比较早,他们的呼吸系统得到强大的同时,语言智能也会马上得到快速的提升。父母会发现游泳的新生儿能早一天发出声音,所发出的声音也洪亮,并且能发出许多不同的声音。因此,游泳的新生儿比不游泳的早说话。

67.婴儿游泳刺激神经发育

皮肤覆盖全身,是人体最大的也是最基本的感受器官,大约有500万个感觉细

胞,能接受外界的很多刺激,尤以水的刺激最为敏感,可以刺激神经系统发育。

从怀孕第八周起,胎儿的大脑皮质就开始生成,出生时,脑神经细胞大部分已分裂成形,约有140亿个脑神经细胞,外界的刺激越频繁、越强烈,脑神经细胞发育的速度越快。如果一出生就让新生儿在水里游泳,他们在水里调适各种身体器官,水中全身性的运动可以提高大脑的功能,促进大脑对外界环境的反应能力,新生儿会更聪明。

68.婴儿游泳提升运动智能

有研究发现,游泳的新生儿比没有游泳的会早行走,而且会做得比较好。有许多做智能提升兼做游泳的新生儿,都是先在水中学会了蠕爬,然后才在旱地上蠕爬;先在水中行走了,继之才学会在旱地行走。

运动智能的基础训练包括蠕行和爬行。在水中,水的浮力会减少地心引力对新生儿行动上的阻挠,使他们学蠕爬行走都更容易,让新生儿适当地尝试在水中蠕行、爬行或行走,这会使他们更早把这些运动基础打好。

同时,游泳是全身性运动,新生儿在水中自由活动四肢,有利于骨骼系统的灵活性和柔韧性。

69.婴儿游泳要注意什么

在社会上,有一些专门给宝宝游泳的地方,在这里面,宝宝可以享受到舒服的游泳。

当然在游泳时,首先要注意安全,新生儿不能呛水,现在有非常合适的救生圈套在新生儿脖子上,让宝宝整个漂浮在水里面,四肢可以经常活动。

(1)护士进入游泳室要戴好口罩、帽子,穿好洗护服。在接触和护理新生儿时应认真洗手、剪指甲,不要戴戒指。

(2)护士应先给新生儿清洁洗澡,对新生儿的肚脐进行护理后,再贴上防水肚脐贴,以免感染。

(3)游泳用水要"一人一池水",避免"一水多用"。

(4)水温要在38℃～40℃,室内温度要在28℃左右,防止新生儿着凉。

(5)游泳完毕要先淋浴,再将新生儿防水护脐贴取下,用75％酒精消毒脐部,并用一次性护脐带包扎。

(6)游泳池内及游泳圈要浸泡消毒,晾干。

(7)做好游泳前后的准备工作,如准备好浴巾、尿布、更换的衣服、爽身粉、眼药水等,必须一儿一物。

(8)对有皮疹的新生儿在游泳时加入一定浓度的野菊花液,游泳完毕后用0.25％的碘伏擦患处。

(9)对母亲患有肝炎、梅毒等传染性疾病的新生儿要严格执行消毒隔离制度,单

独并固定游泳池。

(10)注意四季温度变化,预防相关疾病。如感冒、结膜炎、中耳炎、脐炎、皮肤软疣等。

(11)游泳过程中,必须有护理人员在身边,保证新生儿的安全。如果发现宝宝在水里恐慌不安,或者皮肤颜色有变化,就要马上抱出来。

70.怎样满足婴儿的心理需求

根据新生儿期简单的条件反射的建立和最初心理现象形成的特点,其心理需要的给予可以按照以下内容来做。

(1)母亲要切实做好第一任启蒙老师:母亲要对新生儿多给予抚爱,及早训练与建立新生儿主动寻找食物的条件反射。在每次喂奶时,用亲切温柔的话语与宝宝交流。言语刺激,这对新生儿条件反射的建立帮助极大。此条件反射的建立,属于最初的智力开发内容,对促进心理现象的萌发和心理活动的发展都有一定的帮助。

(2)给予新生儿周到的护理:如按需哺乳,根据天气变化进行护理等,使新生儿获得生理上最大限度的满足,而经常处于舒适感所带来的愉快情绪反应状态,有利于促使良好的心理品质的形成与发展。

(3)母亲的爱抚,应从新生儿出生后就开始:通过与新生儿身体皮肤的直接接触,对促进新生儿皮肤感觉的形成及心理健康发展都起积极作用。

(4)布置一个安静舒适的环境:保证婴儿有丰富的营养、充足的睡眠等,对新生儿脑的发育极有好处:脑是人类心理活动的物质基础,因此,出生后第一个月脑的发育是心理活动健康发展的基础。尤其是母乳喂养,对新生儿的脑发育更有益处。

71.怎样和婴儿交流

父母觉得新生儿不会说话,所以不用和他们交流什么。儿科专家指出,这种想法是不正确的,新生儿是需要交流的。父母要学会与新生儿交流,那么,怎么和不会说话的新生儿交流呢?

新生儿生下来就会看、听,有嗅觉、味觉、触觉,有活动和模仿等能力,具备了和成年人交流的能力。新生儿的哭是和成年人交流的主要方式,以表达自己的要求。哭是一种生命的呼唤,提醒你不要忽视他(她)的存在。若你能耐心仔细地观察宝宝的哭,就会发现其中有许多学问。

正常新生儿的哭声响亮婉转,使人听了悦耳。生病的宝宝哭声常常表现为高尖、短促、沙哑或微弱,如遇这些情况应尽快看医生。宝宝哭的原因有很多,如饥饿、尿布不舒适,排尿、排便时;入睡前或刚醒时不明原因的哭闹。宝宝会用不同的哭声表达不同的需要,年轻父母慢慢地体会就能正确理解宝宝哭的原因,并予以适当处理。

大部分新生儿哭时,如果抱起他(她),不仅可以停止哭闹,而且会睁开眼睛。如果你在逗他(她),他(她)会注视你,用眼神和你交流。当宝宝发出与你交流的信息时,你不予应答,这样宝宝就不愿意再发出信息了,不利于宝宝智力的发展。

除了哭的方式以外,新生儿还会用表情和你交流,比如通过注视、微笑或皱眉等和你交流。如果父母从新生儿期能正确理解新生儿的表示,就可以促进宝宝交流能力的发展。

细心体会新生儿的各种表达方式,在宝宝觉醒时充满爱心地和他(她)交流,在这个过程中,宝宝在交流中辨别不同人的声音、语义,辨认不同人的脸、不同的表情,保持愉快的情绪,促进了宝宝交流能力,有利于宝宝的智力发展。

72.了解婴儿的记忆发展

人的认识发展遵循从无意记忆向有意记忆、机械记忆向逻辑记忆过渡的过程,与此同时,长时记忆的能力越来越强。那么,新生儿的记忆发展是怎么样的呢?

新生儿一天几乎有20小时是处在睡眠状态中的,从知觉上来说,他们头脑里的世界是一个广大无比、吵吵嚷嚷、毫无统一性的混沌世界。新生儿一出生就有最简单的记忆,如对妈妈抱着吃奶姿势的记忆,熟悉母亲的味道和声音等。

新生儿的记忆力非常弱,不会记很长时间。在2~3个月和6~10个月的时候会有显著的提高。这与大脑中神经细胞髓鞘的形成和突触形成的加快,皮质前沿的发展和注意广度的增大有关。另外一个发展期发生在18~20个月,是婴儿开始使用语言表征来帮助记忆的时候。

最近的研究证实,新生儿能区别眼睛看得到的东西。比起有色彩但形状不明显的东西,他们更注意黑色或白色的形状清楚的东西;比起无意义排列的形状相同的物体,他们更注意画有人脸轮廓的东西。另一研究又证实了出生才一天的新生儿也能区别各种声音和气味,如果反复发出同一声音和同一气味,他们马上就习惯了。专家指出,新奇的环境可能使新生儿在一段很长的时间内更容易记忆,尤其是新奇事件包含了气味,声音和运动的时候。

可见,新生儿是能够把听到、感觉到、看到的东西在脑子里记录下来的。也就是说,新生儿从一生下来就能享受各种感觉了。

73.父母的爱是婴儿的精神食粮

宝宝的成长除了需要营养和必需的生活条件外,还需要精神食粮,这一点不是所有父母都能意识到的。而精神食粮就是父母的爱,尤其是母亲的爱。这种爱体现在给宝宝喂奶、喂饭,宝宝洗澡、穿衣、换尿布,宝宝说话逗乐,宝宝亲等。宝宝生活在充满母爱的环境中,会依恋、热爱、信赖父母,从而建立起早期的亲子关系。这样的宝宝长大后将是一位感情真挚、充满爱心和心理健康的人。

现在,有些年轻父母太多为自己考虑,或许是因为工作的原因,将宝宝早早送给老人养育或寄托给别人照管,自己只是抽空去看看,这样是不利于宝宝身心发育的,也不利早期建立亲子关系。尽管老人或其他的照管者会给宝宝无微不至的关心和爱

护,但这种爱和感情是无法替代父母的爱和感情的。等到了4～5岁以后回到父母身边就难以建立起早期的亲子关系了,所以,有些父母就会觉得宝宝和自己不亲,这正是没有早期建立好亲子关系的原因,缺乏早期的亲子关系还会影响到今后母子之间的感情与家庭关系。

曾有研究发现,如果在宝宝早期由于种种原因与母亲分离,会引起拒食、消化紊乱、夜惊、发育缓慢、个性孤僻、脾气古怪、不容易与他人相处、感情脆弱、情绪不稳等情绪障碍和个人异常。因此,强调早期建立亲子关系,对宝宝身心的健康发育有着积极重要的意义。每位父母都要承担起自己的责任,尽可能地亲自哺育自己的宝宝,和宝宝建立深厚的感情,这种感情将会使你受益一辈子。

74.婴儿快乐体操

给新生儿做操最好是在睡觉之前,这样宝宝会睡得更香。注意,宝宝刚吃饱了,不要做操。可以在两餐之间做体操。

新生儿体操不同于抚触,因为抚触是局部的皮肤抚摸、按摩,它需要手有一定的力度,进行全身皮肤的抚摸。而新生儿体操,是全身运动,包括骨骼和肌肉。抚触在刚生出时就可以做,而体操是在出生10天左右才开始做。

(1)上肢运动:把宝宝平放在床上,妈妈的两只手握着他们的两只小手,伸展他们的上肢,方向为上、下、左、右。

(2)下肢运动:妈妈的两只手握着宝宝的两只小腿,往上弯,使他们的膝关节弯曲,然后拉着小脚往上提一提,伸直。

(3)胸部运动:妈妈把右手放在宝宝的腰下边,把他们的腰部托起来,手向上轻轻抬一下,宝宝的胸部就会跟着动一下。

(4)腰部运动:把宝宝的左腿抬起来,放在右腿上,让宝宝扭一扭,腰部就会跟着运动。然后再把右腿放在左腿上,做同样的运动。

(5)颈部运动:让宝宝趴下,他们就会抬起头来。这样颈部就可以得到锻炼。

(6)臀部运动:让宝宝趴下,妈妈用手抬他们的小脚丫,小屁股就会随着一动一动的。

注意:父母在给宝宝做操时不要有大幅度的动作,一定要轻柔。

六、婴儿的智力开发

1.培养婴儿看和听

尽量利用手指的游戏。例如,可以玩手握玩具摇晃、拉绳子、打开盖子等游戏。当婴儿想做、想玩时,就是进步的最佳时机。只要时机成熟,每个婴儿都会踏上成长的第一步。和婴儿游戏时,最重要的一点是让他玩喜欢的游戏,同一种游戏玩过几次后,再视他的能力来提高游戏难度。反过来,若强迫他玩填鸭式的游戏,婴儿会敏感察觉母亲的意图,而变得不想玩那种游戏了。只要仔细观察,母亲就可以清楚婴儿喜欢玩什么游戏了。

★叫他的名字和他玩

婴儿长到 4 个月时可以分辨不同声音了,他会听得出身旁人的声音,如父亲、母亲或录音机中自己的声音。对听惯了的母亲的声音尤其敏感,只要母亲一出声,头就会转向声音的方向,被叫到名字时也会马上有反应。这个时候,可在他看不到的地方发出声音,跟他玩寻找声音来源的游戏,利用这种方法训练他的听力。

婴儿听见自己的名字要比听见其他字句敏感。除了在他身边叫他名字外,也应在远一点的地方叫,训练他对自己的名字有反应。

玩看镜子的游戏。这个时候,婴儿已经开始明白镜中人是自己了。妈妈可以拉着婴儿的手摸镜子,一边跟他说:"咦,什么都没有,这是镜子啊。"跟婴儿玩藏猫猫或拉着他的手、脚摇晃,这样可以增进他的自我意识。

★声音在哪里

让他听闹钟、门铃、电话、果汁机等声音,并且让他寻找声音的来源。比如妈妈要边找边说:"咦,那是什么声音?",找到时也要告诉他"这是电话"。

★将其声音和影像融入游戏中

到了 6 个月大时,婴儿对歌声、电视、收音机的声音相当敏感并且显出兴趣。这时候他会有自己喜欢的音乐,听到时会注意盯着电视看。此时,可以开始让他看儿童节目。注意,绝对不能让电视成为婴儿的保姆。看电视时,母亲应和婴儿一起看,记住他喜欢什么歌曲并唱给他听。

给他唱他喜欢的歌,他喜欢的节目开始时,婴儿会显现出高兴的样子。将他喜欢的电视内容融入游戏中,将加强他的能力。母亲在和他游戏时,将他喜欢的歌或音乐带到游戏中,由于这是他熟悉的,一定会玩得很高兴。

★让他看儿童节目

有些母亲说"让婴儿看电视,他好像会记住里面的话",但是光靠电视无法教导婴儿说话。婴儿的说话能力是在人与人交谈间建立的,单向传送讯息的电视只能作为母子沟通的素材。母亲应和婴儿一起看电视,并和他说话。

★让他充分享受快乐的体验

这时候说话能力已渐渐萌芽。婴儿是从身边的事物开始记起的,所以要尽量让他体验各种事物。外界发生的事物最能引起他的兴趣,多让他看各种事物、听各种声音、触摸各种东西吧!

★随时在他身边准备制造出各种声音

当婴儿听到好听的音乐或愉快的声音时,他会高兴得手舞足蹈。若帮助婴儿配合音乐舞动,可让他学会用身体表现快乐的情绪。准备一些能发出美妙声音的玩具和好听的音乐。因为在这段时间婴儿已开始知道每种东西都会发出各种不同的声音,母亲可以和他一起玩声音游戏,让他自己动手敲出声音。

★让他听音乐盒的声音

让婴儿听音乐盒的美妙声,可以使他心情舒畅。当着婴儿的面转动音乐盒的开关,做几次后,婴儿便会知道一转动那个小东西就会发出声音来。每当音乐停止时,他会用手指触摸开关,让妈妈转动它。这种过程可帮助婴儿发展智力。

★咚咚、锵锵

让他敲打每一种东西。虽然没有节奏感,但他还是喜欢听咚咚、锵锵的声音。一开始只是乱敲,不久就能分辨出音色的好坏,喜欢敲打能发出悦耳及愉快声音的东西了。

★让他伴随音乐起舞

让婴儿的身体随着音乐舞动,培养乐感。一开始,母亲帮助他,让他随着音乐的节奏摇动。做时拉着他的手摇动或抱着他转圈即可。婴儿很喜欢和母亲一起摆动身体,当他听到音乐自己会摆动身体时,动作也会变得更有节奏感了。

2.和婴儿藏猫猫

藏猫猫游戏是婴儿比较喜欢的游戏。开始家长可用布蒙住自己的脸,宝宝以为家长消失了,正在疑惑时,家长把布移开,同婴儿逗乐说"猫、猫",婴儿看到家长重新出现时会很高兴。藏猫猫游戏使宝宝知道了要去寻找消失的东西,他开始有了自己动手拉布寻找消失的东西的动机。这时家长可用布蒙在宝宝脸上,然后帮宝宝拉开布,让他看到家长的脸,逗他开心,再训练几次后,宝宝会自己拿布蒙在脸上,然后自己又掀掉布逗家长玩。一般婴儿学会藏猫猫游戏后,就会知道寻找消失的东西,听到东西掉地的声音后能低头寻找。

3.婴儿智力开发细则

婴儿时期,尤其是十个月以后的宝宝,好奇心很强,对任何事物都会感兴趣,什么东西都想碰一碰。这是一种求知的表现,是智能发育到这个阶段的特征。家长不要轻易做出限制婴儿言行的举动,以避免影响婴儿的好奇心和求知欲。家长这时应该做的除了正确引导婴儿外,就是要为婴儿创造更好更安全的环境。这一时期宝宝发育的个体差异较大,有的婴儿还不会说话。这就要求家长,尤其是妈妈,更要注意多和婴儿说话,多给他提出问题,说话晚的婴儿不一定智商低,多提问可以刺激他的大脑,让他的语言功能能尽早发育。在教婴儿说话的同时,最好教他认识各种事物,这样可以事半功倍。宝宝纯洁得像一张白纸,在这个时期,求知欲极强,对于他,什么都是新鲜的。这时教宝宝认识周围环境是极好的机会,会让宝宝受益终身。

有些父母自己非常聪明、能干,然而他们的婴儿却在同龄人中显得默默无闻,有时在学习一些新知识、新技能的时候,非但没能体现出过目不忘和快人一步的能力,有时学习速度甚至比其他婴儿还要慢。于是,这些父母们会非常失望,感觉婴儿没遗传到自己的优良基因。

其实,先天遗传因素固然重要,但却不是培养聪明宝宝的关键。儿科专家认为,婴儿的智商不但受到遗传基因的影响,周围环境也起着至关重要的作用,而关爱加教育才是使宝宝得到高智商的关键。因此,我们为家长提供了一些促进宝宝大脑发育的"爱心秘诀",现在就行动起来,用家长的爱,把宝宝变得更聪明。

★交谈

儿科专家认为:一个人在语言上的智商与他在婴儿时期听到的词汇量之间存在一定的联系。父母和宝宝说的话越多,他的词汇量就越丰富。由于婴儿的思想还局限在具体的事物上,所以话语要尽量简短,多说些和宝宝有关的话题,比如他的婴儿车或他的玩具等。在宝宝试着和你交流时,你也可以用话语描述出他的意图。

★阅读

父母可以边读边指着书上的字,让宝宝意识到你读的东西从哪来,以及你阅读的顺序是按照从左到右、从前往后的。一本书读完一遍后,你可以再给他读第二遍、第三遍,每读一次,婴儿的印象就加深一些,不用担心他会听得厌烦,能够"预知"下面的故事会让宝宝感到兴趣盎然。这样一起阅读有助于你和宝宝之间建立起一种精神上的纽带,而且对宝宝学习新事物很有帮助。

儿科专家认为:和宝宝一起阅读能使他顺利地掌握有关读写的一些基本信息。另外,如果你平时注意多给他看些老虎、轮船、飞机等平时不常见的东西的图片,也可以让宝宝学到很多新东西。

★在交谈的时候运用手语

在宝宝会说话前,可以使用手语和他进行交流。比如,"书"可以用手掌一开一合来代替,如同翻开或合上书本;"鸟"可以用食指和大拇指放在嘴边一张一合来表示,就好像鸟嘴的形状。

调查显示:学会手语的婴儿不但比那些没有学手语的婴儿说话早,而且智商也

高。也就是说手语对婴儿智商和语言能力的发展能够起到积极的影响。

★母乳喂养

通过对吃母乳和吃配方奶粉的宝宝进行的脑力测验得出结论:吃过母乳的婴儿的表现一般都比那些吃配方奶长大的婴儿要好。而且在1岁以内的宝宝吃母乳的时间越长,智商就越高。当然,采用人工喂养的爸爸妈妈也不必过于烦恼,研究显示:平均起来,喂养方式的不同只会导致宝宝最后的IQ值相差几个百分点而已。但是儿科专家提醒人工喂养的宝宝一定要在1岁以内注意补铁,因为一项研究发现:在婴幼儿期缺铁的婴儿,等长到十几岁的时候,他的运动神经和认知的能力会比同龄的婴儿差一些。

★给婴儿独处的时间

不要无时无刻地拿个玩具在婴儿眼前晃来晃去,这样做不但不能激发他学习的兴趣,反而会令婴儿疲惫不堪,甚至会让婴儿的观察范围缩小,只注意自己眼前的玩具,而减少对其他信息的摄取。有一种观点认为,宝宝需要爸爸妈妈夜以继日地关怀和照顾,但也需要一些自我空间,一个人玩玩具,或者到处爬一爬。

★支持

一旦宝宝确认你是值得信赖的,并且可以随时随地从你那里得到爱和帮助,他就开始了自己的探索旅程。也许你会发现,宝宝经常会拉着你,把一朵花指给你看,或者是拼命地让家长去看他发现的一颗星星,其实这些行为都反映了他想建立一种纽带,一种亲人与他之间的支持他走向外面世界的纽带。这个阶段,爸爸妈妈应该经常抱抱或搂一搂宝宝,多和他有一些目光上的交流,这样可以激发宝宝想要与人交谈,进而进行交流的欲望。只有更多地探索和与外界交流才能更好地刺激宝宝的大脑发育,让他们越来越聪明。

4.影响婴儿智商发展的因素

影响婴儿智商(IQ)发展的因素,除了遗传、疾病和周围环境条件外,一些生活因素对婴儿的智力发展也有很大影响。

(1)睡眠不足:睡眠是让大脑休息的最主要的方法,睡眠不足会使脑神经细胞的兴奋和抑制平衡遭到破坏,大脑的发育和正常功能的发挥受到影响,因此睡眠不足对婴儿的智力发展极为不利。

(2)营养不均衡:随着宝宝的发育增快,他的活动量也增加,于是对体力和脑力的消耗也就大大增加,因此及时为婴儿添加辅食,补充营养是很重要的。很多婴儿就因为辅食添加得不好,智能的发展受到很大限制。

(3)锻炼不足:适当的锻炼,如翻身、爬、走等可以促进血液循环和新陈代谢,反之,宝宝得不到应有的锻炼,会使大脑供血欠佳,脑细胞和智力的发展受到影响。

5.不同阶段的婴儿智力开发方式

日常生活中父母和婴儿之间的互动对开发智力起着至关重要的作用。对于不同年龄段的婴儿可以采取几种不同的活动方式。

（1）新生儿：与新生儿进行面对面游戏，边微笑边缓慢地将脸转向右侧或左侧，让婴儿的视线随着你移动，至少停留几秒钟。

目的：帮助婴儿对周围的世界有所意识，培养他的好奇心。

（2）2～4个月：用语言或有趣的表情引导婴儿做出反应。

目的：创造和婴儿间的亲密联系以及爱和信任，这是智力开发的基础。

（3）3～10个月：记录下婴儿表达自己不同情感的声音和表情，比如高兴、生气以及惊奇等，然后以玩耍的方式模仿给婴儿。

目的：鼓励婴儿进行交流，增强他的自信。学习社交技巧也是影响智力发育的重要因素。

（4）12个月：了解婴儿最喜欢的玩具，为婴儿制造人为的障碍，让他学会通过寻求帮助来解决问题，例如将熊宝宝放到衣柜顶端，这样婴儿就会向你示意，要你把他抱下来，以便能够得到玩具。

6.婴儿多爬益处多

爬行运动能够促进婴儿的大脑发育，开发儿童的智力潜能，并对大脑控制眼、手、脚协调的神经发育有极大的促进作用。此外，对学会爬与没学会爬的同龄婴儿的对比观察发现，会爬的婴儿动作灵活敏捷，情绪愉快，求知欲高，充满活力；而爬得少或不会爬的婴儿，由于接触的新鲜事物少，往往就显得较为呆板迟钝，动作也缓慢一些，而且容易烦躁。由此可以看出，婴儿爬得少或不会爬行，对他们的身心健康和各方面的发育都会产生不利的影响。

婴儿练习爬行还能促进他们的身心发育。因为婴儿在爬行的过程中，头颈抬起，胸腹离地，用肢体支撑身体的重量，这就锻炼了胸腹腰背和四肢的肌肉，可促进骨骼的生长，为以后的站立和行走打下了良好的基础。另外，他还能根据自己的意愿，增加与周围事物的接触，逐渐了解或熟悉周围的事物，并产生浓厚的兴趣，促进智力的发育。此外，爬行对婴儿来说，是一项比较剧烈的活动，消耗的能量较大，要比坐着多消耗1倍左右，比躺着多消耗2倍以上。这样，爬行就有助于婴儿吃得多，睡得好，从而促进身体的良好发育。

到7～8个月时，宝宝就能够在家长的眼皮底下爬来爬去了。鼓励宝宝早爬行、多爬行，可显著地帮助其大脑发育，使大脑对手、足、眼的神经运动调控得以加强，启迪与开拓婴儿的智力潜能。

简单的爬行活动何来如此神功？

首先，当婴儿在襁褓中时，视听范围很小；坐着或躺着时，视听范围略有扩大，但得到的刺激仍然不够。而爬行则使视听范围大幅度扩大，姿态由静到动，范围由点到面，刺激量大了，思维、语言与想像能力自然得到了发展与提高。

同时,爬行对于脑部发育有直接的促进作用,中脑是最大的受益者。从脑的解剖结构看,中脑是脑干(人的生命中枢所在地)的一个重要组成部分,上面排列着视觉与听觉两大反射中枢,是主管听声音与看东西的"总部",它上传外界信息,下达大脑命令。爬行扩大了视听范围后,中脑受到的刺激就得以强化;而促进了中脑的功能,无疑会使整个脑的功能"更上一层楼"。除了中脑,爬行对小脑的积极影响也不可小视。小脑是主管人体运动平衡的,而爬行属于全身运动,可训练小脑的平衡与反应联系,促进神经纤维相互缠绕形成网络,有利于脑神经系统结构的完善,必然会对婴儿学习语言与阅读发挥良好影响。

再者,爬行动作由最初的爬行反射,经过抬头、翻身、打滚、匍行等中间环节,最终发展成真正的爬行,需要经历多次的学习、实践;每一次学习与实践都是一次对大脑功能的调动与激发。因此,学习爬行其实就是对脑神经系统功能的一次强化训练,对于脑的发育具有不可替代的特殊作用。

总之,爬是婴儿在坐与走两大动作发育进程中一个不可缺少的中间环节,有些父母有意无意绕过了这一环节,迫不及待地催熟婴儿直接由坐进入行走,实际上是大错特错,将使婴儿的智力发育蒙受重大损失。

7.婴儿爬行的训练方法

不用教,几乎每个婴儿都会爬;可是要爬得更早、更快、更好、更有益,建议家长参考一下美国医生丹普尔倡导的科学的爬行模式。

丹普尔模式分为三步。

第一步,被动爬行:让宝宝俯卧在床上,父母用手掌顶住他的脚板,他就会自动地蹬住你的手往前爬。开始时还不会用手使劲,整个身子也不能抬高离开床铺,父母不妨从旁扶助他的身子,必要时可用一点外力帮助婴儿前进。

第二步,半被动爬行:当宝宝逐渐学会手和脚协调用力匍匐前进后,父母不要再从旁用力,只要扶助他的身子就可以了。

第三步,主动爬行与越障碍爬行:经过前两阶段的练习,宝宝逐渐学会将胸部、腹部悬空,更容易往前爬,然后又学会用膝盖和手掌一起协调爬行。此时,父母可放手让婴儿自己爬行,有时甚至可以设些枕头之类的障碍物供婴儿翻越。

爬行的方式应尽量地多,如向各个方向侧爬;在斜面上爬上、爬下;在窄长的板上爬;从一个障碍物的上面或下面爬过。待其能力提高后,可逐渐增加爬行的难度,如保持抬头、伸背、同侧手臂和腿同步爬行;交叉手臂和腿的前爬次序,即左臂和右膝向前,随后右臂左膝跟上;双手臂同时前爬,然后双膝同时前爬,通常称为"兔跳";改变方向爬、转向转身爬;向后爬;爬斜木或爬台阶等,逐渐过渡到蹲起、站立、学走路。

为了增加爬行的趣味性,可多些花样,以激发宝宝的积极性。如父母拉着一个玩具在地毯上走,引诱宝宝去抓;或滚一个球,让他爬着去追并抓到;父母自己也可以趴在地毯上爬,让他追你,如果由你追他,他往往不跑,这是因为大多数一岁半以前的婴儿还不懂得"被追"的概念。

小贴士

营造一个安全的环境,在婴儿爬行的范围内不能有任何尖利的东西或易碰倒的东西,以免受到伤害。

宝宝在较硬的地上爬行时,可在膝盖上带上护膝,防止因膝盖摩擦引起疼痛而不愿爬行。护膝不要太紧,以免影响膝关节的活动度。

尽量让婴儿通过爬行自然过渡到走路。如从俯卧到四肢站立,从爬行到能自己坐起、蹲起,再从蹲起到站起,并掌握站立的平衡。这样,婴儿会很轻松地学会走路。

每次爬行练习时间不要太长,3~5分钟就要让婴儿休息一下,多间歇,多次数,每天练2~3次,每次10~30分钟。

8.培养婴儿的记忆力

正确的培养和教育能增强婴儿的记忆力,具有了较强的记忆力才能更好地学习和获得经验。根据婴儿记忆的特点,培养方法上要注意以下两个方面。

(1)采用形象生动的物体作为记忆对象:将有声有色、颜色分明鲜艳的东西作为记忆材料,有利于记忆。大约在宝宝出生6个月就已出现了形象记忆,如宝宝认母亲的脸,想要曾经吃过的食品,周围环境中的物品、图片、玩具都可以成为宝宝记忆的材料。

(2)在日常生活中和游戏活动中训练宝宝的记忆力:父母可以有意识地在日常生活中利用各种机会训练宝宝的记忆力,如拿一个大苹果给宝宝看,对宝宝说"大苹果",把想让宝宝记住的东西,多次重复,并在语言中突出来。也可以特意设计一些游戏,训练宝宝的记忆力,如把苹果(或其他有趣的物品)当着宝宝的面藏起来(用布盖上),"苹果哪去了?""咦,苹果出来了"。总之,用这些宝宝感兴趣的形式,让他在不知不觉中记住许多东西,获得许多经验,逐渐提高记忆力。

宝宝记得快,忘记也快,主要依赖事物的外部特性来记忆,形象和色彩鲜明的就特别容易记忆,但记忆不精确,只是片断的、不完整的,记不住主要的、本质的内容,主要体现为机械记忆,但不能对不理解的东西产生记忆。

其实,记忆力是可以培养的,比如父母可以让婴儿看一张画有数种动物的图片,限定在一定时间内看完,开始时间可长些,逐渐减少看的时间,将图片拿走后,让婴儿说出图片上都有哪些动物。如果他记住的不多,可以将动物分类记,如兽类有几种,鸟有几种,鱼类各有几种,这样就能记得快些。通过记忆门牌号、电话号码等数字来培养婴儿对数字的敏感性等都是不错的方法。

良好的记忆力是积累知识经验的基础,试用正确的方法从小培养婴儿的记忆力,为将来的生活学习打好基础。

9.如何帮助婴儿听和说

婴儿9个月时,言语能力的增长速度惊人。在9个月～1岁这段时间里,开始模仿大人发音了,这是"学话萌芽阶段"。

婴儿开口说出的第一批词来得缓慢,而他们对词的理解进展迅速,他可能学会了几十个词义,却只能说出一两个词,如果宝宝一周岁时只能说出一两个词,也不要以为他学话晚。其实他在听,在学着理解。

婴儿说出第一批词的早晚和多少取决于父母平时的教育。宝宝满周岁前的几个月是他第一年里最善于模仿的时期,也是他理解词和说出词的关键时期,父母要充分利用这段宝贵的时间帮助宝宝学会听和说。大量的柔声细语是为宝宝学习听和说提供的最好帮助,也就是说要不断地对宝宝说话,而且在说话时要注意以下几点。

(1)要面对面跟宝宝谈话:宝宝和父母一对一不间断的对话,可能使宝宝早些说话。

(2)要跟宝宝说那些能看见的东西:如果你说什么宝宝都可以看见,他马上就能将物体与不断出现的关键词联系起来。

(3)要说那些宝宝感兴趣的事物:宝宝感兴趣的事物名称容易使宝宝记住,或把现在提到的词和以前经历过的事物联系起来,宝宝有说话的积极性,学话就快些、好些。

(4)说某种东西时要用手指给宝宝看:当宝宝指着他想要的东西时,要帮助、鼓励他边指边说出来。

(5)要试图理解宝宝的话:如果宝宝感到你在认真听他讲,他讲的话如果你能理解(有时要靠猜),这会激发他说话的积极性,他会乐于把"自己的话"向你倾诉。不要改正宝宝"自己的话",关键是让他敢说,愿意说。

10.给婴儿朗读

看了这个题目,年轻的爸爸妈妈们也许要问:"宝宝连讲话都还不会,给他朗读会有什么用处呢?"别着急,让我们一起来看看专家的意见。

实践已证明,念书给宝宝听,有助于宝宝学习新词语,发展口语和文学语言表达能力,启发想象力,延长注意力集中的时间。

给宝宝朗读的好处虽多,但朗读的内容还要有选择。给宝宝选读的书应该是有启迪性、知识性的书,也应该选择具有文学性和长期阅读价值的书。

父母要用较大的声音朗读,吐字要清晰,速度要稍慢,但不要太具表演性,因为变换太多的语调会干扰宝宝的注意力,从而忽略了故事情节。有些宝宝特别好动,总是不能安静地坐下来。这时父母不要着急,更不能责备和强迫,这会影响宝宝情绪,对听朗读产生反感。可以给他一支彩笔和纸,使他的手忙着写写画画,然后他会慢慢安静下来,听父母读书。

要想让宝宝接受听读书,平日父母要以身作则,让宝宝每天能看见父母在一定时间看报读书,而不是把时间消磨在电视机前或玩牌当中。

11.给婴儿朗读的好处

从婴儿出生那一刻起,你肯定会情不自禁地与他聊天,虽然你不知道他是否能听懂,但那种聊天的感觉让人惬意!而朗读是一种与婴儿聊天的特殊方式,与随意交谈相比,朗读则是一种更富条理性和组织性的方式,在长期养成的朗读习惯中,婴儿会慢慢地注意到语言中所蕴含的逻辑性与语法结构,特别是那些有韵律感的文章,同时配有简单明快的插图,最适合宝宝倾听和观赏。

婴儿学习阅读就像学习说话一样,并非一蹴而就,而是有一个渐进的发展过程。很多父母会怀疑为婴儿朗读的可行性,但是从这个时候开始朗读,就是为其 6 岁时学习阅读打下坚实的基础,从你的朗读声中,他们会汲取到声音记忆,养成喜欢朗读的好习惯,为其今后主动阅读铺平道路。

朗读的好处:

(1)一边给宝宝朗读,一边爱抚他,无形中增进了彼此的感情。

(2)在与宝宝一起看书朗读的过程中,会增强宝宝集中注意力的能力。

(3)书中自有黄金屋,让宝宝从书中了解到自己生活以后的奇妙世界。

(4)大声地朗读有助于宝宝对语法结构的内在理解,为今后的阅读与写作奠定基础。

(5)看图朗读有助于激发宝宝的想象力。

(6)养成良好的朗读习惯,有助于培养宝宝自主获取知识的能力。

(7)朗读可以训练宝宝的手眼协调能力,慢慢地学会看图画,一页结束后,引导宝宝自己去翻页。

12.为婴儿朗读的技巧

(1)选择一些"耐看"的书籍,主要针对书的质地。为了避免宝宝撕咬书本,破坏"公物",可以选择一些边缘圆滑的硬皮书,或者柔软的布书。这样在一边给宝宝朗读,一边可以让他感受书的特殊质地。

(2)选择一些"耐读"的书籍,主要针对书的内容。这个时期的宝宝不一定能听懂你说的话,但是你的声音对宝宝来说就已经很美妙了,选择一些朗朗上口的,有节奏韵律感的儿歌和童谣,配上简单、色彩鲜明的图画,在刺激宝宝视觉的同时,体会语言的美妙。

(3)选择舒服的朗读地点。找一个光线适中,四周安静的地方,只有你和宝宝两个人,或是坐在沙发上,或是躺在床上,要么直接趴在地上,只要舒服就行。

(4)选择不同的朗读时间。在清晨宝宝精力充足的时候,在午餐之后或在睡觉之前,可以根据不同情况调整时间,这一时期的宝宝没有太集中的注意力,所以要以他

the意愿为导向，不要强迫宝宝，最初的朗读时间最好控制在3分钟以内，以后慢慢延长。

(5)选择不同的朗读语调。朗读要富有感情，有节奏感地去感染宝宝，让宝宝被你的声音所吸引，融入你的热情中来，和你一起来朗读。在朗读过程中，你可时不时地和宝宝交流一下，听听她咿咿呀呀的表态。

(6)选择不同的朗读姿势。6个月左右，宝宝会打滚、可以轻松地坐起来，抓握能力日益增强，所以不妨尝试不同的朗读姿势，让宝宝在运动中体验朗读的乐趣。比如和宝宝一起俯卧着大声念儿歌；继而让宝宝坐在你身上，一起拿着书进行朗读；试着让宝宝自己拿着书，看书上的图画，听着你欢快的读书声。在这种动静结合的氛围中，宝宝对阅读会越来越感兴趣。

朗读小贴士

①朗读宜早不宜迟。

②不要半途而废，要循序渐进，逐渐养成朗读的好习惯。

③宝宝的书籍最好伸手可及，让宝宝随时感受到知识的氛围。

④随地取材，不仅可以给宝宝念儿歌，甚至瓶瓶罐罐上的字也可以拿来给宝宝念。

13.哭与婴儿的心理健康

哭是婴儿表达情感和体验的一种方式。对于婴儿来说，哭是他们表达消极情绪的信号，如让爸爸妈妈知道该给他们换尿布、该喂奶了等。随着婴儿年龄的增长，他们表达自我需要和体验的能力也增强了，哭不再是他们表达需要和体验的主要手段，而是更多地依靠语言、动作等方式，并学着解决所遇到的问题。

婴儿都会有各种各样的情感表现，他们有时会用哭来表达自己的消极情绪。但是，如果他们把哭当作解决问题的唯一手段，遇到困难就哭，并在心理上对哭产生依赖的话，这样会对婴儿心理健康产生不良的影响。

首先，经常处于消极情绪状态的婴儿，他们的身体各器官都会受到抑制，影响正常发育。其次，哭不利于婴儿形成积极有效的人际交往方式。如果和别的小朋友在玩游戏时不知道怎么和别人商量，遇到困难就会哭的话，长大后也很难学会和别人交往、和他人友好相处。这种交往方式会发展成为退缩的个性倾向或以极端的行为解决社会生活中的现实冲突，无法适应现代生活的节奏。再次，婴儿经常处于消极的情绪状态，也会影响到父母的情绪，使他们产生自责和无力感，"人家的婴儿好好的，而我怎么就带出了这么爱哭的婴儿？"进而影响父母对待婴儿的方式，使他们缺乏足够的耐心，形成婴儿与父母之间消极情绪的不良循环。

总之，婴儿的成长离不开舒展的眉眼和绽开的笑脸。健康、快乐的婴儿常有积极、愉快的情绪，年轻的父母要注意从小培养婴儿积极、开朗的情绪、情感，培养他们

186

的独立性,让他们成为身心健康的一代。

14.宝宝1岁内的语言教育

语言是人类特有的一种能力,人们要利用语言进行思维和交往。语言的发展是宝宝智力发展的基础,语言发展得越早,智力也越高。因此,重视宝宝的语言训练显得十分重要。

早期教育的研究证明:胎儿在胎教时就能听懂妈妈的语言。日本的实子·斯瑟蒂克对自己的4个女儿实行了"子宫对话",她们出生后2周就会说单词,第3个月就会对话。父母应把对宝宝的语言训练渗透到教养的各个细节中。具体方法如下。

(1)胎教:在胎儿未出生时实行"子宫对话",即斯瑟蒂克式胎教法。因为胎儿能听出父母的声音。如果孕妇把注意力集中在胎教上,妈妈说的话,想教宝宝的东西一定会被宝宝接受。

(2)出生至3个月:在宝宝起床和哺乳时,慢慢不停地对宝宝说话。在宝宝睡醒或估计该起床时,一边将宝宝抱起,一边对他说:"宝宝,你睡得好吗?""噢,睁开眼睛了,蹬蹬腿,长一长。"宝宝多接受来自外界的刺激可促进大脑发育。每次哺乳时,妈妈可先亲亲宝宝,抚摸一下脸蛋和手,并说:"小乖乖,吃奶啦!""好,吃得真好!""好吃吗? 甜不甜? 香不香?"

总之,爸爸妈妈在和宝宝玩耍时以及帮助宝宝穿衣、大小便等日常生活中,应随时随地给婴儿以丰富的语言刺激。

(3)3~9个月:3个月后,爸爸妈妈可以经常抱抱宝宝,教他认识家中几种特征较明显的东西,如电灯、电视机、门、窗等。一边说,一边看,一边摸。6个月后可到室外活动。告诉宝宝"汽车在某某地方?""这是苹果。"让孩子用眼睛去寻找。8~9个月孩子已具备了一定的模仿发音能力,爸爸妈妈应增加与宝宝的对话机会,多教宝宝发音,让宝宝面对妈妈,看妈妈发音的口型,听妈妈的声音,训练宝宝模仿语言的能力。

(4)10~12个月:这个时期是宝宝说话的萌芽阶段,可多教宝宝双音节的词汇,如"再见""欢迎""阿姨""吃饭"等。要尽量少用或不用儿语。

(5)说儿歌,讲故事:说儿歌讲故事是训练语言的良好途径。婴儿期虽然宝宝不会说话,但听力、模仿发音的能力已发展起来,6个月之前,爸爸妈妈给宝宝说儿歌讲故事主要是发展宝宝的听力,6个月以后则是为了发展宝宝的语言能力。一般在宝宝情绪愉快的时候,选一些语句较短或韵律较强的儿歌,如"大苹果""小白兔"说给婴儿听,经过多次反复训练,婴儿的语言会在不知不觉的愉快情绪中得到较快发展。说儿歌时注意速度应比平时说话稍慢一些,讲故事的语言要亲切儿童化,故事中出现小猫时,父母要给婴儿学猫叫,有小狗时学小狗叫,尽管婴儿听不懂故事的内容,但宝宝会在父母给他们讲故事的语言中受到熏陶,从而更好地完成婴儿期的最初的语言训练。

15.宝宝1岁内能学会的言语

1岁内婴儿言语的发展经历了发音、理解和表达几个阶段,反映了婴儿言语发

的规律。

新生儿出生后哭声是宝宝唯一的语言，代表饥饿、疼痛、尿湿等不同的意思。父母常能通过宝宝哭声的响度、音调、节律来辨别其不同的意思。有些父母怕宝宝哭，一哭就抱，或赶紧把奶头塞到宝宝嘴里，结果反而剥夺了婴儿由哭声练习发音和呼吸配合的机会。

2～3个月的婴儿已能不自主地发"啊""咿""喔"等元音，最初是无意识的发音，产生的听觉及喉部本体感觉对婴儿是良性刺激，促使重复发出同样的声音。6个月左右开始发 p、b 等唇音，以后唇音与元音结合，形成 ma～ma、ba～ba、da～da、na～na 等拼音。这并不说明6个月左右的婴儿已会叫 ma～ma、ba～ba，这只是无意识的发音。这个阶段的婴儿虽然还不会说话，但引导他们发声依然是很重要的。家长要多和他们交往，诱导他们自然发声或模仿成年人发声。

婴儿一般是先听成年人说的词音，后听懂词义。从7～8个月起，如果把某一人、物或动作与相应的词的声音经常地联系起来，这样人、物、动作与词就建立了比较固的关系。以后只要一听到这个词的声音，就"懂"了它的含义。假如每当宝宝发"ma～ma、ba～ba"时，父母有反应，宝宝就会逐渐把"ma～ma、ba～ba"与父母联系起来，到了10个月左右就能有意识地叫"ma～ma、ba～ba"了。又如教宝宝理解"再见"，家长说"再见"的同时必须做招手再见的手势，妈妈要拿住宝宝的手，教他招手。经过一段时间的训练后，只要对宝宝说"再见"，宝宝就会招手示意。

婴儿刚开始学说话时往往用1～2个字代表较多的含义，如"车车"代表这是车，"我要玩车""我要乘车""我要出去看车"等。这是因为1周岁左右的婴儿还不能说简单的句子只能说个别的词，所以出现"一词多义"。

为了促进婴儿语言的发展，在生命的第一年父母要多和宝宝说话，即使宝宝还听不懂父母说的话，这种交流也是有益的。宝宝可以较多地听到父母发出的语音，接受语音听力的训练，看到发音时的口形，增强视觉判断力。当婴儿自己能发音、说话时，要创造条件多教宝宝说，鼓励宝宝用词或接近词的发声提出要求，尽量少用手势或表情提出要求。

16.宝宝会说话的时间因人而异

宝宝会说话的时间是有个体差异的。有的宝宝早在9个月就会说话，而有的宝宝要到2岁才会说话，一般来说平均年龄是14个月。只要宝宝的语言发育能力符合不同月龄的标准，父母就不用太担心。

大部分宝宝在1岁时已经了解不少词意，他们懂得的词要比会说的词多得多。